国家自然科学基金青年科学基金项目(52008203)
国家留学基金管理委员会公派博士后项目(202108320176)
中国博士后科学基金面上项目(2021M691560)
江苏省博士后科研资助计划项目(2021K517C)

面向真实建造的装配式建筑数字化设计与建造

罗佳宁　著

东南大学出版社
SOUTHEAST UNIVERSITY PRESS
南京

内容简介

装配式建筑是新型建筑工业化的重要组成部分,近年来随着信息化、智能化和智慧化等数字化技术的引入,装配式建筑的设计与建造正在进行新一轮的转型与升级,数字化技术的引入能够进一步缩短工期,减少浪费,提高建筑的质量、性能与建造效率,推动建筑业"双碳"目标的实现。本书以真实建造导向下的装配式建筑设计与建造一体化协同为视角,结合新型建筑工业化背景下数字化技术应用,通过加拿大温哥华的两个真实装配式建筑工程案例,系统梳理、分析、归纳和总结了参数化设计、基于BIM的虚拟建造等数字化技术、系统集成技术在装配式建筑设计与建造中的相关研究与实践。案例依托作者主持的在研课题和海外研究工作,系统展示了数字化技术在装配式建筑设计与建造中的具体应用和对新型建筑工业化的设计启示。本书在新型建筑工业化和数字化技术应用的背景下,提供了建筑设计与工程管理学科交叉的独特视角,审视了北美地区最新的装配式建筑设计与建造研究及实践。本书具有较强原创性、应用性和前瞻性,是一本能够补充新型建筑工业化与数字化技术融合应用研究与实践的参考书,可作为建筑学、土木工程学、工程管理学的科研、教学参考用书或相关从业人员的培训用书。

图书在版编目(CIP)数据

面向真实建造的装配式建筑数字化设计与建造 / 罗佳宁著. — 南京:东南大学出版社,2023.12
ISBN 978-7-5766-1063-5

Ⅰ. ①面… Ⅱ. ①罗… Ⅲ. ①装配式构件-建筑设计②装配式构件-建筑施工 Ⅳ. ①TU3

中国国家版本馆 CIP 数据核字(2023)第 247303 号

责任编辑:贺玮玮　　　　　　　　责任校对:韩小亮
封面设计:企图书装　　　　　　　责任印制:周荣虎

面向真实建造的装配式建筑数字化设计与建造
Mianxiang Zhenshi Jianzao De Zhuangpeishi Jianzhu Shuzihua Sheji Yu Jianzao

著　　者:罗佳宁
出版发行:东南大学出版社
出 版 人:白云飞
社　　址:南京市四牌楼 2 号　邮编:210096
网　　址:http://www.seupress.com
经　　销:全国各地新华书店
排　　版:南京布克文化发展有限公司
印　　刷:南京玉河印刷厂
开　　本:787 mm×1092 mm　1/16
印　　张:14.5
字　　数:267 千
版　　次:2023 年 12 月第 1 版
印　　次:2023 年 12 月第 1 次印刷
书　　号:ISBN 978-7-5766-1063-5
定　　价:59.00 元

序

曾几何时,我国建筑工业化在繁盛喧嚣的城乡建设中砥砺前行,一时间各种新理论、新方法、新技术不断涌现,尤其是装配式建造方式已经成为实现建筑工业化的主要方式和有效途径。经过几十年的发展,当下建筑业已进入"存量时代"的冷静期,节能减碳、绿色健康、转型升级已经成为建筑业可持续发展的关键词。当热潮褪去,一切归于平稳,我国装配式建筑从设计到建造的过程仍存在碎片化、修改多、费用高和效率低等现实问题,在节奏放缓后才有机会思考,随着数字化技术的迭代更新,工业技术的优化改进,建筑业,尤其是装配式建筑在数字化技术和工业技术的深度融合中快速发展,智能建造方兴未艾。早先"住宅是居住的机器"的号召言犹在耳,当下"像造汽车一样造房子"的口号又大行其道,这样美好愿景的背后无疑对建筑师提出了新的要求和期盼,在新型建筑工业化背景下的当代,建筑师应该做些什么? 又能够做些什么?

建筑是"艺术和技术的结合"这个观点是建筑师一直以来遵循的信条,他们在艺术和技术、设计和建造的权衡和博弈中探索了上百年,似乎建筑设计每天都在被赋予新的内容,抑或是被重新定义。笔者从 2010 年接触建筑工业化的相关研究和实践以来,身边存在对装配式建筑各种各样的声音,有两种类型的观点值得关注:一是认为装配式建造方式会对建筑"艺术创造"属性过度限制;二是认为这种近乎严苛的深化设计需求(如拆分设计和构件设计等)过度强调"科学技术",导致建筑师的参与度和控制力持续降低。经过笔者对国内外装配式建筑业的观察和研究,我认为这种担忧是合理的。"我们通常自己负责装配式建筑的设计与建造,建筑师只是一个提供方案设计概念的合作者"这是笔者在一家位于澳大利亚悉尼的装配式建筑企业的 CEO 那儿听到的对于建筑师角色的评价。这表现出以艺术审美为主线的建筑设计(Architectural Design)和以技术实现为目标的房屋设计(Building Design)正在加速分离。因此大部分建筑师仍然选择以传统建筑设计作为他们工作的重点,而笔者作为建筑师在面对装配式建筑设计时也时常深感到由于自身知识体系和建造经验的匮乏所带来的力不从心。

是交出部分装配式建筑设计领域的话语权，还是回到传统建筑设计领域继续去统领"艺术和技术结合"的策略？相信这是很多建筑师在面对装配式建筑设计时思考过的问题。得益于建筑工业化的研究方向，笔者有机会以此契机作为连接建筑学和工程管理两门学科的纽带，两次出国与北美和澳大利亚建筑工程管理领域的教授和专家开展合作研究工作。每次1至2年的工作期限让我能够有机会完整参与、跟踪和观察多个真实装配式建筑案例从图纸到落地的全过程，也让笔者有机会可以跳出建筑学的视角，以工程管理的角度重新审视装配式建筑设计。与传统建筑设计相比，装配式建筑对于前端建筑设计结果的广度、深度和精度要求更高，而后端建造的工程管理人员对于建筑设计结果的需求和期望也是不同的，这对于建筑师的专业技能、各专业之间的协同方式，以及设计与建造一体化程度提出了更高的要求。那么数字化技术能否协助建筑师提前、准确和高效地满足装配式建筑设计的要求，从而优化设计结果，减少设计冲突和返工？

本书从建筑设计与工程管理学科交叉的独特视角审视了新型建筑工业化与数字化技术融合应用在装配式建筑设计与建造过程中的作用和意义。以真实建造导向下的装配式建筑设计与建造一体化协同为线索，通过在加拿大温哥华已建成的两个真实装配式建筑工程案例：Brock Commons 学生公寓和 Orchard Commons 学生公寓，系统梳理、分析、归纳和总结了参数化设计、基于 BIM 的虚拟建造等数字化技术、系统集成技术在装配式建筑设计与建造全过程中的具体应用和对新型建筑工业化的设计启示。从面向真实建造的装配式建筑设计优化的角度提供了建筑设计领域的研究与思考，以期补充新型建筑工业化与数字化技术融合应用的研究与实践。

本书作为国家自然科学基金青年科学基金项目"基于真实建造匹配度的建筑标准化设计应用效率优化方法研究"（52008203），中国博士后科学基金面上项目"真实建造匹配度导向下的装配式轻型结构建筑系统集成设计优化方法研究"（2021M691560），以及江苏省博士后科研资助计划项目（2021K517C）的阶段性研究成果，得到了南京工业大学建筑学院、南京工业大学土木工程学院、加拿大不列颠哥伦比亚大学应用科学学院土木工程系、加拿大不列颠哥伦比亚大学可持续发展研究中心和国家留学基金管理委员会公派博士后项目（202108320176）的资金支持和研究支持。这些支持与帮助让笔者的研究团队能够有机会系统、全面和深入地开展在加拿大温哥华的真实装配式建筑案例的研究工作。

最后感谢东南大学出版社对于本书出版的支持，相信通过系统的出版工作，能够推动我国以新一代信息技术为驱动的新型建筑工业化转型升级，为实现高效益、高质量、低消耗、低排放的目标贡献自己的微薄之力。同时，希望能够在新型建筑工业化、装配式建筑设计领域给广大的建筑师提供一些借鉴和参考。毕竟无论时代如何变迁，科学技术如何革新,将艺术和技术统一,回归建筑师创造人工产物的本职和建筑设计工程应用的本质,仍然是当下建筑学专业最重要的任务,因为建筑师重建物质世界秩序的历史角色从未改变过。

南京工业大学建筑学院 副教授

南京工业大学土木工程学院 博士后研究员

加拿大不列颠哥伦比亚大学土木工程系 博士后研究员

罗佳宁

2023 年 6 月 30 日于加拿大温哥华

前言

Preface

　　工业化生产方式是建筑业持续健康发展的重要途径,装配式建筑已经成为实现工业化的主要方式,其发展前景十分广阔。近年来随着信息化、智能化和智慧化等数字化技术的引入,建筑工业化正在进行新一轮的转型与升级,而装配式建筑是新型建筑工业化的重要组成部分。数字化技术的引入能够进一步缩短建设工期,减少浪费,提高建筑的质量、性能与建造效率,推动建筑业"双碳"目标的实现,建筑设计作为"龙头",在其中起到至关重要的作用。

　　然而目前的建筑业普遍存在碎片化和不连续的现象,建筑的复杂性和多元性无疑加剧了这些问题。与传统建筑设计相比,装配式建筑对于前端设计结果的广度、深度和精度要求更高,而目前装配式建筑设计结果与真实建造要求仍具有一定差距,建筑师在建筑设计以及与相关专业协同的过程中也面临挑战,如何在前端设计中融合数字化技术并提前、准确和高效地满足装配式建筑设计要求,从而优化设计结果,减少设计冲突和返工?

　　本书首先总结了信息技术驱动下的新型建筑工业化的概念更新和典型数字化设计与建造技术,阐述了数字化技术与建筑工业化融合发展的趋势和意义。然后从装配式建筑与新型建筑工业化、典型装配式建筑设计方法,以及基于 BIM 的装配式建筑数字化设计与建造的角度,论述了装配式建筑的数字化设计与建造的具体方法。

　　随后,对北美地区(加拿大)的两个已建成装配式建筑 Orchard Commons 学生公寓和 Brock Commons 学生公寓从设计到建造的全过程进行了系统、全面和深入的案例研究,最后聚焦两个案例中的关键性数字化技术——参数化设计和基于 BIM 的虚拟建造,从面向真实建造的装配式建筑设计与建造优化的视角分析了技术的具体应用。

　　本书在新型建筑工业化和数字化技术应用的背景下,提供了建筑设计与工程管理学科交叉的独特视角,以北美地区(加拿大)的两个已建成装配式建筑案例为例,从真实建造导向下的优化视角重新审视了数字化技术在从装配式建筑设计到建造整个流程中的融合应用,以期为我国新型建筑工业化与数字化技术融合应用的研究与实践提供借鉴,从而推动我国以新一代信息技术为驱动的新型建筑工业化转型升级。

目录

Contents

第一章

信息技术驱动下的新型建筑工业化

1.1 建筑工业化的基本概念

工业化,英文是 Industrialization。工业化通常被理解为工业(特别指其中的制造业)或第二产业产值(或收入)在国民生产总值(或国民收入)中比重不断上升的过程,以及工业就业人数在总就业人数中比重不断上升的过程[①]。最初,对于工业化的定义仅限于制造业(尤其是重工业部门)在国民经济中比重的增加。在 20 世纪 70 年代末以前,大部分西方发展经济学者都持这种观点,把工业化单纯理解为是制造业的发展[②]。

按照联合国经济委员会的定义,工业化(Industrialization)包括:①生产的连续性(Continuity);②生产物的标准化(Standardization);③生产过程各阶段的集成化(Integration);④工程高度组织化(Organization);⑤尽可能用机械代替人的手工劳动(Mechanization);⑥生产与组织一体化的研究与开发(Research & Development)。一般生产只要符合以上一项或几项都可称为工业化生产,而不仅限于建造工厂生产产品[③]。

随着城市的发展、技术的进步以及社会化生产的进一步深入,工业化开始延伸到许多领域,包括建筑领域。发达国家和地区的建筑工业化主要是在第二次世界大战后发展起来。在 20 世纪 50 年代,由于住房紧缺和劳动力匮乏,欧洲兴起了建筑工业化的高潮,只是当时还没有形成建筑工业化这样明确的定义。到了 1974 年,联合国颁布的《政府逐步实现建筑工业化的政策和措施指引》中才明确指出建筑工业化(Building Industrialization)的官方定义:按照大工业生产方式改造建筑业,使之逐步从手工业生产转向社会化大生产的过程[③]。

而我国对建筑工业化的探索始于 20 世纪 50 年代。1956 年,国务院在《关于加强

---

① 纪颖波. 建筑工业化发展研究[M]. 北京:中国建筑工业出版社,2011.
② 张培刚. 新发展经济学[M]. 2 版(增订版). 郑州:河南人民出版社,1999:54-55.
③ 李忠富. 建筑工业化概论[M]. 北京:机械工业出版社,2020.

和发展建筑工业的决定》中提出"实行工厂化、机械化施工,逐步完成对建筑工业的技术改造,逐步完成向建筑工业化的过渡"①,我国从此开始了对建筑工业化道路的探索。

直到 1978 年中华人民共和国国家建设委员会(现"中华人民共和国住房和城乡建设部",以下简称"住建部")在建筑工业化规划会议中明确了建筑工业化的概念,即"用大工业生产方式来建造工业和民用建筑",并提出"建筑工业化以建筑设计标准化、构件生产工业化、施工机械化以及墙体材料改革为重点";到了 1995 年,我国出台的《建筑工业化发展纲要》将建筑工业化定义为:在建筑标准化的基础上,发展建筑构配件、制品和设备的生产,从传统的以手工操作为主的小生产方式逐步向社会化大生产方式过渡,即以技术为先导,采用先进、适用的技术和装备,在建筑标准化的基础上,发展建筑构配件、制品和设备的生产,培育技术服务体系和市场的中介机构,使建筑业生产、经营活动逐步走上专业化、社会化道路②。

在建筑工业化发展的过程中,面临着建筑业传统生产方式在劳动生产率、资源与能源消耗、建筑环境污染、施工人员素质、建筑寿命、建筑工程质量安全和建筑行业管理等方面的诸多问题③,同时伴随着建筑智能化系统、企业信息化管理、建筑信息模型(BIM)技术运用、项目绿色施工等④的不断发展,建筑工业化被赋予了更多的含义。

2002 年党的十六大提出"新型工业化",坚持信息化带动工业化,以工业化促进信息化。信息化的提出,体现建筑工业化的第二个方向:智能化。此后,学术界对建筑工业化如何全面发展进行了长时间的探讨。直到 2011 年学术界提出了"新型建筑工业化"概念,即"设计标准化、构件预制化、施工机械化的可持续发展的建筑工业化"⑤,2015 年《工业化建筑评价标准》(GB/T 51129—2015)中对工业化建筑的官方定义是:"采用以标准化设计、工厂化生产、装配化施工、一体化装修和信息化管理等为主要特征的工业化生产方式建造的建筑。"

2020 年,我国颁布的《住房和城乡建设部等部门关于加快新型建筑工业化发展的若干意见》中给出了较为官方的定义:新型建筑工业化是通过新一代信息技术驱动,以工程全寿命期系统化集成设计、精益化生产施工为主要手段,整合工程全产业链、价值链和创新链,实现工程建设高效益、高质量、低消耗、低排放的建筑工业化⑥。

从建造施工的角度讲,新型建筑工业化是采用以标准化设计、工厂化生产、装配化施工、一体化装修和信息化管理为主要特征的生产方式并在设计、生产、施工、开发等环

---

① 国务院.国务院关于加强和发展建筑工业的决定[J].中华人民共和国国务院公报,1956(25):582-590.
② 中华人民共和国建设部.建筑工业化发展纲要[J].工程经济,1996(1):39-41.
③ 罗佳宁.建筑工业化视野下的建筑构成秩序的产品化研究[D].南京:东南大学,2018.
④ 李水生,周泉,何君,等.智能化技术在建筑工业化中的应用进展[J].科技导报,2022,40(11):67-75.
⑤ 曾大林,李圣飞,李奇会,等.新型建筑工业化全产业链的构成研究[J].建筑经济,2023,44(2):5-13.
⑥ 住房和城乡建设部等部门关于加快新型建筑工业化发展的若干意见[J].建筑市场与招标投标,2020(5):5-7.

节形成完整的、有机的产业链。新型建筑工业化在建筑工业化的基础上增加了一体化装修和信息化管理的新特点,实现房屋建造全过程的工业化、集约化和社会化,从而提高建筑工程质量和效益,实现节能减排与资源节约①。

中国建筑标准设计研究院有限公司总建筑师刘东卫指出新型生产建造方式应该满足以下特征:实现建筑主体及内装一体的全方位设计标准化、生产工厂化、装修一体化、施工装配化、管理信息化和运维智能化,通过对建筑体系的集成运用,体现绿色可持续发展;以高度灵活的空间构成为未来提供改变的可能,通过住宅的长寿化,为个人及社会创造优质资产,维持社会的可持续发展;以优良丰富的部品与部件为载体,造就强大的生产建造产业链并形成良性循环,在为高品质住宅提供保障的同时,推动社会经济、产业的发展②。

在信息技术驱动下的新型建筑工业化中,参数化设计、虚拟建造、大数据分析、云计算、人工智能和物联网等技术被广泛应用于建筑全生命周期的各个环节,包括设计、施工、运营和维护。

将信息化技术融入建筑工业化的全生命周期,有助于提高建筑质量、节约资源、降低成本,并为未来智慧城市和可持续发展提供支持。例如:在方案设计阶段,参数化设计可以同时通过设置不同的参数和约束条件,生成多种设计方案拓宽设计空间,优化装配式建筑的预制构件等,既节约了建筑设计的时间,又为生产制造提供了精确的模型数据。在施工建造阶段,对模型进行施工模拟,"先试后建"可以提前避免出现真实建造中可能遇到的问题,优化施工顺序、材料运输等。

新型建筑工业化是利用先进的信息技术和数字化手段,结合建筑工业化的概念和方法,实现建筑设计、生产和管理的数字化、智能化和高效化。我国的建筑工业化定义的发展如图 1-1 所示。

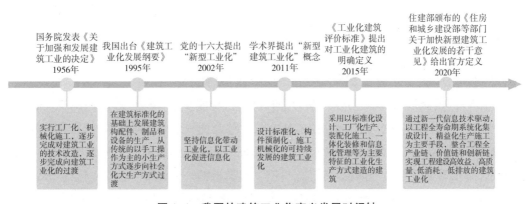

图 1-1　我国的建筑工业化定义发展时间轴

图片来源:笔者自绘

---

① 李登龙,彭明先,冯贵情,等.建筑工业化的发展历程及趋势[J].四川建筑,2014,34(4):215-217,220.

② 刘东卫,周静敏.建筑产业转型进程中新型生产建造方式发展之路[J].建筑学报,2020(5):1-5.

1.2 建筑数字化设计与建造技术

数字技术指的是运用 0 和 1 两位数字编码,通过电子计算机、光缆、卫星通信等设备来表达、传输和处理所有信息的技术。数字技术一般包括数字编码、数字压缩、数字传输与数字调制解调等技术。自 1998 年以来,国际上出现的"数字地球"、数字城市等提法就是以二进制的数字信息来描述地球或城市。而建筑领域内的"数字建筑"就是以二进制的数字信息来描述建筑,而相应的应用技术就称为"建筑数字技术"。

建筑数字技术建立在建筑信息集成的基础上,进而实现"数字化设计—数字化建造—数字化管理",用数字技术覆盖建筑工程全生命周期。

目前,建筑数字技术已经从早期的初级辅助制图,逐步朝设计构思和全过程多方位的辅助发展;从提高制图效率与质量发展到创造新形象和提高工程的总体效益发展。建筑数字技术的进步也可以实现在人的控制下生成人脑所难以构思的复杂形态,获得更高的效益,乃至更高的设计质量。建筑数字技术的发展不仅给予了建筑师更为广阔的可发挥空间,同时还有力地推动着建筑领域对各种复杂现象的研究。

1.2.1 数字化建筑设计

1. 基于 BIM 的建筑设计

BIM 的全称是 Building Information Modeling,即建筑信息模型。建筑信息模型(BIM)是创建和管理建筑资产信息的整体流程。根据住房城乡建设部 2016 年发布的《建筑信息模型应用统一标准》(GB/T 51212—2016)中的定义,BIM 是指在建设工程及设施全生命期内,对其物理和功能特性进行数字化表达,并依此设计、施工、运营的过程和结果的总称,简称模型[①]。BIM 是工程项目物理特性和功能特性的数字化表达,是一个共享的知识资源,为项目从概念到拆除的全生命周期内提供决策依据,在项目的不同阶段,不同的参与方可以在 BIM 中插入、提取、维护信息[②]。

BIM 的内涵是综合了建筑所有的几何性信息、功能要求和构件性能的建筑信息模型,它将一个建筑项目全生命周期内的所有信息整合到一个单独的建筑模型当中,并包括施工进度、建造过程、运维管理等的过程信息。BIM 能够借助一系列计算机软件的协助作业实现对全生命周期的建筑信息进行管理。BIM 技术常用的软件包括 BIM 核心建模软件、BIM 方案设计软件、BIM 可持续性分析软件、BIM 结构分析软件、BIM 可

---

① 中华人民共和国住房和城乡建设部.建筑信息模型应用统一标准:GB/T 51212—2016[S]. 北京:中国建筑工业出版社,2017.

② NBIMS. National Institute of Building Science,United States National Building Information Modeling Standard,part 1[S]. BuildingSmart. 2017

视化软件、BIM 模型综合碰撞检查软件、BIM 造价管理软件、BIM 运营软件等。其中，BIM 核心建模软件是实现 BIM 实际应用的基础，上述功能均是在 BIM 核心建模软件的基础上实现的。BIM 技术应用始于建筑设计阶段，设计阶段 BIM 技术应用的水平及深度会直接影响到装配式项目的建造质量、建造效率以及建造成本，提高设计阶段 BIM 技术的应用水平对于提高整个项目的综合效益具有重要意义[1]。

基于 BIM 的建筑设计标准化，是将建筑构件的类型、规格、质量、材料、尺度等统一标准，将其中建造量大、使用面积广、共性多、通用性强的建筑构配件及零部件、设备装置或建筑单元，经过综合研究编制成配套的标准设计图，进而汇编成建筑设计标准图集。标准化设计的基础是采用统一的建筑模数，减少建筑构配件的类型，提高通用性[2]。标准化设计不等于标准设计，不是千篇一律，而是将一系列标准的基本单元通过模数协调、模块组合、通用接口、空间协调、无限拓展，形成形式多样的个性化建筑产品，需建立在规模化、批量化的基础之上，是大样本数据下的统计与优化[3]。

利用 BIM 技术可以将工程中的各个部分分解成具有标准的尺寸和形状，可以定型生产的构件。在 BIM 软件中可以根据需要定义构件信息，建立标准的构件资源库，包括材料库、预制构件库、家具库等，从而利用 BIM 技术解决构件不规则、不标准的情况，实现构件的生产标准化，提升整个工程的建设效率。通过与生产施工单位的不断配合，加入生产施工信息，形成可以满足生产施工需求的 BIM 模型。利用 BIM 的数据链接技术，使得信息在设计、生产、运输、装配及全生命周期管理中能有效传递，具有精细化、高协同度、低容错率的特点，提高整体工作效率，实现装配式建筑设计产业现代化[4]。

标准化与模块化的设计理念可以从设计的源头控制建筑构件的种类与数量，从而尽量减少开模的种类，优化生产线，在提高效率的同时降低模具摊销，降低成本。而标准化与模块化的设计理念的基础是对建筑拆分设计以及建设构件分类的具体依据。而 BIM 模型中的各个元素都带有属性和数据，这些数据可以是尺寸、材料、性能参数、施工序列等，保证了构件准确完整的信息。通过数据的录入和管理，BIM 可以支持建筑物的各种分析、模拟和优化，例如能源模拟、碰撞检测、时间计划和成本估算等。

在构件模块的标准化设计中，将预制构件分解为模块化的构件单元。每个模块都应具备独立的功能和完整性，并能够与其他模块进行组装。模块化设计可以提高预制构件的灵活性和适应性，使其适用于不同的建筑项目。在设计预制构件时，需要确定关

① 江苏省住房和城乡建设厅，江苏省住房和城乡建设厅科技发展中心. 装配式建筑技术手册 混凝土结构分册 BIM 篇[M]. 北京：中国建筑工业出版社，2021.
② 覃秋丽. 浅谈建筑工业化中的建筑设计标准化[J]. 建材与装饰，2017(50)：104-105.
③ 叶浩文，樊则森，周冲，等. 装配式建筑标准化设计方法工程应用研究[J]. 山东建筑大学学报，2018,33(6)：69-74,84.
④ 蔡玉鹏，李红玉，马超. BIM 技术在装配式建筑标准化设计中的应用研究[J]. 建筑技艺，2018(S1)：486-488.

键的构件参数,如尺寸、强度、形状等。这些参数应符合所选的标准和规范,并能够满足设计要求和预制工艺的要求。参数的选择应基于结构计算和实际应用的考虑。标准化设计要考虑构件之间的连接方式和细节,涉及连接组件、连接方式、施工顺序等方面,以确保连接的可靠性和施工的便利性。在标准化设计过程中,需要制作预制构件的三维模型和详细图纸。这些模型和图纸应包括构件的几何形状、尺寸、材料规格等信息,以便于制造和施工过程中的参考和使用。

BIM技术的使用能够为预制装配式建筑的生产和设计提供有效帮助,使得装配式工程精细化这一特点更容易实现,进而推动现代建筑产业化的发展,促进建筑业发展模式的转型。因此,BIM是承载标准化建筑设计成果的容器,而标准化设计是将BIM价值最大化体现的方法。

传统的建筑协同设计是指设计、结构、给排水、暖通、电气等不同的专业分别负责各自专业的设计,通过图纸表达成果,各专业之间的交流只能通过文件拷贝下载的方式线下进行。随着信息化技术的普及,新的意义上的协同工作,是指基于计算机支持的网络环境,团队通过信息共享、转换和相互协作机制,有效地完成工作任务。建筑协同设计是协同工作在设计领域的分支,通过构建基于网络的协同设计环境,利用统一专业标准和协同设计软件,实现设计数据实时共享,以进一步提高设计效率[①]。

而基于BIM的协同设计是利用BIM技术和工具,实现设计团队之间的协同工作和信息共享,从而促进设计团队成员之间的合作、沟通和协调,提高设计质量、效率和一致性。设计团队成员使用BIM软件创建和共享一个中央模型,其中包含了设计的几何形态、材料属性、构件信息等。该模型作为设计团队之间的共同参考,用于集成和共享设计数据。设计团队通过BIM软件中的协同工具开展协同设计会议,进行讨论和决策。会议可以涉及设计问题、冲突解决、设计变更等方面。通过共享屏幕、标注和注释工具,设计团队成员可以实时在模型上进行交流和协作。在协同设计过程中,设计团队成员可以根据各自的专业领域和职责进行分工合作。每个成员可以在共享模型上进行独立的设计工作,并通过BIM软件中的版本控制功能进行设计的整合和协调。而且,设计团队成员可以通过BIM软件中的冲突检测工具,快速识别并解决设计冲突,以确保设计的一致性和准确性。通过BIM软件,设计团队可以跟踪和管理设计变更,包括记录变更的原因、时间和责任人,并在共享模型中更新和跟踪变更后的设计信息。

装配式建筑标准化设计的基本原则是建筑、结构、机电、装修一体化和设计、加工、装配一体化,具体原则是模数统一,模块协同,少规格、多组合,各专业一体化考虑。遵循建筑、结构、机电、装修一体化的原则,在技术策划、方案设计、初步设计、施工图设计

---

① 林良帆,邓雪原.建筑协同设计的CAD专业标准应用研究[J].图学学报,2013,34(2):101-107.

和预制构件加工图设计 5 个阶段进行协同设计①。各设计专业协同，BIM 提供了一个共享平台。基于 BIM 的装配式建筑协同设计，所有的设计专业，包括建筑、结构、给排水、暖通、电气等在 BIM 技术的整合下可以在同一个中央项目文件中进行工作，这可以方便地协调各专业的冲突问题，及时纠正各专业设计中的空间冲突矛盾，也能确保信息在不同专业之间的有效传递，改善原有的专业间信息孤立的状况，进而达到优化设计的目的。设计、生产、施工各流程协同，如图 1-2 所示。装配式建筑构件生产单位和施工单位需要在方案设计阶段就介入项目，从以往的装配式项目经验可以得出，若设计阶段与生产、施工阶段脱节，会导致建筑构件拆分不合理或是构件在施工过程中存在碰撞导致无法顺利安装到位等问题。因此，生产单位、施工单位早期介入可以共同探讨加工图纸与施工图纸是否满足生产与建造的要求，同时设计单位可以及时获取生产与施工单位的意见反馈，做出相应的修改变更。建设装配式建筑全生命周期协同平台也是实现各流程协同的重要环节，通过协同平台软件，可以高效地实现不同阶段间的信息协同共享②。设计师、工程师、施工人员和运营人员等不同专业背景的人员可以在 BIM 模型中协同工作，共享设计意图、问题解决和决策过程，从而提高效率，减少错误和冲突。

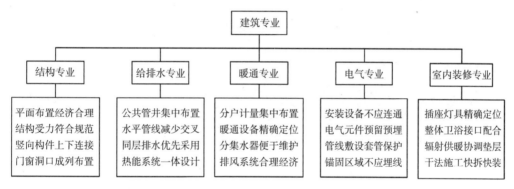

图 1-2 建筑专业与其他各专业之间协同要点

图片来源：江苏省住房和城乡建设厅，江苏省住房和城乡建设厅科技发展中心. 装配式建筑技术手册 混凝土结构分册 BIM 篇[M]. 北京：中国建筑工业出版社，2021.

　　BIM 不仅仅是一个建筑的三维模型，它是一个综合性的信息模型，集成了建筑的几何形状、属性、关系、时间、成本、能源效率等各个方面的信息。通过 BIM，可以全面而准确地描述建筑物的各个特征和属性，这是 BIM 的综合性。而且 BIM 支持建筑项目从设计阶段到施工、运营和维护阶段的全生命周期管理。BIM 模型中的信息可以在建筑物的不同阶段使用和更新，帮助优化设计、提高施工质量，支持运营决策和维护管

　　① 叶浩文，樊则森，周冲，等. 装配式建筑标准化设计方法工程应用研究[J]. 山东建筑大学学报，2018，33(6)：69-74,84.

　　② 江苏省住房和城乡建设厅，江苏省住房和城乡建设厅科技发展中心. 装配式建筑技术手册 混凝土结构分册 BIM 篇[M]. 北京：中国建筑工业出版社，2021.

理,这是 BIM 全生命周期管理的特性。BIM 可以支持建筑的可持续设计和管理,通过 BIM 模型的分析和优化工具,可以评估建筑物的能源效率、环境影响和可持续性指标,并在设计阶段就进行相应的优化和改进。BIM 技术应用始于建筑设计阶段,设计阶段 BIM 技术应用的水平及深度会直接影响到装配式项目的建造质量、建造效率以及建造成本,提高设计阶段 BIM 技术的应用水平对于提高整个项目的综合效益具有重要意义。

在华阳国际东莞建筑科技产业园研发楼 Dream Office 项目(图 1-3)中,为了践行装配式建筑协同设计,实现以设计为主导的 EPC 工程总承包开发建设模式,以高标准集成应用装配式技术、绿色技术、BIM 技术[1],满足东莞建筑科技产业园打造人性化办公空间的需求,开展了研发楼项目的协同设计,真正做到基于全生命周期的建筑产品理念,实现全专业、全流程、全链条的协同设计[2]。

图 1-3　华阳国际东莞建筑科技产业园研发楼 Dream Office　　图 1-4　全专业协同示意图

图片来源:图 1-3　华阳国际。图 1-4　龙玉峰,焦杨,杨胜乾,等. 装配式建筑协同设计方法:以华阳国际东莞建筑科技产业园研发楼 Dream Office 项目为例[J]. 新建筑,2022(4):24.

在建筑方案设计之初,该项目的设计、生产、施工团队就已介入 PC 构件的设计,充分考虑"工业化建造"因素。本项目搭建 BIM 应用平台顺利推进了协同设计,使工程信息数据化、平台信息共享化[3]。BIM 正向设计横向拉通了项目的各个专业,实现了建筑、结构、机电等全专业的协同;纵向贯通了所涉及的各个领域,实现了包括设计、生产、施工等全链条的协同应用。因此,通过 BIM 技术赋能,将设计信息、生产信息、成本信息、施工信息及管理信息融入平台,形成了基于 BIM 的综合管控[4]。

① 黄轩安. EPC 模式下 BIM 技术在装配式建筑中的设计应用分析[J]. 工程建设与设计,2020(12):241-242.
② 龙玉峰,焦杨,杨胜乾,等. 装配式建筑协同设计方法:以华阳国际东莞建筑科技产业园研发楼 Dream Office 项目为例[J]. 新建筑,2022(4):20-25.
③ 叶浩文,周冲,王兵. 以 EPC 模式推进装配式建筑发展的思考[J]. 工程管理学报,2017,31(2):17-22.
④ 张健,陶丰烨,苏涛永. 基于 BIM 技术的装配式建筑集成体系研究[J]. 建筑科学,2018,34(1):97-102,129.

该项目采用装配式和 BIM 两项前沿技术,基于同一 BIM 平台的共享,以 BIM 模型为载体,共享与集成现场装配信息、设计信息和工厂装配生产信息,实现进度、施工方案、质量、安全等方面的数字化、精细化和可视化管理,有效提高装配式建筑的生产效率和工程质量;在 EPC 工程总承包模式的加持下,设计、施工、采购三大管理平台高效协同,让技术、创作、信息、运营、人力、经营、项目管理、采购之间实现资源互享(图 1-4)①。同时项目结合自身特点,基于模数化、标准化设计原则,并综合考虑示范性和易建性,采用预制外墙、预制柱、预制梁、预制剪力墙、预制叠合楼板的组合体系。通过 5 个"标准化窗洞单元组件"进行立面排列组合,形成极具特色的办公建筑立面肌理。

2021 年建成的广州腾讯大厦项目(图 1-5)以 BIM 技术为基础,实现全专业参与的正向设计、智能化设计、适应性设计工具自主研发、模块化集成设计与数模协同交付等创新应用,实现了以唯一轻量化全息模型为载体的全口径正向设计、全过程策划管理、全系统三维设计、全专业成果交付。

设计团队将整个建筑划分为 10 大类系统:几何控制系统、室外工程系统、外围护系统、建筑系统、结构系统、暖通空调系统、给排水系统、强电系统、弱电系统、属性系统。每一类根据设计与建造逻辑分为一级系统、三级子系统(或构件)、二级子系统(或构件),以此类推,直至所有系统全部划分到构件为止。根据"方案——初设——施工图"的设计推进流程,详细策划每个系统的 BIM 应用内容与主责专业。

在项目执行过程中,实行专业负责人与 BIM 负责人双负责制,建筑专业主要负责空间布局、材料控制、相关算量统计、管线综合、净高校验;结构专业主要负责结构系统搭建与结构计算;机电系统主要实现了三维的管线布置与机房详图的布置;BIM 负责人主要负责模型拆分与整合、中心模型维护、视图样板制作,以及批量出图等(图 1-6)。

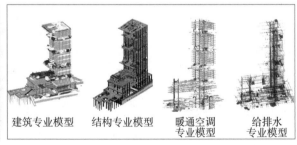

建筑专业模型　　结构专业模型　　暖通空调　　　给排水
　　　　　　　　　　　　　　　　专业模型　　　专业模型

图 1-5 广州腾讯大厦项目效果图　　**图 1-6 广州腾讯大厦项目各专业 BIM 模型**

图片来源:国萃,张浩,徐文,等.广州腾讯大厦项目 BIM 技术创新应用[J].中国勘察设计,2022(S1):30,32.

---

① 龙玉峰,焦杨,杨胜乾,等.装配式建筑协同设计方法:以华阳国际东莞建筑科技产业园研发楼 Dream Office 项目为例[J].新建筑,2022(4):20-25.

此外,还增加了幕墙系统和楼电梯系统。由此,搭建了面向全专业正向 BIM 设计的组织架构与生产模式。项目团队严格按照上述系统划分、组织架构、生产模式与技术要求开展工作,实现了全专业三维协同,完成了初步设计审查、消防报审、施工图审查、幕墙交付、施工图交付等[①]。

2. 参数化设计

参数化设计是一个近年来快速发展并对当代建筑设计产生巨大影响的领域。它的产生与发展受到了复杂系统与非线性科学思想的影响,并与计算机硬件和设计软件的发展密切相连。在短短数年间,在全世界各地建筑师的共同探索和实践中,从计算机虚拟环境中对形式的生成发展到运用在真实项目设计和建造,成为一种与以往不同和具有强大生命力的建筑设计方法,并深刻影响着建筑设计的观念和建筑建造的途径。参数化设计本质上就是要找到一种关系或规则,把影响设计的主要因素组织到一起,这里将影响建筑设计的因素看作参(变)量或参数,形成参数式或叫参数模型,并用计算机语言进行描述[②]。参数化设计与传统设计方式的区别在于,参数化设计可以改变设计的思路和概念。因为在传统设计中,将概念变成最后的设计结果,完全是靠人脑想象出来的,这些想法和思路要借助于逻辑的分析,需要借助于关系的实现。实际上建筑师在分析和建立参数化关系及对逻辑关系进行分析时,并没有把刚开始的概念变成形象。建筑师起到的是控制作用,并最终体现于参数模型上[①]。参数化的应用范围很广,在装配式建筑中,既可以用来生成丰富的建筑外立面,又可以对建筑细部构件进行优化。例如:部分虚拟部件带有作为建筑构件的参数化的属性特征,改变属性参数,构件会有所改变[③]。

参数化设计能有效地解决传统建筑设计流程中的一些弊端。参数化设计流程中,设计师首先定义好设计变量,其次定义好建筑方案生成的逻辑和算法,最终得到相应的设计方案,并可在只修改变量的情况下实现对设计方案的即时调整。如在上海中心大厦的参数化设计过程中[④],设计师只利用类似于塔楼整体旋转角度和收进比例等变量,基于 Grasshopper 通过相关算法逻辑就完成了对整个建筑表皮的定义,并可根据相关性能的需求,实时地通过变量调整设计结果。参数化建筑设计的核心思想是把建筑设计的全要素都变成某个函数的变量,通过改变函数或者改变算法,从而获得不同的建筑

① 国萃,张浩,徐文,等.广州腾讯大厦项目 BIM 技术创新应用[J].中国勘察设计,2022(S1):30-33.

② 徐卫国,徐丰,《城市建筑》编辑部.参数化设计在中国的建筑创作与思考——清华大学建筑学院徐卫国教授、徐丰先生访谈[J].城市建筑,2010(6):108-113.

③ 游亚鹏,杨剑雷."参数化实现"设计的一个建筑实例杭州奥体中心体育游泳馆[J].城市环境设计,2012(4):240-251.

④ 夏军,彭武.上海中心大厦造型与外立面参数化设计[C]//世界高层都市建筑学会.崛起中的亚洲:可持续性摩天大楼城市的时代:多学科背景下的高层建筑与可持续城市发展最新成果汇总——世界高层都市建筑学会第九届全球会议论文集.[出版者不详],2012:8.

设计方案①。

　　建筑设计的过程是一个"生成—检验"和不断反馈的过程,在这个过程中,设计经过多次的调整和深化,逐步发展形成最终的设计解。这样的反复修改调整贯穿设计的全过程,并占用了设计人员的大量时间和精力。为了提高设计的效率,参数化设计的概念被引入了设计软件中。在这里,参数化设计方法就是将模型中的定量信息变量化,使之成为可以任意调整的参数,通过改变参数的数值,就可以得到不同形态的设计。在参数化设计中,需要建立能够表示模型的各种约束关系的参数化模型,如几何元素之间的拓扑关系、尺寸关系,以及基于工程知识建立的逻辑关系等。通过这些关系将模型中的元素关联在一起,形成整体。

　　依托参数化设计方法,计算机内的设计模型就具有了可变性,能够对设计条件的变化作出响应,大大提高了设计的效率。例如,在楼梯的设计中,如果建立了参数化模型,就可以通过输入楼梯间的宽度、进深、梯跑走向、踏步和扶手形式等基本参数生成楼梯的三维模型,并且在这些参数发生变化时实现模型的自动更新。有了这样的机制,不仅方便了设计修改,也更易于进行方案比较。可以说,设计软件提供的参数化功能在提高建筑师工作效率的同时,使设计获得了动态性、多样性和可适应性。

图 1-7　望京 SOHO 效果图　　　　　图 1-8　武汉月亮湾城市阳台

图片来源:图 1-7　刘真. 城市设计与城市风貌——以望京 SOHO 建筑设计为例[J]. 城市建设理论研究,2018(27):26-27.
图 1-8　程娜,李运江,陈琨,等. 武汉月亮湾城市阳台广场声环境设计与优化[J]. 华中建筑,2020,38(05):61-64.

　　扎哈·哈迪德设计的望京 SOHO(图 1-7)就是参数化设计的实例之一。它的外立面是由简单的曲面造型和类似于波纹状的表皮组成,曲面造型可以通过 Rhino 来实现,波纹状表皮在 Grasshopper 里可以实现。参数化设计的建模方式能够使设计思维变得大不相同。也正是因为参数化建筑的这种超前的人文主义,使得参数化设计更加人性

　　① 周文琪,邓佛丹,王洁. 参数化建筑设计技术路径探讨[J]. 建筑技艺,2020(5):119-121.

化,平台的不同层面通过整个空间的相互错综位移给建筑界带来了旺盛的生命力及时尚的色彩①。武汉月亮湾城市阳台项目(图 1-8)由于地形复杂,采用传统手动方式调整存在一定困难,于是选择在 Grasshopper 中对景观台阶进行参数化设计,并使用 for 循环工具实现自动建模。到了预制构件设计深化阶段,通过参数化曲面优化技术,设计师利用优化算法将大量的复杂曲面进行拟合和归并,将原有预计 400 种不同规格的预制构件简化为 7 种,大幅节约了模具制造的成本,按模具开模费用 2 万元计算,仅开模项的精简带来的直接经济效益超 700 万元(节省费用)。同时在后续的设计工作中,该模型可导入 Revit,实现模型和图纸的深化;在施工过程中也可以使用模具在参数化平台中的定位数据,直接用于现场放样定位工作,方便后续的施工②。

3. 生成设计

建筑生成设计研究伴随计算机辅助设计的发展,并从中逐渐分化成独立的研究体系。追溯其发展根源,诸多外因起着关键性作用,如个人计算机功能、计算机图学的发展、人工智能认知系统的研究、网络及多媒体技术等。

计算机辅助建筑设计已从狭隘的辅助绘图"进化"为广义的辅助建筑设计的各个过程,包括运用程序算法对建筑设计过程的可行性分析、概念发展、替选方案评估及建筑原型生成等。生成设计基于既定规则自动生成建筑或规划设计方案并使之不断完善③。生成设计至今不过短短数十年的发展史,在建筑界还没有得到广泛认可和准确的界定。生成设计作为一种新的设计方法,它与传统设计方法的区别在于:不直接设计最终结果,而是通过设计一系列演变规则,生成大量可能的答案,最后从中选择最优结果。

建筑生成设计通过提炼设计问题并进行抽象量化处理,借助计算机程序编写的方式,建立推动设计的相关算法模型,将复杂的设计进程转化为可执行的计算机程序代码,最终获得具有指导意义的设计方案,拓展后续设计与创新的思维平台。生成设计以预设计规则的程序转译为主导,提供具有一定合理性的程序生成结果,是传统设计方法的有效拓展补充④。

生成设计利用计算机算法和人工智能技术,能够在短时间内生成多个设计方案。这种高效率的设计过程可以提高建筑设计的速度和准确性。此外,生成设计还可以与数字化制造技术结合,实现设计与制造的自动化。通过将设计参数和规范直接与制造设备连接,可以实现定制化的建筑组件和部件的自动生产,提高生产效率和质量控制水平。生成设计使用参数化建模的方法,将设计过程中的参数与建筑组件和结构相连接。

① 巩玉发,姜雨佳. 基于参数化设计的建筑实例研究[J]. 建筑与文化,2016(11):158-159.
② 吴水根,文彬多,谢铮.参数化设计在复杂多变曲面幕墙设计与施工中的应用研究[J].建筑施工,2018,40(5):796-799.
③ 李飚,韩冬青.建筑生成设计的技术理解及其前景[J].建筑学报,2011(6):91-100.
④ 张柏洲,李飚.基于多智能体与最短路径算法的建筑空间布局初探——以住区生成设计为例[J].城市建筑,2020,17(27):7-10,20.

这种方法可以实现快速调整和修改设计,以适应不同的需求和约束条件。通过参数化设计,建筑师可以生成多个设计变体,根据不同的需求进行优化和选择。这种可重复性和灵活性有助于建筑工业化的实施,减少了建筑制造过程中的错误和浪费。

生成设计可以通过数据分析和优化算法,对建筑设计进行综合优化。例如,它可以在设计过程中考虑能源效率、结构稳定性和空间布局等因素,以达到最佳的设计效果。通过优化设计,可以减少建筑材料的浪费和能源的消耗,提高资源利用效率,促进可持续建筑和绿色建筑的发展。生成设计可以促进建筑组件化和模块化设计的实现。通过将建筑设计划分为可重复使用的模块和部件,可以实现快速组装和拆卸,提高建筑施工的效率和质量控制水平。生成设计可以帮助设计师生成各种模块化构件的设计方案,并优化其形式和结构。

建筑设计包含诸多密不可分、彼此关联的系统因素,如:建筑环境及文脉、建筑功能与建筑空间、建筑营造技术及成本控制、形式创造等,并通过彼此互动关联构成建筑设计复杂适应系统(CAS,Complex Adaptive System)的总体行为特征,其中任何单一元素均不能体现建筑设计总体特征,建筑设计过程无法通过简单数据方程作线性分析。生成设计借鉴并提取建筑学固有概念和某些传统建筑设计的审美情趣,从这一点看,生成设计与传统建筑创作手法相辅相成。但另一方面,建筑生成设计包括运用程序算法对建筑设计过程的可行性分析、概念发展、替选方案评估及建筑原型生成等,建筑生成设计基于既定规则自动生成建筑、规划方案并使之不断优化完善,是一个自行从简单向复杂、从粗糙向精细不断提高自身复杂度和精细度,并逐步提高设计主体有序性的过程。这一点与传统方法的过程和结果均大相径庭,建筑设计元素的自组织优化组合将激发设计者获得借助传统方法不易产生的灵感与思想,生成设计在某种意义上实现了CAAd(Computer Aided Architectural drawing)到 CAAD(Computer Aided Architectural Design)的巨大飞跃。

东南大学建筑学院"赋值际村"的国家自然科学基金项目采用生成设计的方法,提取际村的边和节点,通过设置权重对路径进行优化叠加;通过演算流量确定功能板块,再进行人工干预进行片区划分,满足所有预设条件之后形成最终的演化结果。演化模型系统(见图1-9)在"赋值际村"中围绕直观的互动行为和抽象的思维逻辑展开。并将宏观与微观有机联系,智能体与环境的信息互换使得个体的变化成为整个系统的演化基础,这种方式可以启发建筑师进行更多关于建模方式的思考——如何让程序提供更多科学的解答而非借助主观控制实现模式化的答案。对于复杂问题的求解,可以通过构建多智能体系统的方式,通过"自下而上"的"自组织"方式呈现不断趋于优化的结果。[①]

---

① 李飚,郭梓峰,季云竹. 生成设计思维模型与实现——以"赋值际村"为例[J]. 建筑学报,2015(5):94-98.

图 1-9 "赋值际村"演化模型框架

图片来源:李飚,郭梓峰,季云竹. 生成设计思维模型与实现——以"赋值际村"为例[J]. 建设学报,2015(5):94-98.

东南大学建筑学院关于住区生成设计的课题围绕住宅区规划与设计相关问题的程序编码转译展开。生成主要围绕场地划分、道路生成与建筑单体排布三个阶段进行。在生成设计的实验中,这三个阶段的设计问题通过不同的算法搭建得到了一定程度的解决,最终生成的住区规划如图 1-10、图 1-11 所示。首先,建筑单体根据多智能体规则的限定,完成了兼顾距离控制、组团集群、朝向优化的自组织排布;其次,通过改良的 Voronoi 地块剖分方法,基于建筑单体的平面轮廓生成了各住宅单体的相对均好领域;最后,场地道路通过 Dijkstra 寻径算法的评估,显示出较为明确的布局形态和等级区分[①]。

图 1-10　住区总平面图　　　　　　图 1-11　住区鸟瞰图

图片来源:张柏洲,李飚.基于多智能体与最短路径算法的建筑空间布局初探——以住区生成设计为例[J].城市建筑,2020,17(27):7-10,20.

1.2.2　数字化建筑建造

1. 虚拟建造

虚拟设计和建造(Virtual Design and Construction,简称 VDC)指一种将项目的建造过程、项目的产品、组织、流程在虚拟环境中有机结合起来,实现信息共享,实现可视

---

① 张柏洲,李飚.基于多智能体与最短路径算法的建筑空间布局初探——以住区生成设计为例[J]. 城市建筑,2020,17(27):7-10,20.

化、一体化并最终实现真实建造的工作方式。

虚拟施工（Virtual Construction，简称 VC），是实际施工过程在计算机上的虚拟实现。它采用虚拟现实和结构仿真等技术，在高性能计算机等设备的支持下群组协同工作。通过 BIM 技术建立建筑物的几何模型和施工过程模型，可以实现对施工方案进行实时、交互和逼真的模拟，进而对已有的施工方案进行验证、优化和完善，逐步替代传统的施工方案编制方式和方案操作流程。

在装配式设计和建造过程中，无论是虚拟设计和建造还是虚拟施工，由于两者都是在融合 BIM、虚拟现实技术、数字三维建模等计算机技术的基础上，将基于 BIM 技术的虚拟施工应用于施工阶段，把即将施工的建筑物通过三维数字模型完美展现出来，为设计、施工、进度管理方面提供技术支持。因此，两者在本文视角下统称为虚拟建造。

虚拟建造是实际建造过程在计算机上的本质实现。它采用计算机仿真与虚拟现实建模等技术，在高性能计算机及高速网络的支持下，在计算机上群组协同工作，对建造活动中的人、材、物、信息流动过程进行全面的仿真再现，发现建造中可能出现的问题，在实际投资、设计或施工活动之前即可采取预防措施，从而达到项目的可控，并降低成本，缩短开发周期，在增强建筑产品竞争力的同时，增强各企业在各级建造过程中的决策优化与控制能力。不难看出，虚拟建造技术是一种跨学科的综合性技术，它包括产品数字化定义、仿真、可视化、虚拟现实、数据集成、优化等。虚拟建造不消耗现实资源和能量，所进行的过程是虚拟过程，所生产的产品也是虚拟的[①]。

虚拟建造技术在不脱离现场实际的前提下，基于 BIM 技术、互联网技术、无人机技术等先进技术，对现场施工全流程预先进行模拟预演，通过摸排实际施工过程中可能遇到的各种问题，同时在施工过程中对现场进行全方位管控监测，随时发现施工过程中潜在的安全隐患，对虚拟建造中发现的图纸问题、施工问题进行针对性的解决并销项，能够全面提升项目施工质量[②]。

2. 智慧工地

智慧工地在进行建设的过程中应该结合当前先进的技术手段以及相关的互联网平台，能够实现信息共享，明显地提升工作效率。在当前时代的发展中，人工智能以及信息技术的发展速度较快，智慧工地的产生以此为基础，通过将施工建设中所涵盖的安全、质量、进度等多方面的管理融合为一体，形成相关的一体化建设平台，贯穿在工程建设中，这是一种能够有效地改善传统施工中的不足和问题的有效方式。智慧工地的提出是智慧城市理念在建筑领域中提出之后的一种具体表现，智慧工地的建设是在先进技术的支持之下，通过不断的开发和整合形成的，因此施工中使用智慧工地是

① 张利,张希黔,陶全军,等. 虚拟建造技术及其应用展望[J]. 建筑技术,2003(5):334-337.
② 廖浩,龙洪,杨春,等. 大型综合医院虚拟建造技术研究与应用[J]. 中国建筑金属结构,2022(8):34-36.

更具有针对性和时代特征的一种重要方式①。物联网技术在工程建设中的使用,能够发挥物联网技术的优势,保障智慧工地的作用可以得到更好的发挥,同时对于实现智慧工地的建设也发挥着重要的作用。因为物联网是通过射频识别技术、红外线传感器以及全球定位系统等相关的技术设备才能实现。在物联网技术的使用中,能够打造智慧工地综合信息管理系统,并且能够形成将现场施工管理以及行政监督等多方面工作整合于一体的平台,这对于后期进行施工以及做出重要决策等相关工作都提供了重要的数据依据。

1.2.3 数字孪生:数字化设计与建造

数字孪生(digital twin)是以数字化方式创建物理实体的虚拟模型,借助数据模拟物理实体在现实环境中的行为,通过虚实交互反馈、数据融合分析、决策迭代优化等手段,为物理实体增加或扩展新的能力。作为一种充分利用模型、数据、智能并集成多学科的技术,数字孪生面向产品全生命周期过程,发挥连接物理世界和信息世界的桥梁和纽带作用,提供更加实时、高效、智能的服务②。

数字孪生建筑(Digital Twin Building,DTB)是指综合运用 BIM、GIS、物联网、人工智能、大数据、区块链、智能控制、系统建模与仿真、工程管理等技术,以建筑物为载体的信息物理系统。它可以看作是数字孪生系统在建筑物载体上的一个具体实现。基于实体建筑,通过在建筑实体关键位置布设大量不同类型的传感器实现实时获取数据,利用数字在线仿真、多源数据融合、多尺度建模和三维可视化等技术,在虚拟空间构建该孪生体完成实时映射,建筑数字孪生体能充分感知、监测实体建筑以便于优化和决策,这种映射覆盖实体建筑的全生命周期。数字孪生城市适当超前设计的关键环节在于数字孪生建筑建设,也是衡量当下以及未来数字化改革水平的重要标志③。

数字化设计与建造是将数字孪生技术应用到建筑之中,利用传感器对仿真过程中所产生的数据进行即时的采集,并利用映射的方式,将数据反映到建筑生命周期各个阶段的一种建筑设计方式。数字孪生建筑应具有精准映射、虚实交互、软件定义和智能干预等特点。数字孪生的核心关键是数据,但由于建筑包括装配式建筑项目工程自身的异构特征:参与对象和使用对象众多,各阶段信息需求复杂,同一属性的数据在各自系统中也会有不同命名和表达方式,导致装配式建筑孪生数据类型不统一、数据来源广泛、非结构化程度高。

建筑信息模型(Building Information Modeling,BIM)是在建设工程及设施全生命

---

① 陈洪晨.智慧工地在工程建设中的应用[J].城市建设理论研究(电版),2023(8):10-12.

② 陶飞,刘蔚然,刘检华,等.数字孪生及其应用探索[J].计算机集成制造系统,2018,24(1):1-18.

③ 邬樱,李爱群."城市-建筑-人"耦合视角下数字孪生技术应用与分圈层场景构建[J].工业建筑,2023,53(4):180-189.

期内,对其物理和功能特性进行数字化表达,并依此进行设计、施工和运营的过程的总称。又可细分为建设工程规划阶段服务于规划设计方案报建与审查的规划设计模型;施工图设计与审查应用的施工图模型;竣工验收、备案应用的竣工验收模型。因其参数化、可视化、统计自动化、工作协同化等特点,作为信息管理平台可涵盖策划、设计、施工、运营等建筑项目全过程,逐渐在现代建筑建造工程的系列环节中被推广[①]。

数字孪生技术近年来在建筑业中迅速发展。随着 BIM 技术的发展和建筑、基础设施和城市层面的数据量的增加,建筑业正面临着数据交换、标准化和自动化的挑战。Boje 等人根据数字孪生的概念利用网络物理双向数据流的同步性,传达了对所涉及的复杂工件的更全面的社会技术和面向过程的表征,通过以语义为基础的安全和弹性存储系统管理这些数据模型,以及工程系统的模拟和优化,解决了当前施工实践中静态和封闭数据的问题。

通过对天津锦溏苑装配式项目吊装过程建立数字孪生模型,与此同时搭建了安全风险预测控制平台,实时分析吊装过程的信息,并在平台上进行可视化展示,分析虚拟模型所储存的以及物理吊装过程实时采集的多源异构数据,实现对吊装安全风险的实时预测,并对吊装过程风险演化规律进行分析,在智能安全管理平台上显示所收集的吊装多源异构数据以及风险预测结果,实现了对整个吊装过程数据全面获取并保证了施工过程的安全性。基于数字孪生的装配式建筑施工过程的模型建立降低了数据获取的工作难度,提高了数据准确性,保证了工程质量,提高了吊装效率;对吊装过程中叠合板、吊车的数据进行实时监测,并通过内置算法对吊装安全风险进行实时评估,切实保证了吊装过程中的安全性。同时,证明了该建模方法的可行性和有效性,提高了装配式吊装过程中的信息化和智能化水平[②]。

近年来,中国逐步发展成为建造大国,国内建筑行业也在逐步朝着绿色化、工业化和信息化方向迈进。大力发展装配式建筑是提高传统建造方式工业化程度的必经之路,装配式建筑技术水平直接反映了国家的建造能力和科技实力,全面推进装配式建筑发展成为建筑行业的重中之重。实现装配式建筑施工管理水平的提升,对装配式建筑的持续、稳定和健康发展以及对国内经济社会发展水平的提升,都将产生极大的积极影响。

1.3 建筑数字化典型软硬件平台

1.3.1 典型软件平台

数字化软件按照功能可分为建模软件、深化设计软件、分析软件、项目管理软件和

---

① 邹樱,李爱群."城市-建筑-人"耦合视角下数字孪生技术应用与分圈层场景构建[J].工业建筑,2023,53(4):180-189.

② 刘占省,邢泽众,黄春,等.装配式建筑施工过程数字孪生建模方法[J].建筑结构学报,2021,42(7):213-222.

其他相关软件五类。建模软件用于提供直观的用户界面和可视化编辑工具,帮助用户设计和可视化建筑项目。深化设计软件用于在建模的基础上进行详细设计和深化。它提供了更高级别的功能,如构件连接、细节设计、材料计量等,以实现更精确的建筑设计。分析软件用于对建筑模型进行各种分析和模拟,以评估建筑设计的性能和可行性。项目管理软件用于协调和管理建筑项目的各个方面,包括进度安排、资源分配、协作和沟通等。其他相关软件包括提供高清画质的渲染软件和对有形资产进行管理的集成软件。其中,本章节中将要介绍的软件有建模软件 Revit、Revit 插件、Bentley 系列、ArchiCAD、Digital Project、CATIA,深化设计软件有 Tekla Structures、BeePC,分析软件有 ETABS、STAAD、PKPM,项目管理软件有 Navisworks、Synchro 4D、ProjectWise Navigator、广联达 BIM5D、Fuzor,其他相关软件例如渲染软件 Lumion、Twinmotion、Enscape 和集成软件 ARCHIBUS。

1. 建模软件

(1) Revit

Autodesk 公司的 Revit 产品(图 1-12),是目前行业内最为成熟、使用最为广泛的 BIM 软件平台,包括 Revit Architecture(建筑设计建模)、Revit Structure(结构设计建模)、Revit MEP(机电管综设计建模)。具体功能特点如表 1-1 所示:

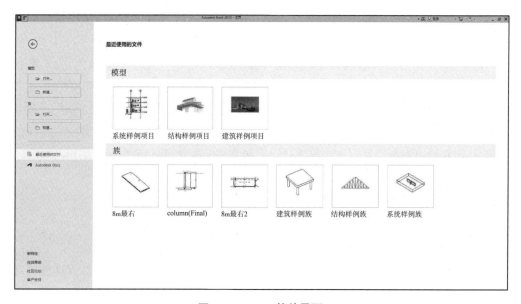

图 1-12　Revit 软件界面

图片来源:作者截取自软件界面

表 1-1　Revit 软件功能特点表

软件名称	特点	描述
Revit	操作简便	操作习惯与 CAD 类似,设计人员便于掌握
	族功能强大	参数化程度高,可充分体现设计人员的设计理念
	明细统计功能完善	明细表功能完善,便于项目管理分析
	兼容性好	与 Autodesk 公司软件产品的兼容性高,与项目管理软件 Navis-works 无缝对接
	钢筋功能不断提升	与族功能配合,满足构件深化需求
	API 接口开放	便于进行软件的二次开发,满足个性化定制需求并完善相关功能

文字来源:江苏省住房和城乡建设厅,江苏省住房和城乡建设厅科技发展中心. 装配式建筑技术手册 混凝土结构分册 BIM 篇[M]. 北京:中国建筑工业出版社,2021.

Revit 作为行业内普及度最高的 BIM 建模软件,相较其他建模软件而言具有许多优势,并且非常适合用于装配式混凝土建筑设计建模工作,但它也存在一些局限性,如生成的项目文件较大、运行时占用过多的电脑资源、复杂形体建模功能有待提高等。

(2) Revit 插件

①鸿业 BIMSpace

鸿业 BIMSpace 是针对建筑设计行业、基于 Revit 平台的二次开发软件,内置符合中国标准规范的设计样板和本地化族库,并提供设备快速布置、管道智能连接、批量注释等高效的建模辅助工具。通过在换流站工程建筑给排水三维设计中使用鸿业 BIMSpace,可弥补 Revit 的不足,大大提高建模和出图的效率。鸿业 BIMSpace 不仅仅提供了各专业软件的功能支持,如乐建、机电、机电深化等,还制定了一套标准,包括建模标准、流程标准、出图标准等,同时还有一套族库管理平台(族立得),在资源管理和文件管理方面也有相应的管理功能。这些组成部分构成了鸿业 BIMSpace 的一站式解决方案[1]。

②橄榄山快模

橄榄山快模是 Revit 软件的一个插件。Revit 软件创建构件参数族,通过橄榄山族管家生成族文件系统目录,从而搭建能够快速拼装的结构设计 BIM 应用系统[2]。在完成对系统族库的设计之后,使用橄榄山快模软件对设计进行深化,这就使 Revit 软件的成效得到了提升。不仅仅在用户创模方面起到了巨大的便利作用,而且还使建模的效率得到了显著提升。通过 Revit 族管家这一功能版块,使族库系统目录得到生成和深化。然后系统对结构进行拼装程序,拼装结束后,可以将其导入结构设计软件中加以研究[3]。

① 尚辰超. BIMSpace 在机电工程中的应用体会[J]. 安装,2015(7):20-21.
② 李红军. 基于 BIM 技术的装配式结构设计方法探析[J]. 冶金丛刊,2017(3):219,244.
③ 杨君华. 基于 BIM 技术的装配式结构设计方法探析[J]. 绿色环保建材,2017(9):82.

③红瓦系列

红瓦系列是 Revit 软件的一个插件,同时规范 BIM 协同设计标准、管理标准。最终达到 BIM 深化设计全流程的的高效化、标准化;是覆盖了建筑、机电、施工、PC、精装、钢构等房建所有常用专业,利用智能化的算法,让软件自动或半自动完成 BIM 建模(深化设计)工作的插件。红瓦系列支持跨区域,互联网 BIM 协同设计所有项目数据都会实时存储在数据中心[①]。

④IsBIM

IsBIM 包括 IsBIM 模术师和 IsBIM 算量。IsBIM 模术师是基于 Autodesk Revit 软件的本地化功能插件集,它扩展并增强了 Revit 建模、修改、出图等功能,可用于建筑、结构、水电、暖通等专业。其是一个覆盖概念设计、深化设计、分析、出图、预制、4D/5D 施工、运营维护的 BIM 全过程、全专业的高效解决方案。IsBIM 是一款真正意义上的 BIM 算量软件,直接基于 BIM 模型进行算量,并将算量信息随模型应用于建筑全生命期,真正体现和发挥 BIM 的价值。其是一款基于 Revit 的工程量计算插件平台,可用于进行工程造价评估、工程项目预算及决算、不同方案设计造价比选、不同施工方案造价比选、设计变更造价比选等[②]。

IsBIM 的应用范围很广,可用于统计土建工程量、钢筋工程量、装饰工程量、模板工程量与安装工程量等。具体工作过程需要使用者根据工作需要,基于确定的 BIM 算量模型标准,对模型中各种建筑和设备构件按类型分别附加算量编码、设定计量单位、添加计算规则以及基础数据,并添加项目特征描述字段以生成工程量清单[③]。

⑤Dynamo

Dynamo 是参数化建筑设计软件中的一种高效的计算机辅助设计工具,是基于 Autodesk Revit 信息管理平台的开源式插件。Dynamo 作为 Revit 的插件,当它与 Revit 交互时,Dynamo 图形显示区的原点与 Revit 项目样板原点是在同一位置,当 Revit 项目内某个坐标的构件被 Dynamo 关联读取时,Dynamo 图形显示区就会出现在相应的坐标位置。最后 Revit 项目样板中的信息被 Dynamo 数据驱动后便获得三维建筑模型,而 Dynamo 里保存下来的是驱动三维模型生成的程序代码。若后期需要进行模型修改,用户只需要在 Dynamo 文件中对相应的参数进行修改并运行,Revit 就会在 Dynamo 的驱动下进行快速反应[④]。随着综合国力的提升,人们对建筑物的要求也越来越高,在满足使用需求的同时,开始追求优美的造型。Autodesk Revit 的软件建模存在局

---

① 红瓦科技. BIM 深化设计整体解决方案[EB/OL]. http://www.hwbim.com/Deepen/index.html.

② 黄治. 基于大数据云平台的 BIM 实训中心构建——以湖南交通职业技术学院为例[J]. 四川水泥,2018(2):289.

③ 许鲁江. 基于清单计量规范的 BIM 算量模型标准与应用研究[D]. 南昌:南昌大学,2016.

④ 吴生海,刘陕南,刘永晓,等. 基于 Dynamo 可视化编程建模的 BIM 技术应用与分析[J]. 工业建筑,2018,48(2):35-38,15.

限性。目前 Revit 相关插件只能解决特定问题,且插件的开发周期成本等问题导致难以应付短时间项目,Dynamo 弥补了这个空白。在 Dynamo 被 Autodesk 引入之后,极大地提高了 Autodesk Revit 图元创建和数据管理的能力,提高了工作效率,降低了建模强度,丰富了软件的可能性。随着 Dynamo 的普及,越来越多的 Dynamo 节点包将被编写为在日后的工作中从而创造更大的价值[①]。

(3) Bentley 系列

Bentley 系列软件产品以其数字化创新能力和多专业协同高效适应性,成为工程数字化建设领域一个必要的工具和手段,Bentley 系列软件是以 Microstation 为开发平台,涵盖了地质 Geopak 软件、建筑结构 OpenBuildings Designer(OBD)软件、金属结构 Microstation 软件、水机 OpenPlant 软件、电气 Substation 软件、碰撞检测 Navigator 软件、动画染 LumenRT、ContextCapture 软件等,最为突出的特点是 ProiectWise 三维协同设计管理平台,使工程项目真正实现不同专业之间实时协作与配合。Bentley 系列软件汇总见表 1-2[②]。

表 1-2　Bentley 系列软件汇总

序号	专业	软件名称	软件功能
1	协同平台	ProjectWise	三维协同设计管理平台
2	地质、勘测	Geopak	建立三维地质模型、场地开挖、道路设计等
3	水工结构	Microstation、OpenBuildings Designer	建立水工结构模型
4	建筑	OpenBuildings Designer	建立建筑结构模型
5	金结	Microstation	建立闸门、启闭机等金属结构模型
6	水机	Microstation、OpenPlant	建立水机设备、给排水管道、消防设备模型
7	电气	Substation	建立电气设备、电缆桥架、照明设备等电气专业模型
8	碰撞检测	Navigator	进行三维校审工作、对模型进行碰撞检查
9	动画渲染	LumenRT、ContextCapture	模型渲染、漫游、动画等后期效果制作

表来源:马奔.基于 Bentley 软件的 BIM 技术在水利工程数字化的应用研究[J].水利科技与经济,2022,28(7):130-134.

(4) ArchiCAD

ArchiCAD 是一款以虚拟建筑信息模型为工作中心,所有的图纸都直接从模型中

① 蒋帅.基于 Dynamo 可视化编程建模的 BIM 应用[J].科学技术创新,2020(29):75-77.
② 马奔.基于 Bentley 软件的 BIM 技术在水利工程数字化的应用研究[J].水利科技与经济,2022,28(7):130-134.

生成的软件。

ArchiCAD 是由成立于 1982 年的匈牙利 Graphisoft 软件公司开发的。1987 年该公司首次提出了"虚拟建筑"这个概念,并将其融入设计中。2015 年又提出了 Open-BIM 的概念,经过不断的技术研发,以. IFC 格式文件、BIMcloud 为基础,ArchiCAD 被打造成一个建筑全专业的交互平台,真正实现了信息共享、参数公用、本专业协同、跨专业协同。除此之外,ArchiCAD 的特点还有:

① ArchiCAD 是由建筑师开发的一款软件,十分契合建筑师的绘图习惯,故该软件易学易用。

② 通过 GraphisoftBM 服务器可以进行团队协同。各个专业的设计人可以于同一时间在同一个模型上进行协同工作,大幅提高了工作效率。团队之间传输的也不再是大体量的文件,而是修改过的构件元素。加快了通过互联网在办公室内或不同地域之间传输文件和数据交换的速度。

③ ArchiCAD 对计算机硬件配置要求不高,远远低于其他主流 BIM 软件[1]。

（5）Digital Project

Digital Project 软件是一款强大的三维建筑信息建模和项目管理工具。该软件以达索系统的建模平台为基础,是面向建筑行业的强大的建模和建筑信息管理系统。该平台针对建筑全学科,涵盖了先进的曲面和实体几何建模能力、数字样板和检测能力、参数化几何能力,是一个强大的知识工程平台,可以进行费用管理以及施工流程模拟。它是一个可满足苛刻的建设和基础设施发展项目的单一来源解决方案[2]。

（6）CATIA

CATIA(Computer Aided Three-dimensional Interactive Application)是由法国达索系统公司开发的在制造领域领先的工程和设计软件之一,是一个集二维绘图、三维曲面设计、实体造型运动机构分析、有限元分析、数控加工以及装配模拟于一体的 CAD/CAM/CAE 集成软件系统[3]。它主要是为了解决 CAD 和 CAE/CAM 方面的挑战而开发的,因此它被广泛应用于汽车和航空航天工业。在 AEC 领域,CATIA 也在非常有限的程度上用于制备预制模型以简化制造过程。目前,其包括有限的结构特定特征,即没有预定义和标准化的建筑构件、建筑相关的对象关系和规则(例如,窗户必须附接到墙壁等)。不过,CATIA 是一个参数化建模工具,并有能力创建有用的建设相关的功能。

CATIA 是目前世界顶尖级的三维设计软件,它涵盖了机械产品开发的全过程,提

① 古世洪. ARCHICAD 基于 BIM 技术在工业建筑与民用建筑的应用[J]. 石油化工设计,2022,39(2):18-23,4-5.

② 曹鹏,卞锦卫,陈观伟,等. 数码项目(Digital Project)软件辅助现场施工技术[J]. 建筑施工,2011,33(10):949-950.

③ 沈梅,何小朝,张铁昌. CATIA 环境下尺寸驱动的标准件建库[J]. 机械科学与技术,1998,17(2):334-336.

供了完善的、无缝的集成环境,是在汽车、航空、航天领域占有统治地位的设计软件。国外建筑设计公司中最早采用 CATIA 的是盖里及其合伙人公司(Gehry & Partners,LLC.)。CATIA 的优点在于其强大的造型功能、方便的三维察看功能、自动生成二维图、强效复制功能、信息追踪功能和完整的项目综合管理能力等,对建筑设计提高设计自由度、调整设计过程中"想"和"做"的关系和有效控制造价和建造过程产生深远影响[1]。CATIA 作为一款 BIM 建模软件,其中包含的产品生命周期管理(Product Life-cycle Management,PLM)功能是工程全生命周期管理系统的一个重要组成部分,可以帮助使用者设计产品,并支持从项目前期规划到具体设计、分析、模拟、组装和维护的全部工业流程,且适用于各种复杂形式桥梁结构的建模[2]。

CATIA 在建筑工程行业领域首次且最具代表性的应用是我国国家体育场"鸟巢"的设计,其表面看起来随意,实则具有规则性。鸟巢设计是利用 CATIA 在造型的复杂性和精确性方面的突出表现,实现了鸟巢钢结构几何形状的精确界定,成功地解决了复杂结构及其节点的建模难题。通过 CATIA 软件可以创建参数化的三维实体模型,模型具有精细度高、可通过修改参数实时更新的优点[3]。

2. 深化设计软件

(1) Tekla Structures

Tekla 软件(图 1-13)全称 Tekla Structures,前身是由芬兰 Tekla 软件公司研发的钢结构详图设计软件 Xsteel,后期为了拓展业务范围,增加了预制混凝土结构设计建模的相关功能,该软件相关业务于 2011 年被美国 Trimble 公司收购[4]。Tekla 软件侧重于结构深化设计层面的建模工作,在模型渲染、漫游等可视化内容的表达上相对较弱。Tekla 软件的特点总结如表 1-3 所示。

表 1-3 Tekla 软件功能特点表

软件名称	特点	描述
Tekla	钢筋功能强大	钢筋可按照尺寸、大小、实际位置自由创建,十分便捷
	模型文件尺寸小	带有大量钢筋模型所生成的文件容量较小,计算机运行流畅
	细部设计工具完善	高效率地布置钢筋接头、吊钩等构件
	自动生成 BOM 表	BOM 清单自动生成,便于工程管理

表来源:江苏省住房和城乡建设厅,江苏省住房和城乡建设厅科技发展中心. 装配式建筑技术手册 混凝土结构分册 BIM 篇[M]. 北京:中国建筑工业出版社,2021.

① 李兴钢. 第一见证:"鸟巢"的诞生、理念、技术和时代决定性[D]. 天津:天津大学,2012.
② 祝兵,张云鹤,赵雨佳,等. 基于 BIM 技术的桥梁工程参数化智能建模技术[J]. 桥梁建设,2022,52(2):18-23.
③ 张慎,杨浩,杜新喜. 基于 CATIA 钢结构节点设计软件开发与应用[J]. 建筑结构,2020,50(7):93-98,106.
④ 陶飞,刘蔚然,刘检华,等. 数字孪生及其应用探索[J]. 计算机集成制造系统,2018,24(1):1-18.

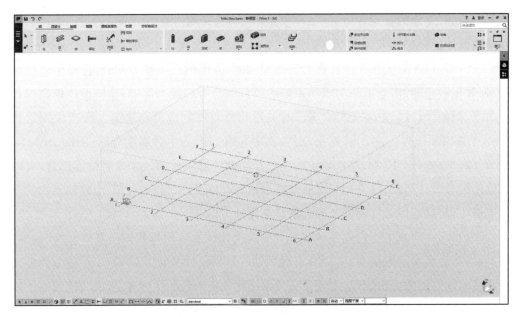

图 1-13　Tekla Structures 软件界面

图片来源：江苏省住房和城乡建设厅，江苏省住房和城乡建设厅科技发展中心. 装配式建筑技术手册 混凝土结构
分册 BIM 篇［M］. 北京：中国建筑工业出版社，2021.

（2）BeePC

BeePC 主要用于装配式深化设计领域，是基于 Revit 平台研发的装配式智能深化
BIM 软件，市场应用较为广泛。其内置规范与图集，可通过软件实现便捷且规范地学
习装配式建筑构造，因此也具有较好的教学应用价值。BeePC 软件由结构设计师联手
专业的 Revit 二次开发团队匠心合作，通过所见即所得的建模方式，结合图集、项目的
内置规则、智能化的批量操作，最终可生成满足工厂要求的项目图纸及构件料表，形成
一套装配式深化系统，从而大幅度提高建模人员的工作效率[1]。

3. 分析软件

（1）ETABS

ETABS 是一款房屋建筑结构分析与设计软件。ETABS 是一个建筑结构分析与
设计的集成化环境：系统利用图形化的用户界面来建立一个建筑结构的实体模型对象，
通过先进的有限元模型和自定义标准规范接口技术来进行结构分析与设计，实现了精
确的计算分析过程和用户可自定义的（选择不同国家和地区）设计规范来进行结构设计
工作[2]。ETABS 已经贯入的规范包括：UBC94、UBC97、IBC2000、ACI、ASCE（美国规
范系列），欧洲规范以及其他国家和地区的规范。ETABS 除一般高层结构计算功能

---

① 嗡嗡科技. BeePC 软件介绍［EB/OL］.［2023-07-06］. http://wengwengkeji.com/wengweng/list/news/
wengNewsPages/18052803.html

② 袁媛，周雪峰. ETABS 在结构模态计算中的应用与实例分析［J］. 四川建材，2018,44(11):60-61.

外,还可以计算钢结构、钩、顶弹簧、结构阻尼运动、斜板、变截面梁或腋梁等特殊构件,并进行结构的非线性计算,例如 pushover、buckling、施工顺序加载等。pushover、buckling 均是分析结构安全性的分析方法,用来计算结构基础隔震问题。其中 pushover 分析方法是一种用于结构地震分析的非线性静态方法,以结构顶部的侧向位移作为判断依据对建筑的整体抗震性能进行评估;buckling analysis(屈曲分析)可以研究建筑失稳发生时的临界载荷和失稳形态。施工顺序加载是 etabs 根据创建阶段施工工况等数据对施工过程的自动计算,功能非常强大。

（2）STAAD

STAAD 是一款国际化的通用结构设计软件,程序中内置了世界上 20 多个国家的标准型钢库供用户直接选用,也可由用户自定义截面库,并可按照美、英、日、欧洲等世界主要国家和地区的结构设计规范进行设计。软件本身具有强大的三维建模系统及丰富的结构模板,用户可方便快捷地直接建立各种复杂的三维模型。

（3）PKPM

PKPM 是一款工程管理软件。PKPM 是一个系列,除了集建筑、结构、设备(给排水、采暖、通风空调、电气)设计于一体的集成化 CAD 系统以外,目前 PKPM 还有建筑概预算系列(钢筋计算、工程量计算、工程计价)、施工系列软件(投标系列、安全计算系列、施工技术系列)、施工企业信息化(目前全国很多特级资质的企业都在用 PKPM 的信息化系统)。它是一套集建筑设计、结构设计、设备设计、节能设计于一体的大型建筑功能综合 CAD 系统。

4. 项目管理软件

（1）Navisworks

Autodesk Navisworks 软件能够将 AutoCAD 和 Revit 系列等应用创建的设计数据,与来自其他设计工具的几何图形和信息相结合,将其作为整体的三维项目,通过多种文件格式进行实时审阅,而无需考虑文件的大小。Autodesk Navisworks 软件系列包括三款产品,能够加强对项目的控制,方便相关人员使用现有的三维设计数据了解并预测项目的性能,即使在最复杂的项目中也可提高工作效率,保证工程质量。Autodesk Navisworks Manage 软件是设计和施工管理专业人员使用的一款全面审阅设计方案、保证项目顺利进行的软件。Autodesk Navisworks Manage 能够将精确的错误查找和冲突管理功能与动态的四维项目进度仿真和照片级可视化功能完美结合,能够精确地再现设计意图,制定准确的四维施工进度表,超前实现施工项目的可视化。在实际动工前,可以在仿真的环境中体验所设计的项目,更加全面地评估和验证所用材质和纹理是否符合设计意图。Autodesk Navisworks Freedom 软件是 Autodesk Navisworks NWD 文件与三维 DWF 格式文件的浏览器。

（2）Synchro 4D

Synchro 4D 施工模拟软件是一款成熟且功能强大的软件,具有更加成熟的施工进度计划管理功能。可以为整个项目的各参与方（包括业主、建筑师、结构师、承包商、分包商、材料供应商等）提供实时共享的工程数据。工程人员可以利用 Synchro 4D 软件进行施工过程可视化模拟、施工进度计划安排、高级风险管理、设计变更同步、供应链管理以及造价管理等工作。4D 工程模拟大部分是针对大型复杂工程建设及其管理开发使用的，Synchro 同样提供了整合其他工程数据的能力，提供丰富形象的 4D 工程模拟。

（3）ProjectWise Navigator

ProjectWise Navigator 是一个桌面应用软件，由 Bentley 公司研发，它让用户可视化地交互式地浏览那些大型的复杂的智能 3D 模型。用户可以快速看到设计人员提供的设备布置、维修通道和其他关键的设计数据。ProjectWise 协同平台以文件服务器及数据库作为底层支撑，依托三维的手段，将设计过程当中涉及的电气、结构、建筑、水工、暖通、总图等多专业设计工作集成到 ProjectWise Navigator 上，实现各专业的协同设计。它的功能还包括检查碰撞，让项目建设人员在建造前做建造模拟，尽早发现施工过程中的不当之处，可以降低施工成本，避免重复劳动和优化施工进度。

（4）广联达 BIM5D

广联达 BIM5D 软件是由广联达研发的基于 BIM 的专业化的施工管理软件。软件将模型、进度、成本、图纸、合同和工程信息融为一体，软件可以根据进度计划进行虚拟建造，展示整个施工过程，以此来了解施工进度和物资需求，有效地降低了工期和成本，是施工的必备软件。

（5）Fuzor

Fuzor 是一款将 BIMVR 技术与 4D 施工模拟技术深度结合的综合性平台级软件，它能够将 BIM 模型瞬间转化成带数据的生动 BIMVR 场景，让所有项目参与方都能在这个场景中进行深度的信息互动。Fuzor 包含 VR、多人网络协同、4D 施工模拟、5D 成本追踪几大功能板块，用户可以直接加载进度计划表，也可在 Fuzor 中创建，还可以添加机械和工人，以模拟场地布置及现场物流方案。

Fuzor 的 Live Link 为 Fuzor 和 Revit、ArchiCAD 之间建立了一座沟通的桥梁，此功能使得各软件间的数据能够实时修改、同步及更新，再也无需为了得到一个良好的可视化效果而在几个软件中导来导去。Fuzor 基于自有的 3D 游戏引擎开发，模型承受量、展示效果、数据支持都是为 BIM 量身定做，支持 BIM 模型的实时渲染、实时 VR 体验。同时 Fuzor 支持基于云端服务器的多人协同工作，无论在局域网内部还是互联网，项目各参与方都可以通过 Fuzor 搭建的私有云服务器来进行问题追踪，3D 实时协同交流；而且可以通过简单高效的 4D 模拟流程快速创建丰富的 4D 进度管理场景，用户可以基于 Fuzor 平台来完成各类工程项目的施工模拟。Fuzor 有强大的移动端支持，可以让大于 5 GB 的 BIM 模型在移动设备中流畅展示。工作人员可以在移动端设备中自由浏览、批注、测量、查看 BIM 模型参数，查看 4D 施工模拟进度等。Fuzor 可以把文件打包成一个 EXE 的可执行文件,供其他没有安装 Fuzor 软件的项目参与方像玩游戏一样审阅模型,同时他们还可以对 BIM 成果进行标注,甚至可以进行 VR 体验。

5. 其他相关软件

（1）Lumion

Lumion 是一个实时的 3D 可视化工具,用来制作电影和静帧作品,涉及的领域包括建筑、规划和设计。它也可以传递现场演示。Lumion 的强大就在于它能够提供优秀的图像,并将快速和高效工作流程结合在了一起,节省时间、精力和金钱。

（2）Twinmotion

Twinmotion 主要是针对建筑可视化领域的一款直观且高品质的工具,适合建筑、施工、城市规划和景观等领域的专业人士,比如建筑设计、室内设计、城市规划、景观园林设计、BIM、建筑施工、展览展示等方面的工作都可以运用 Twinmotion 来实现快速可视化。

（3）Enscape

Enscape 是德国一家软件开发公司在 2017 年年初推出的一款实时渲染插件,它同时支持 Revit、SketchUp、Rhino 三个设计师最常用的设计软件平台。Enscape 最大的特点就是"快"。Enscape 主打实时渲染,也就是用户一边调模型,一边直接看到它的渲染效果,将设计方案的渲染效果立即呈现。Enscape 在保持高效渲染的速度下,也能有相当优异的渲染质量。它作为一款插件,可以直接在建模软件中查看渲染效果,方便模型修改。

（4）ARCHIBUS

ARCHIBUS 包括了资产设施管理相关的广泛内容,提供了完整配套的集成软件产品,有效管理不动产、设施、设备、基础建设等有形资产,是全球最强大的被广泛使用的 TIFM（Total Integrated Facilities Management,综合设施管理）系统。

1.3.2 典型硬件平台

随着信息技术的不断发展,市面上涌现出各式各样的智能设备。这些设备应用于建筑业的各个阶段和各个领域,在建筑业信息化的推广中起到了至关重要的作用。常见的技术平台如下:

1. VR/AR 技术

VR 技术提供了一种交互式的三维视景,使体验者具有身临其境的感受。AR 技术则是通过计算机提供的信息增加用户对现实世界的感知。目前,VR 和 AR 技术在实现建筑信息化过程中展现了其使用潜力,具体内容如下:

① 加强施工过程的协同性。运用 AR 技术可以检查暖通空调、电力系统、给水排水管线间设计碰撞和空间安排不合理的问题,AR 技术还能够观察墙壁的内部构造。

管理者通过穿戴智能设备对现场进行检查,提示施工人员和设计者问题所在。

② 加强施工过程控制。利用 BIM、AR 与无人机三者的结合,可以实现对施工现场的进度与质量管理,合理调整进度计划。

③ 作为 BIM 的可视化展示平台。运用 VR 与 AR 技术展示三维信息模型中的信息,为设计者提供了更加真实的建筑内部空间与外形的视角,有助于提高设计质量,改进设计效率。

④ 进行员工培训。建筑工人从事的工作危险性高,运用 VR 技术可对工人进行专业工种的培训,增加工人操作的熟练度,降低施工中事故发生的风险。

⑤ 加强业主与设计师之间的沟通。VR 技术使业主与设计师之间的沟通更加便捷,通过佩戴智能头盔,业主可以提前感受建筑内部的空间布局,对不合理的部分与设计师进行沟通反馈。

2. 3D 激光扫描

3D 激光扫描是继 GPS 空间定位技术后的又一项测绘技术革新。3D 激光扫描仪利用激光测距原理,获得密度较高的点云数据,可以快速构建被测物体的点、线、面以及三维模型与 RGB 信息。3D 激光扫描技术具有以下特点:不需要接触目标、精确度高、距离远、速度快。其在建筑领域的应用主要集中在以下几个方面:

① 获取建筑信息。3D 激光扫描仪能够精确、完整地采集建筑空间数据与表面纹理信息,作为电子档案建立的基础。

② 辅助绘制建筑图。利用扫描获取的点云数据形成正射影像,并以此为依据生成建筑平面图。

③ 检测施工质量。将扫描获得的数据与三维设计模型进行对比,可以发现施工过程的偏差;另外,3D 激光扫描可以将信息模型与施工现场进行关联,复制现场的施工情况。

④ 监测建筑变形情况。相比传统的在关键节点埋设传感器的方法,3D 激光扫描能够对建筑进行全方位的面测量,通过对扫描数据进行比对,获取建筑变形情况的信息。

3. 3D 打印技术

3D 打印技术是指在数字模型驱动下,机械装置按照指定路径运动实现建筑物或构筑物的自动建造的过程。作为一种新型的数学建造技术,3D 打印技术突破了传统建造方式与技术手段产生的高消耗、低效率的局限,开创了物体空间形态成型的新纪元。这种数字化、自动化的建造方式能够很好地适应未来人们对建筑外观、功能和环保的要求。当前,3D 打印技术在建筑行业的应用仍处于发展阶段,能够用于建筑部品和构件的生产,建造结构简单的房屋。对于高层或复杂建筑,还应当从理论研究、技术规范、管理水平、社会效益等方面加以提升。

4. 物联网(Internet of Things)

物联网是新一代信息技术的高度集成和综合运用。它通过RFID、GPS、激光扫描器等信息传感设备,按约定的协议将物品信息传递到互联网上,完成物品信息的传递与互通。物联网技术为实现施工现场各类基础数据的采集和实时传输提供了可能性,其在建筑业中的集成应用结构如图1-14所示。

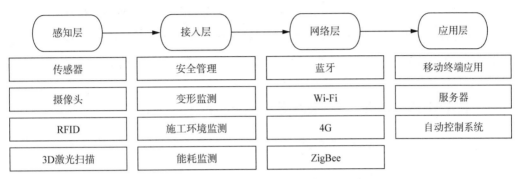

图1-14　物联网在建筑业中的集成应用结构

图片来源:作者自绘

物联网以感知为基础,通过信息传感设备,按约定的协议将物品与互联网相连接进行信息交换和通信,以实现智能化识别、定位、跟踪、监控和管理,打造一个人与人、人与物、物与物全面互联的网络。物联网可以解决人、机、料、法、环等工程生产要素的感、传、知、控等有效管理问题,物联网是智能建造的连接支撑[①]。当前,物联网在建筑业中发挥着如下作用:

① 保障施工安全,关注工人健康。施工人员的安全与健康问题是建筑行业广泛关注的问题,通过可穿戴设备的使用,可以帮助管理者获取工人位置,提示危险区域,及时发现工人跌倒现象;还可以帮助掌握工人疲劳程度,测试施工现场的扬尘等级,从而确定合理的工人工作时长。

② 施工现场环境监控。针对施工现场的环境条件会影响到工程质量的问题,例如过于潮湿的环境不利于油漆的密封等,在施工现场布置传感器可以进行有效指导。

③ 建筑能耗与室内环境监测。随着全球能源问题的日益突显,建筑能耗问题也被广泛关注,通过在室内布置传感器可以获取实时的建筑能耗数据,便于对不合理的用能行为进行调整;建筑室内环境关系到使用者的健康问题,通过传感器对室内环境进行监测,有助于为使用者创造更加健康的使用环境。

④ 建筑设备监测。运用传感器、控制器等设备对建筑内暖通空调系统、照明系统、

───────────

① 刘丙宇. 施工总承包企业实现智能建造的探讨[C]//中国土木工程学会总工程师工作委员会. 中国土木工程学会总工程师工作委员会2021年度学术年会暨首届总工论坛会议论文集.《施工技术(中英文)》编辑部,2021:129-132.

029

给水排水系统等进行长期监控,有助于对设备运行进行优化,及时发现并排除故障。未来,物联网在建筑行业的发展应当立足于工程项目管理信息系统的集成应用研究,加强对智能化程度高、低成本的传感设备的研究[①]。

5. 大数据(Big Data)

大数据是把海量数据加载入模型库中,经过反复迭代、学习、分析、计算后,可以实现状态感知、实时分析、科学决策、精准执行。通常依靠平台提供数据,再智能分析数据,形成数据驱动应用的模式,能够有效解决行业数据标识困难、数据分散问题,以及各数据源间的数据孤立、应用困难等问题。大数据是智能建造的决策支撑[①]。

1.4 新型建筑工业化:工业化与数字化的融合

1.4.1 新型与传统的当代思辨

新型建筑工业化的重要特点是以信息化技术为驱动,主要依托 BIM 技术搭建信息共享的基础平台,将建筑工程物理特征和功能特性等信息集成。这样的信息化是数字化技术产生和发展的前提,使我们能够以一种更智能的方式对建筑信息进行控制和管理,保证各设计专业以及各流程阶段之间能够进行协同设计。传统建筑工业化和信息技术驱动的新型建筑工业化是两种不同的建筑工业化模式,它们的区别在于:传统建筑工业化是以人力资源驱动、现场施工安装为主导的手工建造模式;而新型建筑工业化是以 BIM、参数化、大数据、云计算、物联网、互联网等新一代信息技术协同驱动,以精益建造、工业化建造为主导的智能建造模式。传统的建筑工业化主要是指建造方式的工业化,而新型建筑工业化则强调设计、生产、施工全过程的集成工业化。

传统建筑工业化是指通过工业化的方式,将建筑材料和构件在工厂中进行生产,然后在现场进行组装和安装。这种方式主要依赖于传统的建筑工艺和机械设备,较少利用信息技术。传统建筑工业化的特点是生产规模相对较小,生产过程相对简单,主要依赖于传统的人工操作和经验。信息技术驱动的新型建筑工业化则更加依赖于先进的信息技术和数字化工具。它采用了数字化设计、虚拟建模和智能化生产等技术,将建筑的设计、生产和施工过程进行高度集成和优化。新型建筑工业化通过信息技术的应用,实现了建筑生产过程的自动化、智能化和高效化,能够提高建筑质量、降低成本和缩短工期。

传统建筑工业化主要依赖于传统的建筑工艺和机械设备,而新型建筑工业化更加依赖于信息技术,如建筑信息模型(BIM)、智能化设备和机器人技术等。传统建筑工业化主要是在工厂中进行生产,然后在现场组装,而新型建筑工业化更加强调预制和模块

① 刘丙宇. 施工总承包企业实现智能建造的探讨[C]//中国土木工程学会总工程师工作委员会. 中国土木工程学会总工程师工作委员会 2021 年度学术年会暨首届总工论坛会议论文集.《施工技术(中英文)》编辑部,2021:4.

化生产,将建筑构件在工厂中进行整体生产,然后进行运输和安装。新型建筑工业化借助信息技术,更加注重建筑生产过程的自动化和智能化,通过数字化设计和智能化设备的应用,实现生产过程的高度集成和自动化控制,从而提高效率和质量。

例如,在数字化建筑设计中,应用参数化设计、生成设计等计算机算法和工具,可以实现自动化的设计优化和分析。通过对设计参数的调整和模拟,可以优化建筑的细部设计、性能表现、结构设计、日照效果等,提高设计质量和性能。数字化建筑设计利用BIM技术,将建筑设计过程中的各种数据整合到一个共享的模型中。这使得设计团队成员可以在同一个平台上共享和访问设计信息,促进设计团队之间的协同工作和信息共享。设计团队成员可以在共享的模型上同时进行设计,及时发现和解决设计冲突,减少设计错误和改动。到了预制构件生产阶段,全尺寸建筑模型的信息可以被准确无误地传递给数控加工机器进行高质量的自动化制造,保证预制构件的生产效率和质量。在施工阶段,采用虚拟建造技术进行"先试后建",从而节约时间和成本。通过精确的材料和构件数量估算,可以更好地控制建筑项目的成本,并减少资源浪费。

1.4.2 数字化技术与建筑设计

参数模型给建筑设计带来了灵活性,使设计结果具有更大的可控性。当设计的条件或设计想法改变的时候,可以修改参数模型得到新的结果;当变量的大小值改变时,可以不用改变参数模型而只改变输入信息就可得到新的结果,使结果变得可控。对于简单形体的设计,如一些标准的几何形体,不借助参数化平台,也很容易修改它的形状;但对复杂的不规则的形体来说,如果用传统的设计工具,当某个设计条件改变时,它的形状要随之改变的话很困难。如果有了参数化设计平台,只需修改模型或改变变量的大小,就可以马上得出设计结果。从设计方法的角度来看,我们有了控制复杂形体的方法。参数化设计作品呈现的形态比较特异,过程却极度理性。

图 1-15　盖达尔·阿利耶夫中心

图 1-16　海峡文化艺术中心

图片来源:图 1-15　王冰. 盖达尔·阿利耶夫文化中心,巴库,阿塞拜疆[J]. 世界建筑,2013(9):36-39.
图 1-16　徐宗武,唐悦兴,宋宇辉,等. 海峡文化艺术中心[J]. 当代建筑,2020(2):80-93.

徐卫国在《参数化设计在中国的建筑创作与思考——清华大学建筑学院徐卫国教授、徐丰先生访谈》中说道:"数字化设计将改变世界建筑的面貌、推进建筑师的创作"①。很多前卫建筑师在计算软件及算法生成的加持下,设计并建造了很多超前的、非常酷炫的建筑,例如扎哈·哈迪德设计的盖达尔·阿利耶夫中心(图1-15),屋顶和立面的融合给人们强烈的视觉冲击。数字化设计给建筑师带来了想象力的爆发,城市的面貌也因为这些现代主义建筑而日新月异。但刚开始的数字化设计建筑很难建造,基于数字化设计的大型复杂建筑,往往由于其酷炫造型带来的复杂性会使设计的最终实现变得很困难。复杂建筑、参数化设计往往和非标准性画上了等号②。工业化设计与传统设计不同之处在于,方案阶段需要建筑师和结构工程师密切配合,共同完成。在建筑师进行户型和立面标准化设计的同时,结构工程师应结合建筑单体平面和立面进行预制结构构件的拆分和优化,根据项目的实际情况确定合理的预制率和预制构件范围,即重复利用率低的构件应调整或现浇解决。只有方案阶段预制构件标准化设计的工作做到位,才能实现预制构件的"少规格、多组合",才能有效控制工业化建筑的成本③。建筑师们利用好了数字化设计这一有力工具,用标准化设计方法和参数化设计软件生成了能够实现复杂造型的标准化构件,实现了复杂造型建筑的当代设计理念。2014年,海峡文化艺术中心(图1-16)由中国中建设计集团有限公司与芬兰PES建筑设计事务所(PES Architects Ltd)组成的设计联合体中标。该建筑也是作者与国际建筑设计大师佩卡·萨米宁(Pekka Salminen)的合作作品④。该设计团队在方案深化阶段就建立了"标准化"的原则,总结出了"七个一"的设计理念:一个百叶、一块陶板、一簇马赛克、一套反声板、一方重竹、一片吊顶和一组装饰的内外表皮设计建造范式。例如,建筑的主立面全部采用1.76 m的陶瓷百叶,一共使用了近5万根,没有一个是非标的;而建筑的背立面则采用800 mm×400 mm的白色陶板,除局部切割外也全部为标准构件;歌剧院内部因为声学设计的原因,几乎所有的墙面都是弧线,但表皮就用310 mm×380 mm的"茉莉花"陶瓷片基本单元组进行拼贴,全场共使用150万个小瓷片,全部为标准化设计和建造。

1.4.3　数字化技术与生产制造

数字化生产制造的前提是使用BIM技术进行预制构件深化设计,形成构件生产信息模型,与管理系统进行链接形成构件生产基础数据库⑤。充分发挥BIM技术的协同

① 徐卫国,徐丰,《城市建筑》编辑部.参数化设计在中国的建筑创作与思考——清华大学建筑学院徐卫国教授、徐丰先生访谈[J].城市建筑,2010(6):108-113.
② 徐宗武.基于BIM技术的数字化建筑设计到数字建造[J].当代建筑,2020(2):33-36.
③ 刘云佳.标准化设计是建筑工业化的前提——以北京郭公庄公租房为例[J].城市住宅,2015(5):12-14.
④ 徐宗武.基于BIM技术的数字化建筑设计到数字建造[J].当代建筑,2020(2):33-36.
⑤ 徐照,占鑫奎,张星.BIM技术在装配式建筑预制构件生产阶段的应用[J].图学学报,2018(6):1148-1155.

性和可视化等优势进行预制构件初步设计和深化设计，将装配式建筑构件生产信息以BIM模型为载体进行存储。对生产过程中的信息进行可视化表达，支持各参与方信息共享。根据构件实际生产过程中的需求，对构件的几何尺寸、钢筋位置及预埋件进行深化设计，形成构件生产工艺模型。所有与生产相关的信息均可从BIM模型中提取，让生产管理人员对生产信息进行直观、快捷管理。在与ERP系统进行对接时，BIM模型可作为生产管理计算交互基础数据，显著减少用户在ERP管理系统中数据的录入工作量[①]。

借助RFID技术对构件生产进行实时跟踪。在装配式建筑领域，针对预制构件生产，RFID技术主要用于预制构件来料检查、生产过程跟踪、质量检查反馈及堆放管理等信息收集跟踪方面[②+③]。相较于传统质量管理，在自动化数据收集和信息管理方面效率更高，并且确保了整个生产环节信息的完整。使用3D扫描技术对构件生产质量进行自动检测。3D扫描技术即通过扫描的形式，获取实物对象的点云信息，使用算法实现去噪和模型表面快速重建。将构件BIM模型与构件重建模型进行匹配，依据对比检查允许误差，从而实现对构件生产质量的自动化检查[④]。通过数字化生产制造过程，可以实现对预制构件生产的全面控制和优化，提高生产效率、质量和可靠性，同时降低成本和资源浪费。

河南省某青年人才公寓项目预制构件的生产实现了数字化。首先，深化设计阶段形成的预制构件信息会通过BIM信息平台完整传递至构件生产企业，基于BIM模型承载的有效信息数据，在生产准备阶段，构件生产所需的各项参数就通过BIM信息平台被提前传递到生产一线，生产商据此制定精益生产计划；构件生产制造启动后，通过BIM信息平台传递过来的预制构件设计信息将自动转换成生产设备能够识别读取的格式，生产过程中BIM信息平台将持续提取储存的构件的材质、型号、工时等有用数据，为下一步储运、安装等工序做准备；在成品构件的仓储阶段，BIM模型中的构件信息与实际成品构件形成一一对应关系，项目各参与方能够透过BIM信息平台对构件数据进行实时查询和更新。BIM模型中的构件信息为构件入出库管理提供数据支持，同时也为后续订单管理、物流转运等过程都留下清晰可追溯的鉴证痕迹[⑤]。

---

① 叶浩文，周冲，樊则森，等. 装配式建筑一体化数字化建造的思考与应用[J]. 工程管理学报，2017，31(5)：85-89.

② VALERO E, ADÁN A, CERRADA C. Evolution of RFID applications in construction: A literature review [J]. Sensors, 2014, 15(7): 15988-16008.

③ ALTAF M S, LIU H X, Al-HUSSEIN M, et al. Online simulation modeling of prefabricated wall panel production using RFID system [C]//Winter Simulation Conference. New York: IEEE Press, 2016: 3379-3390.

④ 苏杨月，赵锦锴，徐友全，等. 装配式建筑生产施工质量问题与改进研究[J]. 建筑经济，2016，37(11)：43-48.

⑤ 周建晶. 基于BIM的装配式建筑精益建造研究[J]. 建筑经济，2021，42(3)：41-46.

1.4.4　数字化技术与工地施工

BIM 等数字化技术在施工阶段主要基于"先试后建"的思想实现虚拟建造,将设计及施工可行的方案在建造之前转化为 3D 施工说明(图片或视频),以指导工人施工,从而减少因图纸表达不清或是理解有误等出现的现场技术问题。同时,"先试后建"能够提前发现问题和解决问题,将被动修改转为主动作为,减少设计错误,提高可施工性,从而使建筑师可以更为主动地把控建筑的实施,高标准、高效率地实现所有的设计目的[①]。

江苏园博园(一期)项目(图 1-17)通过 Autodesk InfraWorks 和 Navisworks 软件整合全专业 BIM 模型及 GIS 地形数据,针对室外综合管网、市政道路、小火车轨道、房屋建筑、综合机电等进行碰撞分析,定期发布分析报告,及时反馈并调整优化,前置管理解决施工中存在的碰撞风险,保障项目各专业工程之间的交叉施工。针对既有的工业建筑遗址,通过三维激光扫描仪采集工业遗存建筑点云数据,结合勘察数据逆向建模,精准确定既有建筑、钢构件尺寸及空间信息(图 1-18),避免后期因结构碰撞、尺寸冲突等原因造成返工[②]。

图 1-17　江苏园博园(一期)效果图　　图 1-18　综合管网、市政道路、小火车轨道等碰撞分析

图片来源:张润东,孙晓阳,颜卫东,等.江苏园博园(一期)项目 BIM+CIM 全生命期智建慧管关键技术[J].中国勘察设计,2022(S1):58-61.

1.4.5　数字化技术与建筑工业化

建筑通过数字化技术可以从以下几个方面实现新型建筑工业化目标。

1. 设计建模方面

参数化技术和生成设计等数字化技术可以在建筑设计和建模阶段实现工业化目标。通过使用参数化设计工具和建模软件,可以快速生成建筑设计方案,并进行多次迭代和优化。这样可以提高设计效率和精度,减少人力资源和时间成本。

---

①　徐宗武.基于 BIM 技术的数字化建筑设计到数字建造[J].当代建筑,2020(2):33-36.
②　张润东,孙晓阳,颜卫东,等.江苏园博园(一期)项目 BIM+CIM 全生命期智建慧管关键技术[J].中国勘察设计,2022(S1):58-61.

BIM系列软件可以为建筑师提供协作设计的公共平台,将建筑、结构、给排水、暖通、电气等各个专业整合在同一个中央项目文件中,使工作人员可以同时在同一个中央项目文件中进行工作,方便及时协调各专业冲突问题,确保信息的有效传递,实现优化设计的目的。

2. 生产与制造方面

数字化技术采用建筑信息模型(BIM)可以实现建筑构件的工厂化制造,包括预制构件和模块化建筑,在这一过程中减少了信息录入的工作量,保证信息的有效传递和构件生产的准确性。数字化技术还可以支持机器人和自动化设备在建筑生产中的应用,提高生产效率和质量控制水平。因此,数字化技术在建筑生产与制造过程中发挥着重要作用。

3. 建造施工方面

数字化技术在施工与装配阶段实现了工业化的目标。使用建筑信息模型(BIM)和虚拟现实技术,可以进行施工工艺的仿真和优化,提前解决潜在问题,并实现施工过程的精确控制。同时,数字化技术还可以支持装配式建筑的实施,通过模块化和标准化的构件和装配方式,提高施工效率和质量。

综上所述,数字化技术在建筑领域通过在设计与建模、生产与制造、施工与装配、运营与维护以及数据管理与分析等层面的应用,可以实现建筑工业化目标,提高建筑行业的效率、质量和可持续发展能力。

第二章

装配式建筑的数字化设计与建造

2.1 装配式建筑与新型建筑工业化

2016 年出台的《国务院办公厅关于大力发展装配式建筑的指导意见》中指出："发展装配式建筑是建造方式的重大变革,是推进供给侧结构性改革和新型城镇化发展的重要举措,有利于节约资源能源、减少施工污染、提升劳动生产效率和质量安全水平,有利于促进建筑业与信息化工业化深度融合、培育新产业新动能、推动化解过剩产能"[①]。

住房和城乡建设部科技与产业化发展中心副主任文林峰在 2020 年发表的《加快推进新型建筑工业化 推动城乡建设绿色高质量发展——解读〈关于加快新型建筑工业化发展的若干意见〉》中指出"推进新型建筑工业化与国家推进建筑产业现代化和装配式建筑是一脉相承的。新型建筑工业化是以工业化发展成就为基础、融合现代信息技术,通过精益化、智能化生产施工,全面提升工程质量性能和品质,达到高效益、高质量、低消耗、低排放的发展目标"[②]。装配式建筑作为新型建筑工业化的载体,装配式建造方式是智能主流方式。建筑业作为国民经济的支柱产业之一,大而不强一直是我国建筑业存在的痼疾,在经济新常态下,中国建筑业与建筑企业必须顺应潮流积极转型升级,才能赢得生存和发展空间。实施以信息化带动工业化战略,以装配式建筑为载体,以新型工业化为路径,创新传统建造方式,是改造和提升传统建筑行业的一个突破口,也是我国从"建造大国"走向"建造强国"的必由之路。

根据住房和城乡建设部于 2015 年 11 月 14 日年出台的《建筑产业现代化发展纲要》:到 2020 年,装配式建筑占新建建筑的比例 20% 以上;到 2025 年,装配式建筑占新建建筑的比例 50% 以上。装配式建筑已成为整个建筑行业关注的焦点。据统计,

---

① 国务院办公厅.国务院办公厅关于大力发展装配式建筑的指导意见[J].中华人民共和国国务院公报,2016(29):24-26.

② 文林峰.加快推进新型建筑工业化 推动城乡建设绿色高质量发展——《关于加快新型建筑工业化发展的若干意见》解读[J].工程建设标准化,2020(9):22-24.

2020年全年,全国的装配式建筑开工建设面积已达6.3亿平方米,超额实现了预定目标。装配式建筑是建筑行业工业化的重要发展方向,装配式建筑一体成型,安装更方便,构件生产的重心由传统的建筑工地转向了工厂,现场操作更简单、更安全。装配式建筑具有"标准化设计、工厂化生产、装配化施工、一体化装修、信息化管理、智能化应用"的特征,能够推进我国建筑业产业改革升级,提升建筑业工业化智造和信息化管理水平[①]。

装配式建筑是由各种功能模块现场机械化组装而成的现代化建造方式,设计阶段需要前置集成全过程要素,要求更加精细化的设计与管理理念。数字化建筑设计利用计算机算法和工具,可以实现自动化的设计优化和分析。通过协同设计促进设计团队之间的协同工作和信息共享,大大减少了装配式建筑设计投入的时间成本。设计团队可以快速进行设计方案的评估和优化,包括构件形态、材料选择、结构稳定性等。虚拟建模还可以提供可视化的效果和交互性,帮助设计团队更好地理解和沟通设计意图。

BIM深化和数字化加工是对设计的BIM模型进行冲突检测、三维可视化优化,并根据加工信息深度要求深化模型形成加工模型,加工模型与加工数控系统关联,提供数控加工数据,使得建筑构件的制造和安装更加精准、高效。传感器、无人机、激光扫描等数字化技术可以提供实时的质量控制和监测机制。这有助于提前发现和纠正问题,确保装配式建筑的质量和安全性,减少人为误差,提高构件的一致性和质量控制水平,并加快生产周期。与传统建筑相比,装配式建筑在质量控制、施工速度和资源利用方面都具有显著的优势,可以大大提高建筑质量和施工效率。最终交付的BIM竣工信息模型反映工程对象的实际位置并包含与之相关的工程建设文件的关联关系,以及预留运维阶段信息接口。

数字化技术可以优化装配式建筑的施工工艺和流程。通过建立数字模拟和仿真,可以对施工过程进行优化和规划,包括材料运输、构件安装、模块组装等。数字化技术还可以提供施工指导和监测,减少施工错误和浪费。施工中智慧工地的建设可以实现建筑施工和装配的智能化,通过使用传感器、物联网和人工智能等技术,可以实现施工过程的自动化、实时监控和及时优化。BIM4D施工方案仿真动态模拟对实际工程进度及安装工序进行预演,更容易提前发现设计"错漏碰缺"与施工工艺缺陷问题,用于优化调整设计方案。同时让现场管理及施工人员对整个工艺流程的技术重难点及细部处理有一个更清楚的认识。将项目进度与BIM模型进行关联,根据整体进度分解到区域楼层、预制部品部件、单个构件的进度时间节点,作为模型中构件的时间参数,通过软件驱动模拟整个项目构件的安装进程和机械设备配置,对安装过程进行可视化检查。

综上所述,与传统建筑工业化模式相比,装配式建筑因为建筑工业化与信息技术的融合实现了设计、制造和建造一体化的生产方式和建造模式的转变。这种转变不仅需

---

① 黄轩安;史月霞,陈可楠,等.基于BIM技术的装配式建筑全过程信息化管理与数字化建造方法研究[J].土木建筑工程信息技术,2022,14(1):45-60.

要与之对应的装配式建筑设计与建造方法的支持,还需要设计、生产、转运、装配、运维等建造全过程一体化协同工作平台 BIM 软件管理技术的支持。该技术核心是通过三维模型,动态建立和储存丰富的建设数据信息,如描述建筑物构件的几何信息、专业属性及状态信息,以及非构件对象状态信息(如空间和位置关系等),大大提高了装配式建筑信息集成化程度,实现了建设全过程人、机、料、法和环五大基本要素之间的数据关联、交互和共享,为项目建设全过程相关利益方提供工程信息交换和共享平台[①]。数字技术的融合深刻地影响着建筑工业化,建筑设计因为协同设计更高效;有了数控加工、机械臂等数字化技术和机器的使用,构件生产制造的工业化程度变得更高,生产过程更加可控,构件质量更有保证;基于虚拟模型对施工过程的仿真动态模拟,提前解决设计中的"错漏碰缺"与建筑施工技艺的缺陷等问题,完成对施工建造流程的优化,智慧工地的应用使施工过程更智能化,大大提高了施工效率,降低了施工成本。建筑工业化和数字化达到了有机融合,有了数字化技术的应用,建筑工业化朝着更高效率、更经济、更绿色、更可持续发展的方向高质量发展。

2.2 典型装配式建筑设计方法

2.2.1 建筑标准化理念

1. 建筑标准化概念

建筑标准化是指把不同用途的建筑物,分别按照统一的建筑模数、建筑标准、设计规范、技术规定等进行设计,并经实践鉴定具有足够科学性的建筑物形式、平面布置、空间参数、结构方案,以及建筑构件和配件的形状、尺寸等,在全国或一定地区范围内统一定型、编制目录,并作为法定标准,在较长时期内统一重复使用。如广泛使用的各种标准设计,标准构配件等。装配式建筑标准化设计指采用标准化的方法进行装配式建筑设计,标准化的具体方法包括简化、统一化、系列化、通用化、组合化、模数化和模块化。装配式建筑的构件由于采用了非原位预制的建造方式,预制完成后再运送到工地进行装配,因此构件的种类越少越好,构件的规格越标准越好。在装配式建筑设计中,标准化的原则是要采用尽量少的类型,来满足建筑设计中多变的形式、功能和空间要求。

标准化设计是建筑工业化的核心,是工厂加工生产的前提和工业化发展的重要特征。装配式建筑作为新型建筑工业化的载体,装配式建筑标准化设计是实现建筑工业化的核心,一系列的部品部件通过模数协调、模块组合、空间协调等形成各式各样的装配式建筑,通过标准化设计可以提高部品部件的生产效率,减少并整合施工环节。装配式建筑标准化设计的目的是在建筑、结构、机电、装修一体化的基础上进行设计、加工、

---

① 张宏,宗德新,黑赏罡,等. 装配式建筑设计与建造技术发展概述[J]. 新建筑,2022(4):4-8.

装配一体化,进而实现设计、生产、装配全程一体化,使建筑更加舒适安全、节能高效[①]。

2. 模块化设计

建筑模块化设计是建筑标准化设计的通用设计原则。所谓模块化设计,就是将系统分解为相对独立的标准模块,通过统一的设计规则,规范各模块接口技术、几何形状、尺寸及定位等边界条件使各模块在自身技术演进的同时,能够通过统一的接口条件组成新系统。也就是系统通过选择性输入标准模块的方式实现多样化的输出,使产品能够以最小的代价获取最大的效率[②+③]。

模块化原理和方法的关键内容有以下几个方面:①分解。分解的目的是建立系统。对住宅设计而言,分解可以从套型开始,将一个套型空间分割出不同性质的功能区域。从建造技术的角度,又可以将结构体和填充体分割开,形成两个不同的技术系统。模块的分割点往往也是它们的结合点[④]。②分级。模块化系统可根据系统的复杂程度进行层级分解,形成多层级的模块化系统。模块化水平分解和纵向层级的划分,往往也是对专业知识和技术的划分。层级的建立有助于更深入地拓展专业设计和技术研究的深度。③规则。规则是模块化系统的主要内容,规则是制定模块自身以及模块与系统间的统一协调的基本制度,确定了模块的基本功能以及模块间界面关系,包括接口的通用位置和尺寸等,是决定各级模块的独立性和关联性的重要工作,也是模块化系统优劣与否的决定性因素。④选择。以上层级模块对下层级子模块的选择为基本特征,系统通过制定规则获得选择权,这也是系统建设的目的。系统将其各部分分解为独立单元以实现各单元的分散化技术演进。通过选择,选取最优的模块组织成新系统,通过特定模块的优化实现系统的整体升级。⑤组合。依据某种设计意图或用户的需求,将选择后的模块进行组合以实现设计成果的输出。

综上所述,模块化作为一种原理型的基础理论,在运用过程中,应与运用领域的技术特征相对应,对于一个住宅产品而言,模块的分解方法、系统结构及层级的建立,与住宅功能需求、空间组织、系统结构和知识领域有密切的关联,所以,住宅模块化系统的建立,必然具有其特定的结构模式。对于装配式建筑而言,模块化的方法广泛运用于居住建筑中,根据不同的功能空间可以将建筑划分为不同的空间单元(见图 2-1),将相同属性的空间单元按照一定的逻辑组合在一起,就形成了建筑模块(见图 2-2),单个模块或多个模块再经过组合,就构成了完整的建筑(见图 2-3)。模块和模块组合的设计方法将标准化与多样化巧妙结合并协调设计,满足使用者多样化的需求[⑤]。

① 王庆伟. 装配式建筑标准化设计方法工程应用研究[J].住宅与房地产,2019(6):35.
② 姜涌,朱宁,王强,等.模式—模块—模数:住宅更新的工业化实践[J].新建筑,2018(5):84-87
③ 李桦.住宅产业化的模块化设计原理及方法研究[J].建筑技艺,2014(6):82-87.
④ 李桦,宋兵.装配式建筑住宅全装修模块化设计方法与案例解析[J].住宅产业,2016(7):16-25.
⑤ 伍止超,秦姗,刘赫,等.建筑工业化产品的系统论与装配式住宅设计[J].建筑技艺,2021,27(2):64-67.

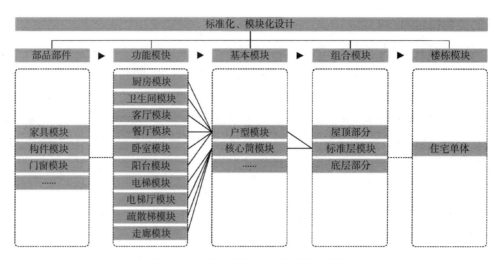

图 2-1　装配式居住建筑的模块化设计

图片来源:潘娟,朱望伟.标准化、模块化的装配式建筑设计方法实践——闵行浦江镇基地召楼路以东 S8-01 市属保障房项目[J].建筑技艺,2018(6):106-108.

套型1:未来生活方式的家　　套型2:成长变化的家——三口之家/老年之家　　套型3:适老与育儿的家——二胎之家/照护之家

图 2-2　多个模块组成建筑模型

图片来源:刘东卫,郝学,刘若凡,等.百年住宅可持续设计方法与浙江宝业装配式建筑系统集成建造[J].建筑技艺,2021,27(2):58-63.

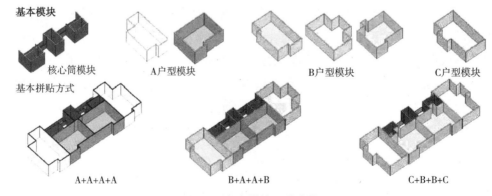

图 2-3　多个模块组成建筑

图片来源:刘东卫,郝学,刘若凡,等.百年住宅可持续设计方法与浙江宝业装配式建筑系统集成建造[J].建筑技艺,2021,27(2):58-63.

模块化综合了通用化、系列化、组合化等标准化形式,使系统在符合标准化条件的同时,具有很强的应变能力。模块化系统以自身结构为基础,以模块独立的分散化技术构成演进的活力,形成了"簇群"形态,实现了自我生态系统,使系统在符合标准化条件的同时具有很强的应变能力[①]。

3. 模数协调设计

建筑模数化设计是建筑标准化设计的数理设计方法和原则,是实现建筑标准化的数理基础。模数是建筑施工工业化中的一个重要的基本尺寸,统一建筑工业模数可简化部件与部件之间的连接,并且可以为设计组合提供更多途径。在设计中,一般以建筑物成品部件或者重要部品尺寸作为基本模数,也可依据空间的合理模数以设计结构的结构尺度。我国《建筑模数协调标准》(GB/T 50002)中规定"基本模数的数值为100 mm(1 M=100 mm),整个建筑物和建筑物的一部分以及建筑部件的模数化尺寸,应是基本模数的倍数"[②]。因此装配式居住建筑的功能空间模数采用基本模数 1 M=100 mm,以及扩大模数 3 M,室内部品部件采用基本模数 1 M=100 mm 以及分模数1/10M、1/5M、1/2M 的数列[③]。

模数协调是装配式建筑标准化设计的基础,它是指建筑各个构、配件在设计过程中按照模数制要求进行尺寸设计,便于后续生产、运输、施工和安装等工序把控,有利于构、配件准确定位、安装和连接,避免建筑构件与建筑构件之间、建筑部品与建筑部品之间、建筑构件与建筑部品之间,由于尺寸位置关系发生冲突,让各个构、配件之间关系更加协调统一,提高安装精度和施工质量[④]。同时,模数协调可实现建筑构、配件的标准化和通用化,使其适用于各类装配式建筑。这样一来,标准化和通用化的构、配件可以相互替换,从而降低构、配件的生产成本并提高产品质量。

模数网格的设置是建筑模数协调应用的前提。新型工业化建筑的部件按照模数网格进行定位安装,模数网格线起到部件定位控制线的作用。例如,在使用单、双线混合的模数网格进行建筑空间分隔部件(墙体、门、窗等)的定位安装时,符合 1M 模数的分隔部件用同样符合 1M 模数的双线网格定位,部件的界面限定在网格线以内,形成符合扩大模数(如 3M)进级的模数化内部空间,为内装部件模块化提供了可能(见图 2-4)[⑤]。

---

① 李桦,宋兵.装配式建筑住宅全装修模块化设计方法与案例解析[J].住宅产业,2016(7):16-25.

② 建筑模数协调标准:GB/T 50002—2013[S].北京:中国建筑工业出版社,2013.

③ 潘娟,朱望伟.标准化、模块化的装配式建筑设计方法实践——闵行浦江镇基地召楼路以东 S8-01 市属保障房项目[J].建筑技艺,2018(6):106-108.

④ 张敏.基于 BIM 的装配式建筑构件标准化定量方法与设计应用研究[D].东南大学,2020.

⑤ 刘长春,张宏,淳庆,等.新型工业化建筑模数协调体系的探讨[J].建筑技术,2015,46(3):252-256.

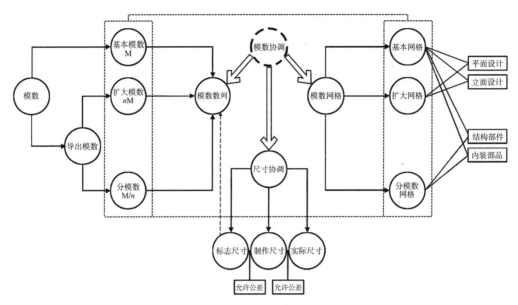

图 2-4　模数协调基本概念关系

图片来源：刘东卫. 装配式建筑系统集成与设计建造方法［M］. 北京：中国建筑工业出版社，2020：98.

4. 装配式建筑标准化设计方法

（1）平面标准化设计

平面标准化设计是装配式建筑中运用最普遍的设计方法，尤其是在住宅和公寓等居住建筑中运用最广泛。装配式建筑可视为由功能空间模块组成的单元，各个功能空间之间既有密切的联系，又有清晰的独立性。在平面设计的过程中，结合"少构件、多组合"的原则，将功能空间细分为由家具和使用空间构成的不同功能模块，对各种空间中的功能要求、排布原则、部品尺寸等进行研究和总结，将多种功能空间设定成不同的基础模块（见图 2-5），如厨房、卫生间、客厅、餐厅、卧室、阳台、电梯、楼梯、候梯厅、走廊等。通过统一模数协调尺寸实现功能空间模块的标准化设计。对这些在功能上相对独立的空间模块再进行精细化设计，更有利于集约利用空间，实现科学合理布局。

（2）立面标准化设计

建筑立面是直接反映建筑外观形式的界面，而标准化立面是寻求标准化与差别化的对立统一[①]。在典型装配式建筑标准化设计中，立面设计是在遵循标准楼层的层高、开间等模数和满足区域窗地比和窗墙比等规范要求的基础上，对外立面进行分段式组合设计，形成具有重复韵律的外观形式，有利于减少后期构件拆分设计的种类。同时，运用模数协调的原则，明确设计涉及的立体构件的模数，如外围墙板、阳台抑或是门窗、橱柜等，协调好彼此之间的种类与联系，做到"少规格，多组合"，实现用最少的外围护构

---

① 武琳，白悦，陶星吉. 装配式建筑标准化设计实现路径研究［J］. 四川建材，2021，47（9）：45-46.

件类型按照特定的排列组合方式最大程度地还原外立面设计形式[1]+[2]（见图 2-6）。因此，标准化的建筑立面设计应规整，外墙宜无凹凸，立面开洞统一，在不影响甲方营销要求的情况下，减少装饰构件及不必要的线条，尽量避免复杂的外墙构件[3]。

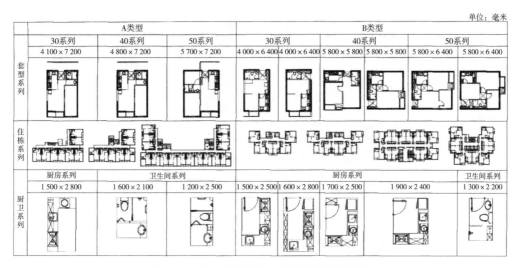

图 2-5　某公共租赁住宅的平面标准化设计

图片来源：刘东卫,褚波,朱茜,等.设计方式转变下的公共租赁住房建设——《公共租赁住房优秀设计方案汇编》与标准化设计[J].建筑学报,2012(5):6-12.

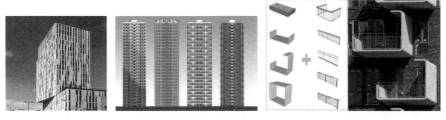

（a）外围护立面效果　　（b）门窗围护体系　　（c）阳台组合设计

图 2-6　立面标准化设计图

图片来源：叶浩文,樊则森,周冲,等.装配式建筑标准化设计方法工程应用研究[J].山东建筑大学学报,2018,33(6):69-74,84.

（3）构件标准化设计

构件标准化设计是装配式建筑标准化设计中最重要的环节，通常结合平面标准化设计与立面标准化设计，对建筑进行构件拆分设计，确定合适的预制构件类型和数量，从而实现预制构件种类最少、重复数量最大的目标，充分发挥工业化规模效益，有效提

① 张敏.基于BIM的装配式建筑构件标准化定量方法与设计应用研究[D].南京:东南大学,2020:26.
② 王子.装配式建筑标准化设计方法工程应用分析[J].居舍,2020(7):102,104.
③ 杨楠.装配式建筑标准化设计分析[J].建材与装饰,2017(20):87-88.

高装配效率。图2-7展示了针对客厅、卧室、厨房、卫生间的功能单元模块,运用最大公约数原理,按照模数协调准则,通过整体设计下的构件尺寸归并优化设计,实现构件的标准化设计,便于模具标准化以及生产工艺和装配工法标准化[1]。

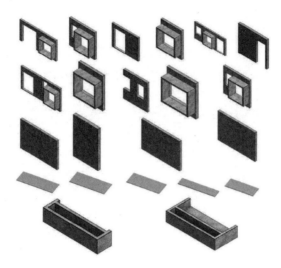

图2-7 构件标准化设计图

图片来源:叶浩文,樊则森,周冲,等.装配式建筑标准化设计方法工程应用研究[J].山东建筑大学学报,2018,33(6):69-74,84.

2.2.2 建筑系统集成

近些年,国家大力发展装配式建筑,从转变生产建造方式的总体方针、实施力度以及国家颁布的相关标准规范上看,装配式建筑不再是装配式结构、装配式技术、装配式施工的单一概念,而是强调其整体定位和思路。《装配式混凝土建筑技术标准》(GB/T 51231—2016)2.1.3 和《装配式钢结构建筑技术标准》(GB/T 51232—2016)2.0.3 中定义建筑系统集成(building of integration systems):以装配化建造方式为基础,统筹策划、设计、生产和施工等,实现建筑结构系统、外围护系统、设备与管线系统、内装系统一体化的过程[2]。简言之:要将装配式建筑看作一个复杂的"系统",建设对象是若干子系统的"集成",设计需要"建筑系统集成的设计方法"[3]。

1. 装配式建筑的构成体系

建筑系统集成(Building Integration Systems,简称 BIS)的构成体系:以装配化建造方式为基础,统筹策划、设计、生产和施工等环节,实现建筑的结构系统、外围护系

---

① 叶浩文,樊则森,周冲,等.装配式建筑标准化设计方法工程应用研究[J].山东建筑大学学报,2018,33(6):69-74,84.
② 张丛.从集成化产品思维解读装配式建筑[J].工程建设与设计,2021(6):12-14.
③ 樊则森.装配式建筑一体化设计理论与实践探索[J].建设科技,2017(19):47-50.

统、设备与管线系统、内装系统一体化的过程。建筑的结构系统、外围护系统、设备与管线系统、内装系统是技术体系集成;统筹策划、设计、生产、施工和运维是建筑全寿命周期内的管理体系集成(见图 2-8)。从系统集成的角度理解装配式建筑,以 BIS 建筑构成体系方法为指导,以信息化技术为工具,以建筑形式与功能为核心,以结构系统为基础,整合外围护系统、设备与管线系统及内装系统,实现其系统的体系化集成[①]。

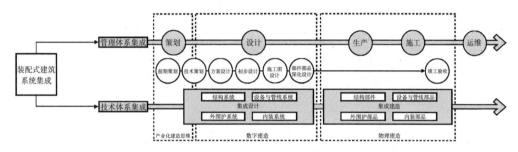

图 2-8　装配式建筑系统集成的 BIS 建筑构成体系

图片来源:刘东卫. 装配式建筑系统集成与设计建造方法[M]. 北京:中国建筑工业出版社,2020:67.

这种新型装配式建筑系统集成的 BIS 建筑构成体系,有明确的体系与子体系、完备的系统与子系统,是基于部件部品进行系统集成,从而实现建筑功能。在其体系构成方法之下,建筑是最终的产品。对于产品,传统分散的、局部的思路是不可行的,需要站在建筑系统集成的层面上去思考解决思路。建筑师的角色要发生转变,去统筹思考建筑项目的全过程,以体验导向的思维去主导项目,进行系统集成。

2. 装配式建筑的构成体系的基本系统

装配式建筑是采用工厂制造的部品部件在现场装配而成的建筑,相比传统建筑用混凝土等建筑材料在现场浇筑的建造方式,其局部、整体与系统的关系更清楚,系统架构更为明晰,可以按照工厂制作、现场装配的部品部件种类和专业类别进行分类。应用系统观点,可以将复杂系统从原来各种个体间离散性的集合,梳理为结构化的系统建构;从过去模糊且混沌的认知,解析为清晰且高度关联的物质要素的集合。一般而言,装配式建筑由结构系统、外围护系统、设备与管线系统和内装系统四部分构成,每个系统还可以划分为若干子系统[②]。装配式建筑对结构、外围护、设备与管线、内装各系统进行统一协调,实现各系统间的最优化组合,从而达到整体效率、效益最大化,形成完善的建筑有机整体(见图 2-9)。

①　刘东卫. 装配式建筑系统集成与设计建造方法[M]. 北京:中国建筑工业出版社,2020:67-70.
②　樊则森,张玥. 装配式建筑的物质性特征及其系统集成设计方法[J]. 新建筑,2022(4):15-19.

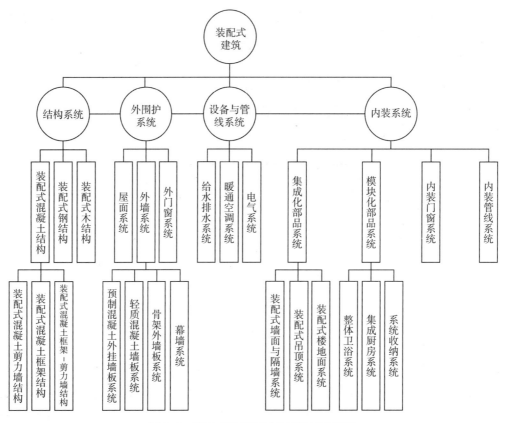

图 2-9　装配式建筑通用体系的四大系统

图片来源:刘东卫. 装配式建筑系统集成与设计建造方法[M]. 北京:中国建筑工业出版社,2020:68.

结构系统(structure system)是由结构构件通过可靠的连接方式装配而成,以承受或传递荷载作用的整体。结构系统是装配式建筑的骨架,按主体结构使用材料与形式可分为装配式混凝土结构、装配式钢结构、装配式木结构。其中,装配式混凝土结构是装配式建筑中应用最广的类型。

外围护系统(envelope system)是由屋面系统、外墙系统、外门窗系统组合而成,用于分隔建筑室内外环境的部件部品的整体。外围护系统中最重要的是外墙系统。外墙系统有多种划分依据,通常按照部品内部构造可以分为预制混凝土外挂墙板系统、轻质混凝土墙板系统、骨架外墙板系统、幕墙系统。外墙系统也可按与主体结构的连接形式分为内嵌式、外挂式及内嵌外挂结合式。各类墙板又可根据不同材质、结构、连接方式等进一步细化,如按照外观形式分为整间板系统和条板系统两类。外墙系统的外观形式主要以立面效果区分,预制混凝土外挂墙板可分为整间板或条板,轻质混凝土墙板以条板为主,骨架外墙板也可分为整间板或条板,幕墙中的单元式幕墙多以类似条板为主。

设备与管线系统(facility and pipeline system)是由给水排水、暖通空调、电气和智能化、燃气等设备与管线组合而成,满足建筑使用功能的整体。设备与管线是装配式建筑的重要组成部分,应在建造全过程中贯彻这一理念。由于设备与管线本身具备标准化设计、工厂化生产、装配化施工等特征,因此应从装配式建筑对设备与管线系统的需求出发,发展并完善适用于装配式建筑的高品质要求及工业化建造方式的技术体系。需要区分的是,设备与管线系统是针对建筑公共设备管线而言,或者说是设备管线的公共部分,内装系统中涉及的设备管线仍属于内装系统。

内装系统(interior decoration system)是由装配式墙面和隔墙、装配式吊顶、装配式楼地面等集成化部品和整体卫浴、集成厨房、系统收纳等模块化部品,以及内装门窗、内装管线等构成的满足建筑空间使用要求的整体。内装系统是装配式建筑的重要组成部分,应采用装配式内装的方式。内装系统包含集成化部品系统、模块化部品系统、内装门窗系统、内装管线系统。其中集成化部品又包含装配式墙面和隔墙系统、装配式吊顶系统、装配式楼地面系统;模块化部品包括整体卫浴系统、集成厨房系统、系统收纳系统。装配式内装是以一种工厂化部品、装配式施工为主要特征的装修方式,其本质是以部品方式提升品质和效率,同时减少人工,节约资源能源消耗。

2.2.3 建筑协同设计

1. 协同设计的概念

在 20 世纪 70 年代,哈肯在其《协同论》书中提出了"协同"的新概念,建立了协同学理论。协同学(Synergetics)一词来自希腊文,意思是协同作用的科学,是跨学科研究的一个新领域,研究的是系统内的各个个体如何协作并通过协作产生新的空间、时间或功能结构[1]。

在建筑学视角下,协同设计(collaborative design)是指在一个建筑设计项目中,由两个及两个以上设计主体(设计人员或设计团队)通过一定的设计管理机制和信息交换机制,分别完成各自设计任务并最终达到完成整个项目的设计。这种协同,除了不同的建筑师在建筑设计方面的协同之外,还包括建筑师与结构、暖通、水电等不同专业设计师之间的协同[2]。在建筑创作过程中,在不少建筑的设计过程中,建筑师可能会对施工中某些问题有所忽略,导致在施工中会遇到困难的技术课题,甚至可能导致设计方案在施工上不能实现。建筑师不得不对原设计方案进行修改,才能使工程持续进行下去,造成了工程的延误和浪费。如果建筑师在概念设计的阶段,就和结构工程师、施工工程师以及其他专业工程师一起进行协同设计,就可以避免这些问题出现。因此,协同设计可以充分发挥不同设计主体的优势,实现资源共享和优势互补,更有效地应对市场的竞

---

① 洪兆丰. 基于协同设计平台的医疗建筑 BIM 应用研究[D]. 南京:南京工业大学,2018.
② 李建成. 数字化建筑设计概论[M]. 北京:中国建筑工业出版社,2012.

争。它克服了传统设计手段的封闭性、资源的局限性和设计能力的不完备性,缩短了设计周期,提高了设计质量,为设计企业带来了很好的效益。

2. 传统的建筑协同设计

在传统设计过程中,每个专业均负责各自专业领域内的专业内容,通过二维图纸呈现最终交付成果[1],在此期间,常见的协同方式为使用图纸交流、在分配任务或在信息传递时使用 U 盘拷贝,图 2-10 展示了传统设计模式的协同设计。

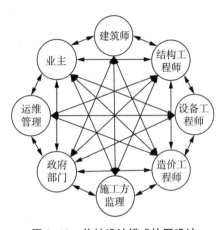

图 2-10 传统设计模式协同设计

图片来源:洪兆丰.基于协同设计平台的医疗建筑 BIM 应用研究[D].南京:南京工业大学,2018.

在传统设计模式协同设计过程中,大部分指设计人员基于网络即时通信或者跨越物理距离进行设计沟通交流的信息组织管理形式,其中包括通过 CAD 文件间建立外部参照,不同工种、不同参与方提取信息时得到相对的二维参照数据,无法及时提交问题以及修改项目信息。然而,当今建筑设计项目复杂性越来越高,而且设计周期短、工期紧,通过二维图纸的传统建筑协同设计方式面临难以攻克的瓶颈,存在各专业设计信息交流不畅、数据重复使用率低、信息传递无序且效率低下等问题[2][3]。

3. 基于建筑信息管理平台的协同设计

随着移动互联网络技术的发展和普及,建筑协同设计是以其所处时代的信息技术为支撑的,对数据信息的集成化、传递连续性提出了新的要求。在建筑项目的各个设计阶段,各专业人员通过计算机的辅助来实现资源、信息的即时共享,进行交流讨论设计。借助协同设计的软硬件环境,不同专业间、各部门间可创建良好的协作机制,改变传统设计下的沟通形式。建筑协同设计是一种利用网络技术,依托数据平台以及各专业相关建筑软件的新型设计方式。协同设计平台旨在为保障在不同部门、不同设计专业或者不同设计单位的设计团队人员间及时准确、高效地传递信息而构建。随着建筑项目在设计、施工、运维阶段的复杂性日益增加,社会化分工的日益细化,项目各方人员越发需要依靠协同设计平台进行密切合作与交流。[1]

BIM(建筑信息模型)的出现和技术的应用为设计人员提供了相应的解决方案,其与协同设计技术将成为互相依赖、密不可分的整体(图 2-11)。协同是 BIM 的核心概念,同一构件元素,只需输入一次,各专业共享构件元素数据,并从不同的专业角度操作该构件元素,使各个专业在同一个模型上进行设计工作,从而实现真正意义上的协同设

① 姚远.BIM 协同设计的现状[J].四川建材,2011,37(1):193-194.
② 洪兆丰.基于协同设计平台的医疗建筑 BIM 应用研究[D].南京:南京工业大学,2018.
③ 高兴华,张洪伟,杨鹏飞.基于 BIM 的协同化设计研究[J].中国勘察设计,2015(1):77-82.

计。从这个意义上说,协同已经不再是简单的文件参照片。可以说 BIM 技术将为未来协同设计提供底层支撑,大幅提升协同设计的技术含量[①]。

此外,BIM 不只是给设计人员提供一个三维实体模型,同时还提供了一个包含丰富的材料信息、物理性能信息、工艺设备信息、进度及成本等信息的数据库,正是这些信息,为各个专业进行各种计算分析提供了方便,使设计做得更为深入、更为优化,从而提高了建筑协同设计的水平。为了给计算分析提供方便,在协同设计的平台上应当包括各种用于计算分析的应用程序。

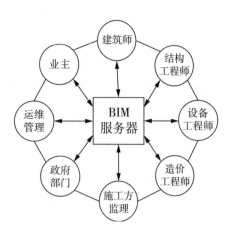

图 2-11　BIM 协同设计

图片来源:洪兆丰. 基于协同设计平台的医疗建筑 BIM 应用研究[D]. 南京:南京工业大学,2018.

再推而广之,由于 BIM 覆盖建筑工程项目的全生命周期,这就为建筑设计部门、施工企业、业主、物业管理单位以及各相关单位之间的协同工作提供了良好的基础,也为协同设计迈上新的高度创造了条件[②]。更进一步,在因特网日益普及的今天,完全有条件把分布在不同地域的智力资源通过网络组合在一起。充分利用在网上检索数据库以及通信的方便,使身处不同地方的设计者进行网上异地合作设计的优点得到普遍的认同。例如,某些重要设计项目可以组织国内乃至国际上各有关专业的一流专家通过网络进行协同设计,这样既可以大大地缩短设计周期,保证设计质量,还可以免除专家们的舟车劳累。即使是在同一个城市,人们也不一定非要在办公室工作,完全可以以 SOHO 的方式在家中完成原来必须到办公室才能够完成的工作。节省消耗在上下班交通中的时间和资源,灵活安排工作时间,提高工作效率。也许,这种新型工作组织形式,通过强化内部的合作,更能够灵活地适应信息时代的竞争。

2.2.4　DfMA 面向制造与装配的设计

1. 基本概念

面向制造与装配的设计(Design for Manufacturing and Assembly,简称 DfMA)是起源于制造业的术语,由美、英等国的学者杰弗里・布斯罗伊德(Geoffrey Boothroyd)、比尔・威尔森(Bill Wilson)、彼得・杜赫斯特(Peter Dewhurst)提出,以应对 20 世纪

① 陈宇军,刘玉龙. BIM 协同设计的现状及未来[J]. 中国建设信息,2010(4):26-29.
② 李建成. 数字化建筑设计概论[M]. 北京:中国建筑工业出版社,2012:185-186.

60 年代制造业产品竞争激烈的局面,提高制造业产品的开发效率和质量①。DfMA 与精益制造、质量工程等一样,作为一种设计理念,它强调在产品设计的各个阶段,对产品加工、装配直至后续维护等进行综合设计和优化,提高产品的可制造性、可装配性、可维护性等②。

"零件最少化"是制造业 DfMA 的重要原则,提倡"如无必要,勿增实体",尽量简化设计以减少零件数量①。借鉴到建筑行业,DfMA 主要运用于装配式建筑,根据 DfMA 原则在建筑设计前期减少建筑构件的数量与种类,从而为制造、运输和装配带来便利。例如,DfMA 合理化设计过程的方法,可以改进材料的选择,并优化建筑的规划和物流。不仅有利于建筑构件在工厂制造、运输,并安全、快速和直接地装配,同时,还可以实现将预制构件从单个项目应用至多个不同的项目③。

DfMA 包括面向制造的设计(Design for Manufacturing,DfM)和面向装配的设计(Design for Assembly,DfA)两部分理论④,面向制造的设计(DfM)是指预制建筑构件的设计应满足制造要求,以使其具有良好的可制造性。面向装配的设计(DfA)是指预制建筑构件的设计应满足装配的要求,使其具有良好的可装配性。DfMA 是 DfM 和 DfA 的有机结合,这要求建筑构件的设计同制造、装配过程的知识与经验相融合,从而使建筑构件具有优异的可制造性和可装配性⑤。DfMA 的核心目标是通过将装配式建筑设计中其他阶段的专业知识和信息整合到设计阶段,帮助设计人员优化装配式建筑设计,提高其一次性成功率。因此,DfMA 原则应尽可能应用于装配式建筑设计的早期阶段。

2. 基于 BIM 的 DfMA

BIM 作为一个综合性的数字建模和信息管理工具,可以在建筑项目的全生命周期中整合和协调各种信息和数据。BIM 是能够支持 DfMA 的关键技术,DfMA 使 BIM 更适合装配式建筑。面向 DfMA 的参数化设计是 DfMA 与 BIM 参数化设计的有机结合,是一种新的设计理念。这意味着设计人员在使用 BIM 技术设计装配式建筑时,不仅要考虑设计阶段的要求,还要考虑制造阶段和装配阶段的要求。除建筑设计人员外,还应有制造设计人员和装配技术人员参与设计过程,使装配式建筑具有良好的可制造性和可装配性。Yuan,Sun 和 Wang 提出了一种基于 DfMA 的参数化预制构件创建过

---

① 宗德新,康梦祥,高珩哲,等. 面向制造与装配的钢结构建筑设计影响因素及对策研究[J]. 新建筑,2022(4):36-41.

② 张旭. DfMA 技术在航空工业中的应用[J]. 航空制造技术,2012(6):26.

③ RIBA(2021). DfMA Overlay to the RIBA Plan of Work[EB/OL]. https://www.architecture.com/

④ 韩冬辰,王思宁,罗辉,等. 快速建造导向下的箱式房住宅 DfMA 深化设计策略研究——以 SDC2021 作品 Aurora 为例[J]. 建筑科学,2023,39(4):44-50,56.

⑤ 李建波,韩萌萌,杨晓凡. 基于生态城市发展下的木结构建筑 DFMA 设计[J]. 建设科技,2020(21):100-103.

程,该过程在 Revit 中运行(即建筑信息建模工具)。该过程的第一件事是进行 DfMA 分析,以便及时将预制构件的制造和组装阶段所需的详细信息集成到设计阶段,例如几何形状、连接、制造过程、组装过程和机械设备。有结构化的步骤或指导方针来执行 DfMA 过程是很好的,因为这种方法只是在建筑行业中发生。同时,在这些结构化过程中发生的一个共同主题是将制造和装配阶段所需的信息及时反馈到设计阶段①。

面向 DfMA 的参数化设计过程的输出结果是一些三维动态信息模型,即预制构件生产信息模型和装配式建筑施工信息模型。用 BIM 技术创建的三维动态信息模型代替二维静态图纸是面向 DfMA 的参数化设计的重要思想。这些三维动态信息模型可以实时、多视角地显示。此外,还可用于进行虚拟生产培训和虚拟施工培训,以提高工人的工作效率和质量②。

3. 应用价值

DfMA 在装配式建筑中的应用价值体现在提高效率和质量、减少浪费和材料损耗、增加灵活性和可持续性以及加快项目进度等方面。

提高效率和质量。通过 DfMA 原则,可以在设计阶段就考虑装配式建筑构件的制造和装配要求,采用更简单的装配方法设计构件,实现构件的标准化和模块化设计,使其更易于装配,提高制造和装配的效率,并减少人为错误和施工缺陷的发生。因此,构件质量得到提高。

减少浪费和材料损耗。由于 DfMA 实现了工厂制造阶段更好的规划、生产控制、更少的错误,不仅能更有效地利用材料和减少浪费,还可以优化施工流程和时间计划,降低成本。

增加建筑构件的灵活性和可持续性。由于装配式建筑具有较高的灵活性,可以根据需求进行模块化组装和拆卸。通过采用 DfMA 原则,一些组件、子组件和预组装件可以更容易地重复使用,因此可以提供更灵活的设计和构件组合选项,以适应不同的建筑需求和变化。最重要的是,DfMA 可以加快项目进度,实现快速建设和交付,适用于需要快速响应的项目。

由于 DfMA 和精益建造都共同以"标准化"为原则,旨在提高效率。它们之间存在相互关联和相互支持的关系。精益建造的思想与 DfMA 的结合,可以实现更高效建造。它可以在建筑设计的早期阶段就考虑建筑构件的管理问题,并通过几何优化来减少构、配件的数量,从而降低施工成本和工作量,实现材料和资源的有效利用,提高施工

① GAO S, JEN R, LU W. Design for manufacture and assembly in construction: a review[J]. Building Research & Information,2019(48):538-550.

② YUAN Z, SUN C, WANG Y. Design for manufacture and assembly-oriented parametric design of prefabricated buildings[J]. Automation in Construction,2018(88):13-22.

生产率,简化操作和组装过程,减少不必要的等待时间和运输成本[①]。

同时,DfMA 的应用在全球范围内得到了广泛关注和采用,其中英国和新加坡以其在 DfMA 领域的发展和应用而闻名。在英国,DfMA 的应用得到了广泛支持和鼓励。英国政府一直致力于推动非现场制造和 DfMA 的发展,通过政策引导和资金投入来促进创新和采用新技术。英国现代建造方法(Modern Methods of Construction,MMC)任务组的成立旨在推动离场制造技术的采用,并在"政府住房白皮书"中明确提出了支持 DfMA 的目标。在新加坡,DfMA 被视为提高建造效率、解决劳动力短缺和促进可持续发展的关键策略。新加坡政府通过建筑与建设管理局(Building and Construction Authority,BCA)积极推动非现场制造和 DfMA 的发展。BCA 制定了相关准则和认证机制,鼓励建筑企业采用 DfMA 原则进行建筑设计和施工。总体而言,英国和新加坡在 DfMA 的发展与应用方面取得了显著进展。政府的支持、产业的参与,为 DfMA 在建筑行业的广泛应用提供了良好的基础。这些国家在 DfMA 方面的成功案例和经验,为其他国家提供了借鉴和参考的机会,促进了全球 DfMA 的发展与推广。

2.3 基于 BIM 的装配式建筑数字化设计与建造

2.3.1 BIM 建模与装配式建筑

1. BIM 建模的基本概念

BIM 模型的创建是 BIM 技术应用的基础性工作,创建模型的目的是以模型为载体,生产、传递和集成具有 BIM 技术特征的建筑信息[②],然而,BIM 模型包含多个元素,包括图像信息(如长度、高度、宽度、表面、体积)和非图像信息(如材料、制造商、成本等)(BIM Forum,第 9 页),因此,构件模型的建模深度和创建的规范化有助于各专业协同、生命期各阶段的协同,甚至为商业合约的签订和设计成果的交付奠定了重要基础[③]。

其中,BIM 模型的发展等级(LoD)在各类 BIM 标准中,都涉及对信息模型的工作深度和表达细度的控制和管理。对信息模型的精细度管控是 BIM 标准中最核心的内容,不仅规范了行业中从业者的工作标准,同时还影响着行业本身的发展趋势。LoD,全称 Level of Development 直译"发展等级",完整含义宜译为"发展精细度等级",可以被定义为:独立的模型元素从最初概念化设计到最高竣工级别所经历的"逻辑流程"[④]。

---

① OGUNBIYI O, GOULDING J S, OLADAPO A. An empirical study of the impact of lean construction techniques on sustainable construction in the UK[J]. Construction Innovation,2014,14(1),88-107.

② LEE J, LLOLLAWAY L, THOME A , et al. The Structural Characteriatic of a Polymer Composite Cellular Box Beam in Bending [J]. Construction and Building Materials,1996,9(6):333-340

③ 薛刚,冯涛,王晓飞. 建筑信息建模构件模型应用技术标准分析[J]. 工业建筑,2017,47(2):185.

④ 赵全泽. 从"BIM 乌托邦"看 LoD(模型精度)对 BIM 应用的影响[J]. 建设监理,2016(7):40-43.

LoD 是由美国建筑师协会（AIA）于 2008 年在《E202—2008，建筑信息模型附录》（E202-2008，*Building Information Modeling Protocol Exhibit*）中首次提出来的，作为对信息模型的深度和表达细度进行描述的 BIM 标准和参考工具，旨在提高建筑信息模型中元素特性的沟通质量[1]+[2]。

基于美国 AIA 协会的文件规范，模型的精细度被分成 5 个基准等级，即 LoD100、LoD200、LoD300、LoD400 和 LoD500，大体上可以理解为对应着方案设计、初步设计、施工图设计、施工、竣工提交这五个环节，表 2-1 展示了 LoD 建模精度划分。

表 2-1　LoD 建模精度划分

内容与应用	模型等级				
	LoD100	LoD200	LoD300	LoD400	LoD500
模型信息内容	概念性描述：非几何数据，如线、面、体积区域等信息	近似模型（大致 3D 模型）：基本形状、大概尺寸、位置等信息	精确模型：精确的类型、形状、尺寸、位置、材料信息	加工制造模型：LoD300＋编码命名以及生产、物流等信息	竣工模型（实际安装模型）：LoD400＋供应链信息及过程中非结构化数据等信息
阶段	方案设计阶段	初步设计阶段	施工图设计阶段	施工阶段	竣工提交阶段

由表 2-1 可知，本规则将 BIM 模型设置为 5 个级别，从 LoD100 到 LoD500，并在不同建设阶段，模型构件随着应用需求的不同，模型信息内容逐步增多，模型深度逐渐加深[3]。这套 AIA 的精细度分级体系在 2013 年进行了一次改版，首先，取消了 LoD 等级与项目阶段之间的直观对应，这样才能建立起 BIM 独特的精细度管控标准；其次，在原本的 5 个分级中插入了一个作为常规等级的 LoD350，新插入的 LoD350 相当于2008 版中的 LoD300，这样就丰富了从方案设计到技术设计之间的分级梯度；最后，在 LoD350 之后，用于指导实操的精细度等级仅保留 LoD400，适用于针对施工的最深层次的技术设计，同时适用于详尽的竣工记录，它合理覆盖了 2008 版中 LoD400 和 LoD500 两个等级的内容[4]。

其中，增加的 LoD350 模型信息内容如下：对图元与附近或附着图元协调所需的零件进行建模。这些部件包括支架和连接组件等。设计的元素的数量、尺寸、形状、位置和方向可以直接从模型中测量，而不需要参考非建模信息，例如注释或尺寸标注[4]。

---

[1]　吴润榕，张翼. 精细度管控——美标 LoD 系统与国内建筑信息模型精细度标准的对比研究[J]. 建筑技艺，2020(6)：114.

[2]　BIM Forum，2023. Level of Development(LoD) Specification 2022 Supplement[EB/OL]. https://bimforum. org/resource/lod_level-of-development-lodspecification-2022-supplement/

[3]　任琦鹏，郭红领. 面向虚拟施工的 BIM 模型组织与优化[J]. 图学学报，2015，36(2)：289-297.

[4]　BIM Forum，2023. Level of Development(LoD) Specification 2022 Supplement. [EB/OL]. https://bimforum. org/resource/lod_level-of-development-lodspecification-2022-supplemen

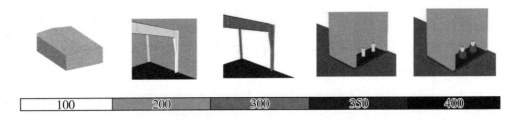

图2-12　《模型精度发展等级(LoD)规范标准》(2023版)中编码示例

图片来源：BIM Forum，2023．*Level of Development*(*LoD*)*Specification* 2022 *Supplement*．https://bimforum.
org/resource/lod_level-of-development-lodspecification-2022-supplemen

经过这次改版，完全切除了模型深度与项目阶段的关联，将LoD的精细度控制落实到"构件级"甚至更精细的类型对象上。同时，由BIM Forum编撰《模型精度发展等级(LoD)规范标准》和《G202—2013，建筑信息模型附表》(*G202—2013*，*Building Information Modeling Protocol Form*)这两份文件构成了当时国际上最完善的一套BIM模型精细度管控体系，而目前《模型精度发展等级(LoD)规范标准》已更新至2021版。

我国对各类BIM标准的拟定稍迟于BIM技术在国内的推广，在对模型精细度管控规则的拟定上，我国正经历着一个艰难探索的过程。较早推出的是北京地方标准《民用建筑信息模型设计标准》(DB11/T 1069—2014)，当时2013版成熟的美标LoD标准才推出不久，模型精细度管控的观念在全球范围内刚刚得到重视。在北京标准中，明确提出了"模型深度等级"(Level of Detail of BIM models)的概念，并与美标一样划分了5个等级梯度(从1.0到5.0)；在2016年施行的上海地方标准《建筑信息模型应用标准》(DG/TJ 08—2201—2016)中，直接沿用了美标LoD的概念以及LoD100、LoD200、LoD300、LoD350、LoD400、LoD500的6个分级梯度。采取类似做法的还有2018年施行的广东地方标准《广东省建筑信息模型应用统一标准》(DBJ/T 15—142—2018)，在这版标准中，不仅像上海标准那样沿用了美标LoD的概念和分级，还前所未有地增加了一个LoD600的级别，凭此比上海标准增加了一个"运营维护阶段"。

2019年6月施行的《建筑信息模型设计交付标准》(GB/T 51301—2018)(以下简称《交付标准》)，是我们研究国内BIM模型精细度管控规则的核心文本。标准中明确了作为模型细度分级管控指标的术语提法为"模型精细度"，其英文缩略术语为"LoD"(Level of Model Defnition，与英国标准中的术语提法类似)，该标准在分级梯度上所作的工作有很突出的亮点。模型单元根据精细度一共被分成4级，分级标准的定义非常清晰，包括"项目级"(LoD1.0)、"功能级"(LoD2.0)、"构件级"(LoD3.0)和"零件级"(LoD4.0)(见表2-2)。这样的分级在梯度上比美国标准及绝大多数国际和各地方标准都更少，但鉴于我国仍处于BIM技术的推广阶段，这种更简明和直观的分级规则其实是更容易落地执行的。

表 2-2 《建筑信息模型设计交付标准》中的"模型精度基本等级划分"列表

等级	英文名	代号	包含的最小模型单元
1.0 级模型精细度	Level of Model Definition 1.0	LoD1.0	项目级模型单元
2.0 级模型精细度	Level of Model Definition 2.0	LoD2.0	功能级模型单元
3.0 级模型精细度	Level of Model Definition3.0	LoD3.0	构件级模型单元
4.0 级模型精细度	Level of Model Definition4.0	LoD4.0	零件级模型单元

表来源：吴润榕，张翼. 精细度管控——美标 LoD 系统与国内建筑信息模型精细度标准的对比研究［J］. 建筑技艺，2020(6)：114-120.

《交付标准》是 BIM 国家标准的重要组成部分，与其他标准相互配合，共同作用，逐步形成 BIM 国家标准体系，为行业标准、团体标准、地方标准，乃至企业标准、项目标准均提供重要的框架支撑，同时为国际间 BIM 标准的协同和对接提供依据。其针对性和可操作性，也有利于推动建筑信息模型技术在工程实践过程中的应用①。

2. BIM 建模的应用价值

在传统设计中，各个专业通常会创建各自的二维图纸来描述构件信息，这导致了信息的分散和不一致，并且二维信息无法直接参与到施工过程的整合中，使施工人员不得不花费大量时间去理解和翻译二维图纸信息，并增加了工程变更的风险②。而 BIM 模型的引入解决了这些问题，BIM 模型以三维几何信息为基础，聚合了建筑工程项目产生的各种数字信息③，并以模型为载体，生产、传递、集成具有 BIM 技术特征的建筑信息④，即将建筑构件信息（几何、材料、性能和其他相关信息）统一记录在 BIM 模型中，让各个专业在各个阶段统一在这个 BIM 模型里面去进行信息的读取和管理，便于设计、建造、运营各个环节的数字化操作。这一方法不仅提高了设计的精确性和一致性，还加快了设计过程的速度，使建筑工程在其全生命周期中显著提高效率和大幅减少风险⑤。

在此过程中，项目在每个阶段对模型元素具体内容的要求取决于模型将被用于的功能，每个后续级别都在前一级别的基础上进一步细化⑥。同一阶段不同专业、同一专业不同类别构件的 LoD 也可以是不一样的，以满足各同阶段各同专业不同用途的既

① 李文娟. 国家标准《建筑工程设计信息模型交付标准》通过审查［J］. 工程建设标准化，2017(4)：34.
② GANAH A，ANUMBA，BOUCHLAGHEM N M. Computer visualisation as a communication tool in the construction industry. Proceedings Fifth International Conference on Information Visualisation，London，UK，2001：679-683.
③ 刘琰，李世蓉. 虚拟建造在工程项目施工阶段中的应用及其 4D/5D LoD 研究［J］. 施工技术，2014，43(3)：62-66.
④ 王茹，宋楠楠，蔺向明，等. 基于中国建筑信息建模标准框架的建筑信息建模构件标准化研究［J］. 工业建筑，2016，46(3)：179-184.
⑤ "虚拟实现创想、革新引领建造"——BIM 实现的建筑梦想［J］. 建筑师，2009(6)：129-134.
⑥ 刘琰，李世蓉. 虚拟建造在工程项目施工阶段中的应用及其 4D/5D LoD 研究［J］. 施工技术，2014，43(3)：62-66.

定需求。例如,前期方案构件的模型精度在 LoD100～LoD200,此时模型只需要反映大致的空间关系,能够查询面积信息即可,主要使用在建筑专业;施工图阶段构件模型精度为 LoD300,该模型用于成本估算和施工协调,应当包括业主在 BIM 提交标准中规定的构件属性和参数等信息;LoD350 实际构件阶段,等同于施工图深化设计,特别强调节点详图(包括 2D 图元说明)、安装措施、专属信息等,该阶段模型需满足施工图预算、项目现场管理中进度款结算以及工程物资清单的编制;LoD400 详细构件阶段,此阶段的模型被认为可以用于模型单元的加工和安装,主要针对水电暖系统[1]。LoD500 的应用主要针对建筑运维专业人员,包括设备维护人员、设施管理人员和运维团队等,在此阶段主要是增加构件和设备的运营管理信息、维护保养信息、文档存放信息[2]。

BIM 模型不仅提供了建筑构件的物理属性,同时还包含了从建筑概念设计到运营维护的整个项目生命周期内该建筑构件的实时、动态的所有信息。由于 BIM 模型具有参数化和关联性的特点,使得各个构件之间的关系和影响可以被自动化地检测和分析。当一个构件发生变更时,BIM 模型可以自动更新与之相关的其他构件和系统,减少了工程变更的风险。这使得设计团队和施工团队能够更加迅速地响应变更,减少变更对项目进度和成本的影响。

通过 BIM 模型对建筑构件进行信息化表达,BIM 模型可以直观地表达出建筑构件的空间关系和各种参数情况,能自动生成各种生产表单,并且借助工厂化、机械化的生产方式,采用集中、大型的生产设备,只需将 BIM 信息数据输入设备,就可以实现机械自动化生产,大大提高工作效率和生产质量[3]。在施工阶段,施工人员借助 BIM 模型可以直接获取详细的构件信息,包括尺寸、材料、位置和安装要求等。这使得施工人员能够更准确地理解设计意图,并在现场进行施工规划和工序安排。此外,BIM 模型还可以帮助管理人员清楚地了解工程施工状态,并通过 BIM 模型的虚拟建造进行施工模拟和优化,帮助识别潜在的冲突和问题,减少现场调整和重复工作,提高施工效率和安全性。通过数字化的施工方法,可以实现构件的精确安装,减少误差和浪费,从而提高整体施工质量。

2.3.2 基于 BIM＋的装配式建筑设计

新型装配式建筑是设计、生产、施工、装修和管理"五位一体"的体系化和集成化的建筑,而 BIM 技术是"集成"的主线,这条主线串联起设计、生产、施工、装修和管理的全

① 王万平. BIM 模型的 LoD 以及在工程项目中的合理应用[J]. 四川建材,2019,45(6):214-217.

② VOLK R, STENGEL J, SCHULTMANN F. (2014). Building Information Modeling (BIM) for existing buildings — Literature review and future needs[J]. Automation in Construction,2014(38):109-127.

③ 樊则森,李新伟. 装配式建筑设计的 BIM 方法[J]. 建筑技艺,2014(6):68-76.

过程,服务于设计、建设、运维、拆除的全生命周期①。其中,设计环节是装配式建筑方案从构思到形成的过程,也是建筑信息产生并不断丰富的过程。而装配式建筑系统性的特征对设计环节提出了极高的要求①。本节接下来从基于 BIM 的方案设计、基于 BIM 的深化设计、基于 BIM 的协同设计和基于 BIM 的设计可视化四个方面来展示 BIM 技术在装配式建筑设计过程中的运用和结果。

1. 基于 BIM 的方案设计

（1）场地分析

场地分析是研究影响建筑物定位的主要因素,是确定建筑物的空间方位和外观、建立建筑物与周围景观联系的过程。在建筑规划阶段,场地的地貌、植被、气候条件都是影响设计决策的重要因素,往往需要通过场地分析来对景观规划、环境现状、施工配套及建成后交通流量等各种影响因素进行评价及分析②。传统的场地分析存在诸如定量分析不足、主观因素过重、无法处理大量数据信息等弊端③,BIM＋GIS(Geographic Information System,简称 GIS)的集成,通过对场地及拟建的建筑物空间数据进行建模,实现对场地的自然条件进行模拟分析。例如,可以利用 AutoCAD Civil 3D 与 GIS 的集成,对周围环境进行可视化二维模拟,根据二维的地形基础数据,以及周围的环境数据,软件能够自动生成适合该场地环境的建筑形体④,帮助项目在规划阶段评估场地的使用条件和特点,从而做出适合新建项目的最理想的场地规划、交通流线组织关系、建筑布局等关键决策⑤。

（2）建筑策划

建筑策划是在总体规划目标确定后,根据定量分析得出设计依据的过程。相对于根据经验确定设计内容及依据设计任务书的传统方法,建筑策划利用对建设目标所处社会环境及相关因素进行逻辑数理分析,研究项目任务书对设计的合理导向,制定和论证建筑设计依据,科学地确定设计的内容,并寻找达到这一目标的科学方法。在这一过程中,除了需要运用建筑学的原理,借鉴过去的经验和遵守规范,更重要的是要以实态调查为基础,用计算机等现代化手段对目标进行研究。BIM 在建筑规划阶段通过空间分析帮助项目团队理解复杂空间的标准和法规,节省时间并增加团队的增值活动。在客户需求讨论和方案选择时,借助 BIM 和分析数据做出关键决策。在建筑设计阶段,BIM 应用成果能帮助建筑师实时检查设计是否符合业主要求和建筑策划的设计依据,通过连贯的信息传递和追溯,大大减少详图设计阶段的修改量。

---

① 叶浩文,周冲,韩超. 基于 BIM 的装配式建筑信息化应用[J]. 建设科技,2017(15):21-23.
② 张邻. 基于 BIM 与 GIS 技术在场地分析上的应用研究[J]. 四川建筑科学研究,2014,40(5):327-328.
③ 翟建宇. BIM 在建筑方案设计过程中的应用研究[D]. 天津:天津大学,2014.
④ 王树臣,刘文锋. BIM＋GIS 的集成应用与发展[J]. 工程建设,2017,49(10):16-21.
⑤ 过俊. BIM 在国内建筑全生命周期的典型应用[J]. 建筑技艺,2011(Z1):95-99.

（3）体量推敲

在方案设计阶段，建筑师构思的往往还只是比较粗略的几何体块或平面关系，尚未达到构件级别的深度，过于细化的构件级模型反而对设计者的思维形成掣肘，类似"SketchUp"的随意推拉方式更切合方案阶段的需求①。然而，在实际设计过程中，由于建筑师需要快速生成概念方案，并评估方案的优劣，传统类似"SketchUp"的概念模型需要频繁对模型进行大幅度的调整，造成大量的返工。因此，Autodesk 软件从 2011 版本起引入了概念设计环境，Revit Architecture 的"概念设计环境"功能为建筑师提供了创建各种概念体量模型的工具，在这个环境里面建筑师可以根据对建筑外轮廓的灵活要求，去创建比较自由的三维建筑形状和轮廓，而且具有比较强大的形状编辑功能。在概念体量设计环境中，建筑师可以进行下列操作：一是创建自由形状；二是编辑创建的形状；三是形状表面有理化处理②。

通过 Revit 的概念体量功能，可以快速创建复杂的体量模型，满足概念设计阶段对建筑产品功能、形式和风格多样化的要求，并且这些模型具有可视化、阶段化和信息化的特性，有助于方案比选，为科学决策提供评判依据。随着设计逐步深化，Revit 体量模型不断发展并获得更多的信息。在概念设计阶段，Revit 能够创建灵活多变的自由形体，并提取比较宏观的建筑信息，如建筑面积、体积等。这些信息为设计团队提供了更全面的了解设计方案规模和整体特征的能力，有助于指导进一步的设计工作③。

2. 基于 BIM 的深化设计

（1）基于 BIM 的标准化

标准化设计是建筑产品工业化制造和装配化施工的基础④，装配式建筑的典型特征是标准化的预制构件或部品在工厂生产，然后运输到施工现场装配、组装成整体。装配式建筑设计要适应其特点，在传统的设计方法中是通过预制构件加工图来表达预制构件的设计，其平立剖面图纸还是传统的二维表达形式。在装配式建筑 BIM 应用中，应模拟工厂加工的方式，以"预制构件模型"的方式来进行系统集成和表达，这就需要建立装配式建筑的 BIM 构件库⑤。通过装配式建筑 BIM 构件库的建立，可以不断增加 BIM 虚拟构件的数量、种类和规格，逐步构建标准化预制构件库。将 BIM 技术手段应用于预制构件的设计阶段，能较好地达到构件模型信息的整合与共享。与传统的二维平面设计相比较，BIM 技术进行三维建模，预制构件的信息化资源库是以参数化的设计方式建立，设计人员可在平台上进行构件材料类型和尺寸大小等信息的整合，搭建起

---

① 杨远丰,莫颖媚. 多种 BIM 软件在建筑设计中的综合应用[J]. 南方建筑,2014(4):26-33.

② 浅谈"概念体量"设计[J]. 中国建设信息,2010(14):36-39.

③ 曹璐琳,李希胜,沈琳. 应用 Revit 体量模型进行房地产项目经济评价[J]. 土木建筑工程信息技术,2014, 6(2):39-40.

④ 陈宇军,刘玉龙. BIM 协同设计的现状及未来[J]. 中国建设信息,2010(4):26-29.

⑤ 樊则森,李新伟. 装配式建筑设计的 BIM 方法[J]. 建筑技艺,2014(6):68-76.

各种类的预制构件(例如门、窗等的"族"库)。各专业的设计人员可对同类型的"族"进行筛选和优化,并将其添加到构件资源库的"族"库中。随着"族"库的不断充实,预制构件的标准形状和模数尺寸也会变得越来越规范。通过这样的方式创建的预制构件"族"库,有助于提高装配式建筑构件通用设计规范和设计标准的科学性和合理性[①]。

(2) 基于 BIM 的参数化设计

BIM 的技术特征中包含"参数化"设计,所以常存在 BIM 参数化与参数化设计这两个概念混淆不清[②]的情况。

所谓参数化设计是指在建筑设计的语境当中,根据设计的限制条件与设计的形式输出之间的关系,先建立参数关系,然后通过相关数字化设计软件,生成可以灵活调控的电脑模型。主要运用体现在两个方面:一是,通过参数控制整体或局部的形态,这是其关注的重点(见图 2-13);二是,通过参数化生成多种方案,如图 2-14 所示的衡山体育馆,用 Revit 和 Dynamo 快速形成多方案的比较[③]。

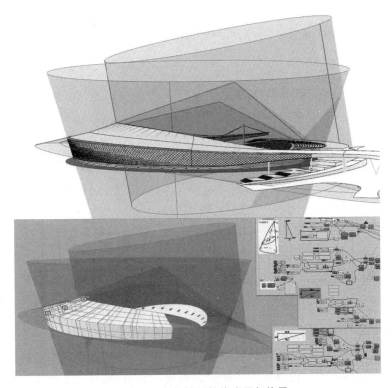

图 2-13　参数控制整体或局部体量

① 李科. 基于 BIM 技术的装配式结构设计方法研究[J]. 四川建材,2019,45(10):89-90.
② 杨远丰,莫颖媚. 多种 BIM 软件在建筑设计中的综合应用[J]. 南方建筑,2014(4):26-33.
③ 张学斌. BIM 技术在杭州奥体中心主体育场项目设计中的应用[J]. 土木建筑工程信息技术,2010,2(4):50-54.

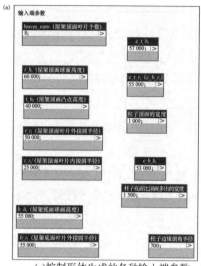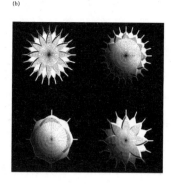

(a)控制形体生成的各种输入端参数；(b)屋面找形不同输出结果展示

图 2-14　参数化生成多种方案

图片来源：杨远丰，莫颖媚. 多种 BIM 软件在建筑设计中的综合应用[J]. 南方建筑，2014(4)：26-33.

　　然而，对于基于 BIM 的参数化而言，单个构件的信息及建造的可行性是其关注的重点，一般针对的是构件的参数化，包括用参数生成构件的几何尺寸与相对关系等。在装配式建筑中，通常在方案设计阶段使用 BIM 的参数化设计，主要体现为直接在 BIM 模型上对预制构件进行参数设置。根据构件拆分原则，针对不同的预制构件类型，以实际构件尺寸、材质和位置等信息作为参数，创建基本的预制构件族[①]。这一过程使得各构件间的连接关系可以在三维 BIM 模型非常直观地呈现，不仅有助于完善拆分设计，还可以通过规避设计盲点，减少二维图纸错误的发生[②]。同时，参数化的设计方式和实时数据协同模式帮助各专业人员在对预制构件进行各类预埋和预留处理、设计方案调整时做到彼此密切配合、高效沟通[③]。

　　（3）基于 BIM 的拆分设计

　　在装配式建筑中要做好预制构件的"拆分设计"，俗称"构件拆分"。在施工图设计阶段，结合装配式结构深化设计、预制构件生产工艺和装配式施工工法等对构件及连接进行精细化设计，达到系列化、标准化、通用化[④]。然而，传统方式大多是在施工图完成以后，再由构件厂进行"构件拆分"，这使得前后设计脱节，导致方案的不合理和技术经

---

① 舒欣，张奕. 基于 BIM 技术的装配式建筑设计与建造研究[J]. 建筑结构，2018，48(23)：123-126，91.

② 魏辰，王春光，徐阳，等. BIM 技术在装配式建筑设计中的研究与实践[J]. 中国勘察设计，2016(11)：28-32.

③ 张健，陶丰烨，苏涛永. 基于 BIM 技术的装配式建筑集成体系研究[J]. 建筑科学，2018，34(1)：97-102，129.

④ 郭丰涛，张瀑，卫江华，等. 装配式建筑标准化设计思考[J]. 建筑结构，2021，51(S1)：1088-1091.

济性的不合理[①]。

因此,应在装配式建筑前期策划阶段就介入"拆分设计",此外,在施工图阶段结合 BIM 技术有助于建立上述工作机制,例如单个外墙构件的几何属性经过可视化分析,可以对预制外墙板的类型数量进行优化,减少预制构件的类型和数量[①]。BIM 的参数化设计使得构件部品的信息可以精细地在模型中反映[②],由于 BIM 模型中的墙体、楼板等模型构件属于一个统一的整体,在对其进行深度设计过程中,最好按照要求把连续的模型构件拆分为各个工厂可以生产的独立构件。(图 2-15)

在 BIM 技术中,构件拆分需要严格按照工厂的设计及生产要求来进行,以满足"多组合,少规格"的需要,实现对预制构件的种类的有效控制,以完成在工厂的有效生产,并在装配式建筑施工现场对其进行装配。在明确了构件的拆分设计原则后,可以在施工图 BIM 模型上直接构建深化模型,并把一个完整的构件按照一定的要求拆分成各个工厂可以直接加工的预制构件,从而有效完成预制构件连接构造和预制构件配筋设计等工作。借助三维 BIM 技术模型来进行构件的拆分设计,能够对各构件间的连接关系给予直观的呈现,其不仅可以对拆分设计进行有效的完善,而且还可以减少二维图纸设计过程中所存在的设计盲点,降低设计误差的出现,同时该模型也可以避免数据的丢失,从而确保了设计数据的有效传递。

(4) BIM 与性能分析

建筑性能模拟,主要就是应用建筑数字技术对建筑声学性能、建筑光学性能、建筑热工性能等建筑物理性能的模拟,其中在建筑热工性能模拟方面,还包括建筑日照和建筑风环境的模拟[③]。

利用 BIM 技术的性能分析。由于在设计过程中创建的虚拟模型已经包含了大量的设计信息(几何信息、材料性能、构件属性等)[④],因此,只要将模型导入相关的性能化分析软件,建筑师就可以在建筑设计阶段对影响建筑性能的因素(包括照明、安全、布局合理性、声学、色彩等因素)进行分析评定,从而发现与设计方案或者设计理念不同之处,可以通过修改参数来改变建筑物的形态。这一过程不仅对于建筑物的使用寿命、资源消耗程度有很大影响,而且对周边环境的影响都能实现一个大幅度的提升[⑤]。

3. 基于 BIM 的协同设计

与传统协同方式相比,BIM 技术的一大特点和优势就是可以实现信息化、协同管理,由于 BIM 模型包含了建筑的材料信息、工艺设备信息、成本信息等,这些信息可以

① 樊则森,李新伟. 装配式建筑设计的 BIM 方法[J]. 建筑技艺,2014(6):68-76.
② 包胜,邱颖亮,金鹏飞,等. BIM 在建筑工业化中的应用研究[J]. 建筑经济,2017,38(12):13-16.
③ 李建成. 数字化建筑设计概论[M]. 北京:中国建筑工业出版社,2012.
④ 杨远丰,莫颖媚. 多种 BIM 软件在建筑设计中的综合应用[J]. 南方建筑,2014(4):26-33.
⑤ 王建午. 浅析 BIM 在建筑设计中的应用[J]. 建设科技,2017(13):71.

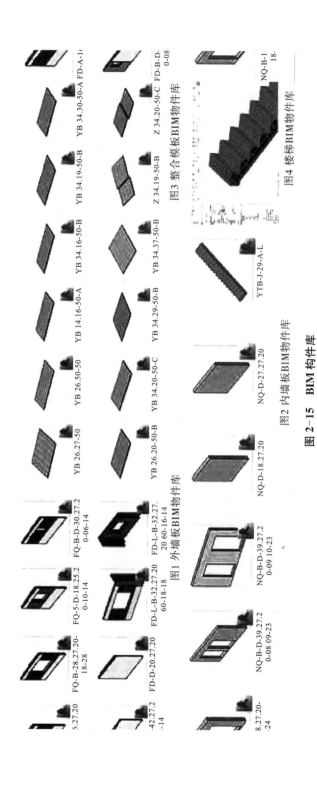

图1 外墙板BIM物件库

图2 内墙板BIM物件库

图3 整合模板BIM物件库

图4 楼梯BIM物件库

图2-15　BIM构件库

图片来源:樊则森、李新伟.装配式建筑设计的BIM方法[J].建筑技艺,2014(6):68-76.

用来进行数据分析，从而通过数据交换来实现更高层次的协同过程[①]。BIM 协同设计有以下几个特点：

信息共享。BIM 模型是各建筑专业各设计人员间协同设计的产物，基于 BIM 的协同设计则是以三维信息模型作为集成平台，所有专业可以基于同一模型进行工作，包括建筑、结构、给排水、暖通、电气等，从而可以在同一平台上将不同专业的设计模型交互合并，不同专业的文件信息通过协同平台实现信息传递与共享，同时，随着各专业文件信息的更新而自动更新，保证了各专业文件信息的及时性和准确性[②]。通过基于 BIM 的协同设计使建筑设计各专业内和专业间配合更加紧密，信息传递更加准确有效，重复性劳动减少，最终实现设计效率的提高[③]。

碰撞检测。在 BIM 的协同设计过程中，碰撞检测最能代表各专业基于同一个模型的协同过程[④]。碰撞检测（Clash Detection）又被称为干涉检测或接触检测，是三维图像处理系统中的一个很基本的问题[④]。利用软件将二维图纸转换成三维模型的过程，不但是一个校正的过程，可以解决漏和缺的问题。而且还是模拟施工的过程，在图纸中隐藏的空间问题可以轻易地暴露出来，解决错位和碰撞的问题。这样的一个精细化的设计过程，能够提高设计质量，减少设计人员现场服务的时间。碰撞检测是利用 BIM 技术消除变更与返工的一项主要工作。工程中实体相交定义为碰撞，实体间的距离小于设定公差，影响施工或不能满足特定要求也定义为碰撞，为区别二者分别命名为硬碰撞和间隙碰撞。

设计—生产—施工各流程协同。装配式建筑构件生产单位和施工单位需要在方案设计阶段就介入项目，通过以往的装配式项目经验可以得出，若设计阶段与生产、施工阶段脱节，会导致建筑构件拆分不合理或是构件在施工过程中存在碰撞无法顺利安装到位等问题。因此，生产单位、施工单位早介入可以共同探讨加工图纸与施工图纸是否满足生产与建造的要求，同时设计单位可以及时获取生产与施工单位的意见反馈，做出相应的修改变更。建设装配式建筑全生命周期协同平台也是实现各流程协同的重要环节，通过协同平台软件，可以高效地实现不同阶段间的信息协同共享。

4. 基于 BIM 的设计可视化

装配式建筑利用 BIM 技术强大的可视化设计能够实现更为高效的专业协同和更精细化的设计。由于 BIM 技术的可视化特点，实现"所见即所得"的效果，一切操作都在可视化状态下完成，通过将传统抽象的二维建筑构件图通俗化和三维直观化，以三维

① 樊则森，李新伟. 装配式建筑设计的 BIM 方法[J]. 建筑技艺，2014(6)：70.
② 吴宗晟，韦武昌，洪思源. 基于 BIM 技术的装配式结构设计方法研究[J]. 安徽建筑，2018，24(1)：253-255.
③ 高兴华，张洪伟，杨鹏飞. 基于 BIM 的协同化设计研究[J]. 中国勘察设计，2015(1)：77-82.
④ 柳娟花. 基于 BIM 的虚拟施工技术应用研究[D]. 西安：西安建筑科技大学，2012.

立体实物图形式表现出来,使得专业设计师和业主等非专业人员对项目需求是否得到满足的判断更为明确、高效,决策更为准确①。

在传统二维表达中,传统图纸的相关构件信息是以线条形式进行绘制表达的,而建筑构件的真实立体构造形式只有靠观看人员的空间想象,针对简单设计靠想象还可以,面对复杂的建筑造型就十分困难。BIM 技术的可视化视觉特征能以三维立体实物图形式表现建筑构件信息,以此观察建筑外形和空间效果,为建筑模型与建筑构件之间的交流互动提供可视支持,便于及时发现修改设计中的缺陷与不足,方便投资方与设计者之间及时互动交流,方便业主全方位地了解工程进度及质量状况,实现实时精细化管理②。

2.3.3　基于 BIM＋的装配式建筑建造

BIM(Building Information Modeling,即建筑信息模型)带给建筑业的是一次根本性的变革,它将建筑从业人员从复杂抽象的图形、表格和文字中解放出来,以形象的三维模型作为建设项目的信息载体,方便了建设项目各阶段各专业以及相关人员之间的沟通和交流,减少了建设项目因为信息过载或者信息流失而带来的损失,提高了从业者的工作效率以及整个建筑业的效率③。随着 BIM 技术在行业内应用的不断推进,BIM技术已从单一的 BIM 软件应用转向多软件集成应用,从桌面应用转向云端和移动客户端,从单项应用转向综合应用,并呈现 BIM＋的新特点④。在装配式建筑建造中,BIM＋PM(建筑信息模型与项目管理)、云技术、数字化加工、GIS(地理信息系统)、3D扫描、虚拟建造、物联网和智慧工地等技术被广泛应用,这些技术在装配式建筑的应用中极大地提高了效率、精度和协同工作能力,为整个过程带来了显著的改进和创新。

1. 基于 BIM 的虚拟建造

由 1.4 可知,虚拟建造是利用计算机和数字技术,对建筑物的设计、建造和使用等各个环节进行模拟和可视化,从而实现对建筑物全生命周期的管理和优化。它涵盖了设计、规划、协同、施工、运维和拆除等多个方面,可以在建筑物的各个阶段提高效率、降低成本、提高质量和减少风险。因此,虚拟建造的模型要求能够反映真实物理原型的特性(包括外观、空间关系以及力学性质),使用户能够从不同角度以不同比例观察虚拟模

①　秦军.建筑设计阶段的 BIM 应用[J].建筑技艺,2011(1):161-163.

②　王巧雯.基于 BIM 技术的装配式建筑协同化设计研究[J].建筑学报,2017(S1):18-21.

③　CHUCK E,PAUL T,RALAEL S. BIM Handbook:A Guide to Building Information Modeling for Owners,Managers,Designers,Engineers and Contractors[M]. New York:John Wiley and Sons ,2008:233-244.

④　引领 BIM 发展新方向[J].中国勘察设计,2015(10):27-45.

型,通过操纵原型对建筑物的功能进行定性判断①。

采用BIM技术可以很好地达到上述功能要求。由于BIM的载体是模型,核心是信息,BIM将项目的信息模型化,为虚拟环境中实现虚拟建造工作方法提供了信息共享,是实现自动化载体的重要的便利条件。BIM通过建立三维建筑模型,共享知识资源,分享有关设施的信息,为该设施从概念设计到拆除的整个生命周期中的所有决策提供依据。在项目不同阶段不同参与方可以通过在BIM中新增、修改、更新和删除信息来实现各个参与方的协同作业②。

装配式建筑建造过程中,基于BIM的虚拟建造不仅让建筑建造过程有了动态的、交互式的可视化展示,为工程施工组织设计和宏观决策提供数据支持、分析手段,并提前制定应对措施,再用来指导施工进度,从而确保整个工程施工的顺利完成③+④。

虚拟建造的主导思想是"先试后建",即基于一个虚拟平台,在真实建造之前,对建筑项目的设计方案进行检测分析,对项目施工方案进行模拟、分析与优化⑤,以便在真实建造之前提前发现现存的结构碰撞、建造过程的顺序问题、在建造过程中可能发生的问题等一系列问题,直至获得最佳的设计和施工方案,从而指导真实的施工。这一理念的实施,将大大降低返工成本和管理成本,实现合理安排施工顺序、施工人数,达到经济、合理、高效地完成施工的目的。

其中,Navisworks是由Autodesk公司开发的面向设计协调、干涉检测、施工虚拟仿真的三维软件,是近年来备受建筑业从业人员青睐的BIM模型分析软件之一。其核心在于整合模型、实时漫游、项目校审、仿真和分析、干涉检测。Navisworks软件能够将AutoCAD和Revit等一系列应用软件创建的设计数据,与来自其他设计工具的几何图形和信息相结合,将其作为整体的三维项目,通过多种文件格式进行实时审阅,而无需考虑文件的大小。同时可以帮助所有相关方将项目作为一个整体来看待,从而优化从设计决策、建筑实施、性能预测和规划直至设施管理和运营等各个环节⑥。

2. 基于物联网的智慧工地

智慧工地是近几年出现的以信息化、物联网等技术手段进行智能化管理的工地。智慧工地是智慧建设理念在工程建设现场实践的一种新型的工程全生命周期管理。

① 刘占省,赵明,徐瑞龙.BIM技术在建筑设计、项目施工及管理中的应用[J].建筑技术开发,2013,40(3):65-71.

② 王胜军.BIM 4D虚拟建造在施工进度管理中的应用[J].人民黄河,2019,41(03):145-149.

③ 苗倩.BIM技术在水利水电工程可视化仿真中的应用[J].水电能源科学,2012,30(10):139-142.

④ 易兵,田北平,钟华.基于BIM-4D技术的项目进度管理研究[J].价值工程,2015,34(21):12-13.

⑤ 李恒,郭红领,黄霆,等.建筑业发展的强大动力:虚拟施工技术[J].中国建设信息,2010(2):46-51.

⑥ 朱鹏程,吴媛民.虚拟施工技术在工程建设项目中的应用——以Navisworks为例[J].中华建设,2012(7):230-232.

通过综合运用 BIM、物联网、云计算等新兴信息化技术,基于多维信息、数据挖掘及动态决策的工地形态与智慧环境实现协同互联、智能监控、科学决策的高效管理模式,并对工程信息模型与物联网采集的工程环境数据进行挖掘分析,为工程施工提供过程趋势预测及科学预案,实现工程施工可视化管理和智慧化决策[①+②],实现对建筑工程现场的统一监管和管理。

物联网(Internet of Things, IoT)的概念最早由美国麻省理工学院(MIT)在 1999 年提出,指的是将各种信息传感设备,如射频识别(RFID)装置、红外感应器、全球定位系统、激光扫描器等种种装置与互联网结合起来而形成的一个巨大网络。其目的是让所有的物品都与网络连接在一起,系统可以自动地、实时地对物体进行识别、定位、追踪、监控并触发相应事件[③④]。

简单来说,物联网与智慧工地的结合就是将感应器植入建筑、机械、人员穿戴设施、场地进出关口等各类物体中,并且被普遍互联,形成"物联网",再与"互联网"整合在一起,实现工程管理相关人员与工程施工现场的整合。"智慧工地"的核心是以一种"更智慧"的方法来改进工程各干系组织和岗位人员交互的方式,以便提高交互的明确性、效率、灵活性和响应速度[⑤]。

BIM 技术作为一个共享的知识资源数据库,融合了包含施工阶段的全生命周期的全部参数三维信息化和功能性数据,对工程建设的施工效率和生产力、系统集成化和协同性都具有重要的影响意义。融合物联网的智慧工地建设,将会给施工阶段提供可视化的三维立体实物效果图,对构件间的互动性和反馈性增加可视化的状态。根据施工管理的目标和功能的要求,获取人工、机械、材料、技术以及投资等资源,实现工程建设的安全、质量、进度和成本控制,逐渐完善施工信息模型,优化资源调度,确保工程建设施工阶段各种管理活动的支持需要。

"智慧工地"在装配式建筑构件管理方面,能够做到实时管控。装配式建筑的构件被运输至施工场地后,传统建筑施工场地都是使用大量的管理人员去分门别类地管理这些建筑构件的堆放、运输及采购。然而,由于和上级管理交流不及时以及材料使用记录不周全会导致材料的浪费、调度缓慢而延误工期等问题。

但是,"智慧工地"根据物联网、大数据和 BIM 技术,对装配式建筑构件进行及时、实时的跟踪管理。也就是结合电子标签(如 RFID、二维码等),将可读取到建筑构件信息实时上传到 BIM 管理信息平台中,同时与 BIM 模型中的建筑构件的位置信

① 张琪,江青文,张瑞奇,等. 基于 BIM 的智慧工地建设应用研究[J]. 建筑节能,2020,48(1):142-146.
② 马凯,王子豪. 基于"BIM+信息集成"的智慧工地平台探索[J]. 建设科技,2018(22):26-30,41.
③ 工业和信息化部电信研究院. 物联网白皮书[Z]. 2011.
④ 王保云. 物联网技术研究综述[J]. 电子测量与仪器学报,2009,23(12):1-7
⑤ 万晓曦."互联网+"提速智慧工地[J]. 中国建设信息化,2015(20):25-27.

息、工程进度信息进行对比,防止建筑构件出现运输错误[1]。另外,"智慧工地"还可以控制建造施工进度。根据工程进度控制建筑构件从工厂运输至施工场地的数量,以免场地内构件堆放过多,从而打乱整个项目施工节奏。在施工过程中如果某一位置的构件发生问题,可快速将构件全部信息反馈至 BIM 模型信息系统,进行分析决策后让工厂赶制新的构件来替换,同时,协调施工现场,调度停工区域人员去其他区域作业,保证不影响总的施工进度。

"智慧工地"有助于装配式建筑建造现场的远程监控。"智慧工地"不仅仅是在施工场地及周围装几个摄像头,然后在项目部成立一个监控室对施工场地进行监控,而是通过互联网,使建设单位、施工单位、监理单位、建设主管部门通过手机 APP 和 PC 端,实时地了解施工现场的进展情况,做到透明施工。"智慧工地"建设在劳动力管理方面,首先对施工场地实行封闭式管理,通过闸机等设备,能够有效地管控施工人员的进出场,杜绝了外来陌生人员进入工地,使得工地更为安全。通过劳务管理系统,实施实名制管理,能够根据施工人员的身份信息,对劳务人员结构组成、年龄组成、性别比例等信息进行分析,合理优化劳务队伍的素质,并且能够实时了解在场总人数以及各分包队伍、各个班组、各工种分布情况。通过一段时间的数据采集,劳务管理系统可以准确提供该时间段内的劳动力曲线,管理人员可以根据劳动力曲线对劳动力的使用进行分析,对用工高峰期与低谷期进行对比,优化劳务人员的务工情况,在确保正常施工的情况下争取使劳动力曲线更加平滑,从而避免阶段性的窝工,节约劳动力使用成本。

3. 其他 BIM＋相关技术

BIM＋PM(建筑信息模型与项目管理)在装配式建筑中的应用优势包括可视化管理和更有效的分析手段。通过集成 BIM 模型与项目管理,可以实现工程项目的可视化管理,例如通过 4D 管理应用展示施工进度和计划[2]。同时,BIM 模型提供多维度的分析,为项目管理提供更有效的分析手段。此外,BIM＋PM 技术提供实时数据支撑,为项目管理的各个业务模块提供基础数据,提高工作效率和决策水平。

所谓云计算是指在广域网或局域网内将硬件、软件、网络等系列资源统一起来,实现数据储存、处理和共享的一种托管技术[3]。BIM 技术与云计算的集成应用在装配式建筑中的优势包括信息共享与协同工作、施工现场应用能力的扩展、应用门槛的降低以及有效的数据管理与分析。通过云计算,BIM 模型可以安全共享,实现多方

———————

① 郭朝君,陶雨航.RFID(射频识别)技术在智慧工地中的创新运用[J].无线互联科技,2021,18(23):96-97.

② 引领 BIM 发展新方向[J].中国勘察设计,2015(10):27-45.

③ 托马斯·埃尔,扎哈姆·马哈茂德,里卡多·帕蒂尼.云计算:概念技术与架构[M].北京:机械工业出版社,2014:18.

协同工作;同时利用云计算的计算能力和移动终端的灵活性,扩展了施工现场的应用能力;此外,基于云计算的 BIM 应用模式降低了中小型项目的应用门槛,并提供了经济、安全、可扩展的数据管理方式。综合运用 BIM 技术和云计算为装配式建筑建造带来了更高效、精确和可持续的解决方案。

数字化是将不同类型的信息转变为可以度量的数字,将这些数字保存在适当的模型中,再将模型引入计算机进行处理的过程。数字化加工则是在已经建立的数字模型基础上,利用生产设备完成对产品的加工。由于 BIM 技术有着可视化、数据化、协同化的优势,因此 BIM 与数字化加工集成,是将 BIM 模型中的数据转换成数字化加工所需的数字模型,根据该模型进行数字化加工优化、制造、安装的过程。

在装配式建筑的地理信息分析和规划方面,GIS 技术发挥着重要作用。GIS 提供了准确的地理数据,如地形地貌、土壤条件和水资源等。这些数据对于选址和规划决策至关重要。通过与 BIM 集成,GIS 技术可以为装配式建筑的施工和维护提供全面的支持,优化空间利用和资源管理。

3D 扫描技术是集光、机械、电子和计算机技术的高新技术,通过对物体进行空间外形、结构及色彩的扫描,获得精确的表面坐标。其中,3D 激光扫描技术又称实景复制技术,在工程中可有效完整地记录工程现场复杂的情况。通过与设计模型进行对比,直观地反映出现场真实施工情况,如对古建类建筑进行扫描,生成电子化记录,形成数字化存档信息等。BIM 与 3D 扫描技术的集成,意味着可记录现场情况、对比设计模型、辅助工程检验、快速建模和减少返工,解决传统方法无法解决的问题。

第三章

装配式建筑案例研究:从建筑设计到真实建造

3.1　案例概述

在工业飞速发展的时代,伴随着建筑、工程和施工领域中的技术进步,建筑设计已经变得越来越复杂。技术的进步带来了更高的设计追求,建筑师们追求在设计可建造的复杂形体建筑方面的创新,也加大了建造项目的复杂性。而随着数字技术的发展,传统设计已不再局限于辅助造型、绘图和计算,数字技术带来了建筑变革,可以根据参数和表面来自由地设计出一个理想的数值和细节模型,并利用变量和参数来编程和设计,探索自然的深层结构和人类的行为活动规律,创造理想的场所空间与形态。同时数字化整合解决了建筑与工程的界限,实现了与生产的无缝衔接,使传统的建筑设计在时间、效率和精准性上得到了很大提高,能够很好地应对复杂建筑项目带来的各专业协同不便、工程量大、施工难度大和工期长等困难[①]。

本章选取的两个案例均是来自加拿大不列颠哥伦比亚大学(University of British Columbia,简称 UBC)温哥华校区的校园实验项目。其中 Orchard Commons 项目的案例研究目标主要是分析其是如何通过参数化设计方法提高建筑设计的可建性。由于该项目建筑初始设计与建造成本之间存在矛盾,项目团队使用参数化设计工具对建筑立面初始设计进行了优化,并且在深化设计阶段将参数化设计运用于其预制构件的拆分设计,简化了预制混凝土墙板的类型,确保能够按时、保质、成本可控地完成项目,提高了由预制混凝土墙板和玻璃窗组成的立面系统的可建性。同时针对施工效率未达预期问题,同样通过参数化设计的方式对预制构件连接组件位置进行了精确和简化,提高了施工的效率。在该案例中可以看出随着建筑业的发展,建筑项目越来越复杂,建筑的可建性问题凸显了出来。与此同时数字化技术的发展和应用,使得建筑、工程和施工领域中的从业人员能够应对因建筑项目愈发复杂所带来的可建性问题,平衡设计目标与项

---

① 张鹏飞,高立军,李孟强.基于数字技术的复杂建筑设计控制策略[J].产业创新研究,2022(4):27-29.

目约束之间的矛盾,如复杂形体与施工成本、建造难度之间的矛盾。

Brock Commons 项目的案例研究目标主要是分析其如何通过虚拟建造技术优化建筑设计的可建性和真实建造的施工效率。由于 Brock Commons 学生公寓作为首座18 层的高层混凝土混合木结构建筑,在进行建筑和结构设计时,不仅需要满足规范审批要求,还须考虑建造可行性以及建筑性能的要求。同时,设计和建造过程涉及多个团队和专业,协调和整合各专业的设计和建造信息是一项复杂的任务。因此,项目团队利用 BIM技术的协同性、模拟性的优势特点,借助完成的 BIM 模型可以对项目的重点或难点部分进行可建性模拟,根据施工进度计划结合细化后的学生公寓的 BIM 模型,拆分进度计划,以确定每一个模型构件所对应的建造时间,最终完成工程构件与时间的无缝匹配,做出详细的构件及进度计划表。本项目通过虚拟建造对真实建造进行模拟,并对搭建的全尺寸两层模型实践了 1∶1 的建造,不仅对设计方案和连接方法进行了验证,还能直观地了解整个施工安装环节的时间节点和安装工序,同时也使得施工方进一步对原有安装方案进行了优化和改善,提高了施工效率和施工方案的安全性。可以看出复杂建筑项目中应用BIM 技术进行辅助施工,应用 BIM 技术将专业的设计内容集成在一个 BIM 模型中,通过三维碰撞检测提前在施工图中发现专业间的碰撞问题,从而能够给企业减少损失,提升施工效率,而且虚拟建造的实现可以将 BIM 技术的应用成果延伸到 4D 施工进度管理、材料管理、虚拟施工指导、成本管理、设备运维管理等,从而提升施工过程中各项管理效率。

3.2　Orchard Commons 学生公寓案例研究

3.2.1　项目概况

1. 项目背景

Orchard Commons(见图 3-1)是位于加拿大不列颠哥伦比亚大学温哥华校区的一个校园学生宿舍项目。UBC 是一个多元化的学校,接纳来自世界各地的学生,其中大多数人将在这里开始第一次离家生活。因此对于 Orchard Commons 这个项目,学校希望能够借此为来自世界各地的学生提供一个生活环境,一个适合刚接触 UBC 的学生的地方,这里会提供他们想要的学习空间,同时拥有家的舒适以及轻松的公共氛围,让他们能够在此适应离开各自家庭、语言以及文化的留学生活。来自不同地区的学生可以与同伴一起步行去上课、交谈或共进晚餐,所有这些都在一个有趣和支持的环境中进行。因此,UBC 对 Orchard Commons 的定位是一个集学生公寓、学术教室和休闲设施等功能于一体的综合中心。通过提供学生公寓,UBC 也可以减轻当地租赁市场的压力,节省学生上下课的通勤时间,并能够为校园带来更多的活力。UBC 希望通过 Orchard Commons 项目的建设创造一个环境,既是培育思想和精神的福祉,又能够促进与社区全体建立长期关系。

图 3-1　Orchard Commons 建成图

图片来源:University of British Columbia,2019. *UNIVERSITY OF BRITISH COLUMBIA ORCHARD COM-MONS - CASESTUDY.* https://vancouver. housing. ubc. ca/wp-content/uploads/2019/02/Orchard-Commons-Design-Case-Study. pdf

2. 基本信息

如图 3-2 所示,UBC Vantage 学院的 Orchard Commons 位于 Agronomy Road

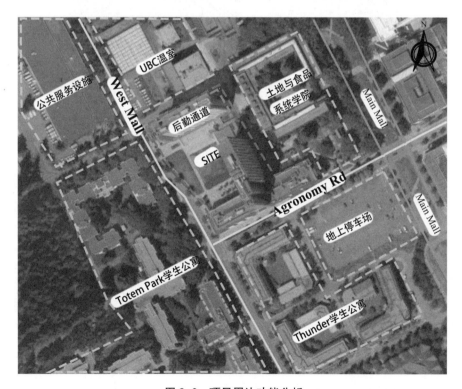

图 3-2　项目周边功能分析

图片来源:基于 https://map. baidu. com,作者编辑

6363 号,处于校园 West Mall 和 Agronomy Road 交叉口的东北角。项目现场边界的南部是位于 Agronomy Road 的 Thunder 学生公寓以及地上停车场,西面是位于 West Mall 的 Totem Park 学生公寓,北部为 Orchard Commons 区域的装货通道和公用设施走廊,东部为 UBC 土地与食品系统学院。校园主路 Main Mall 位于场地东侧,距离较近,有利于项目与整个校园的交流。

Orchard Commons 项目是 UBC Point Grey Campus 计划中五个校园枢纽之一[①]。该项目以学生公寓功能为主,将学习、活动内容混合其中,建筑由两栋学生公寓高层塔楼和毗邻的一栋低层教学行政楼组成(见图 3-3)。场地总面积 15 036 m²,建筑总面积 41 023 m²。学生公寓大楼可容纳 1 049 张床位(见表 3-1),约占建筑总面积的 75%,而餐饮与活动、教学及行政空间则分别占 7%、7% 及 4%。[②]

图 3-3　Orchard Commons 学生公寓

图片来源:https://vancouver. housing. ubc. ca/residences/orchard-commons/

表 3-1　Orchard Commons 公寓技术经济指标

总用地面积/m²	15 036	建筑占地面积/m²	5 843
建筑总面积/m²	41 023	容积率	0.43

①　University of British Columbia, 2019. *Orchard-Commons-Design-Case-Study*. https://vancouver. housing. ubc. ca/wp-content/uploads/2019/02/Orchard-Commons-Design-Case-Study. pdf

②　Shahrokhi H, 2016. *Understanding how advanced parametric design can improve the constructability of building designs* (T), p. 17-18. University of British Columbia. https://open. library. ubc. ca/collections/ubctheses/24/items/1. 0308669

续表

高度/m	64	层数/层	18
学生床位/张	1 049		

数据来源：Shahrokhi H. Understanding how advanced parametric design can improve the constructability of building designs［D］. University of British Columbia，2016. https：//open. library. ubc. ca/collections/ubctheses/24/items/1. 0308669

3. 设计情况

Orchard Commons 项目由 Perkins & Will 事务所设计，于 2016 年 8 月建成，建设预算为 9 000 万美元。项目的表皮设计融入了当地文化的美学，没有采用高层建筑玻璃幕墙的设计，转而使用混凝土作为建筑表皮的材料，并且在绿色建筑的设计上达到了 LEED 金级认证[①]。

设计在 Orchard Commons 项目中是关键环节，项目采购的实施、进度、成本和质量的把控都与设计管理相关联。因此，良好的设计是项目进行的前提和基础。其中深化设计是工程采购和施工的前提和依据，深化设计的情况会直接影响工程整体实施的进度。此外深化设计还是控制项目预算的重要手段。在 Orchard Commons 项目中，由于初始设计存在一定的缺陷，给深化设计带来了优化的机会。项目团队通过深入了解初始设计的意图，将初始设计图纸及文件分析得透彻，寻找到了优化的空间。如通过简化建筑立面预制混凝土墙板的构件类型，控制项目预算；优化并精简墙板上连接组件的安装位置（内嵌式连接套件间距）的种类，提高真实建造的施工效率。

本案例的研究重点在于两栋学生公寓楼的建筑外表皮，也就是四个立面上的外围护墙板，这些墙板是混凝土材质的预制装配式建筑构件。原本不规则形状的墙板在经过建筑师们在深化设计阶段以参数化的设计方法优化后，拆分成为一个可以进行工厂化生产的标准化预制装配式建筑构件，能在立面上反复使用，这使得该项目成为符合本书研究目的的研究案例（见图 3-4）。

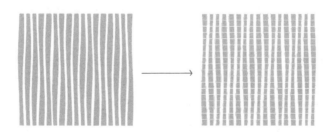

图 3-4　建筑立面墙板系统设计

图片来源：作者自绘

---

① University of British Columbia，2019. *Orchard-Commons-Design-Case-Study*. https：//vancouver. housing. ubc. ca/wp-content/uploads/2019/02/Orchard-Commons-Design-Case-Study. pdf

4. 建造概况

Orchard Commons 项目于 2013 年 10 月 6 日提交了申请计划和开发许可证，2016 年 8 月项目竣工，2017 年 10 月 12 日发布了最终入住率。[①] 从提交申请到项目建设完成的整个建造过程共耗时将近 3 年。项目的实际施工建造时间从 2014 年的秋季开始到 2016 年 8 月结束，将近 2 年的时间中预制混凝土墙板的安装花费了 35 周的时间，也就是不到 9 个月的时间[②]。在该项目中，建筑师将墙板的标准化设计纳入了前端设计阶段，使用参数化设计的方法，成功将不规则形状、型制变化繁多的墙板构件简化，将墙板由设计衍生出的所有变化提炼到 18 种类型，极大地减少了预制墙板模具制造的成本。标准化的预制装配式混凝土墙板提高了生产效率，也解决了原本预算不足的问题。在优化墙板类型的同时，参数化设计也保证了建筑的日光需求；在更进一步的设计中，建筑师还运用参数化设计简化了预制混凝土墙板的连接组件位置，减少了其复杂性，让安装人员在真实建造阶段的安装速度比浇筑混凝土板更快。

根据预制混凝土墙板在真实建造阶段实际安装的反馈，安装并没有像预期的那样顺利，施工过程中有一些问题导致了工作周期的延迟。延迟的问题得到了建筑师的关注，他们在进一步的调查研究中，再次以参数化的设计方法简化了墙板连接组件的放置位置，提升了建造效率。项目团队在解决施工问题中对于参数化设计的运用，进一步提升了该案例的研究价值。

3.2.2 建筑方案设计

1. 设计理念

根据《温哥华校园规划——第三部分》[③]中的校园设计指南所要求的，该项目的目标是"重新发现和强调不列颠哥伦比亚大学温哥华校区独特的地方感和西海岸的自然美景，提高建筑和景观的凝聚力，并确保校园反映出一所全球重要大学的质量和地位"。UBC Vantage 学院 Orchard Commons 项目的设计须回应温哥华校园规划的这一指导方针。

Orchard Commons 项目在 UBC 校园中发挥着重要的作用，它以一个社区客厅的身份，促进校园社会化，鼓励 Vantage 学院乃至整个 UBC 温哥华校区的学生、教师和工作人员之间进行互动。校园社会化包括室内和室外活动，这些活动相互支持，并鼓励大

---

① University of British Columbia ,校园官网,https：//planning. ubc. ca/orchard-commons-vantage-college

② Shahrokhi H,2016. *Understanding how advanced parametric design can improve the constructability of building designs* （T）. University of British Columbia https：//open. library. ubc. ca/collections/ubctheses/24/items/1.0308669

③ University of British Columbia,2020. *The University of British Columbia Vancouver Campus Plan part 3 design guidelines.* https：//www. ubc. ca/

量的社会和娱乐活动、休闲活动和计划活动。一个小而有限的多用途户外空间仍然可以支持在一个多动环境中的各种活动，如精力充沛地玩耍，充满活力地律动，同时也能够享受舒适和沉浸，能够看到 Orchard Commons 这个公共领域是个多用途的高度充满活力的多维空间[①]。

Orchard Commons 原本果园的身份为其建筑项目提供了一个独特的机会，可以以食品服务、示范厨房和食品生产作为媒介与更大的不列颠哥伦比亚省社区接触。一个将果园和食物作为吸引点促使项目融入校园环境的设计具有巨大的潜力。Vantage 学院吸引了来自超过 32 个国家的学生来到不列颠哥伦比亚大学。这也意味着学院应负责向学生介绍校园和加拿大背景的文化以及对于多元文化的包容。以上因素构成了建筑立面设计的理念，即展示校园自然环境和对于多元文化的包容性，

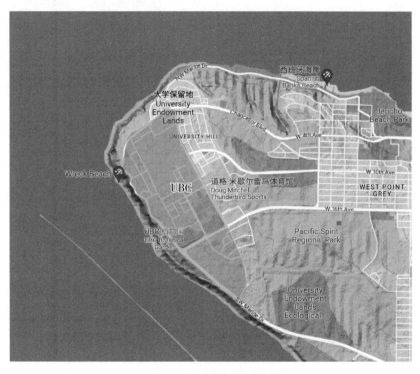

图 3-5 UBC 校园位置示意图

图片来源：基于 https://map.baidu.com，作者编辑

项目建成后，学生公寓的朝向不仅最大限度地增加了室外公共场所和庭院的太阳辐射，还很好地利用了 UBC 校园三面环海、被山包围的自然地形优势（见图 3-5），从公寓的窗户可以看到远处没有边际的大海，与 UBC 校园内的环境相结合，为使用者创造

---

① University of British Columbia，2013. Landscape Plans. https://planning.ubc.ca/sites/default/files/2019-12/DP13034-Landscape_0.pdf

了一个优美的环境。场地保留的一部分的果树和建筑中开放厨房的设计都表明了场地原有的身份,也体现了对于食物元素的描绘。其开放厨房的设计在 2017 还获得了不列颠哥伦比亚省室内设计学院(开放式厨房)优秀奖①。

2. 场地规划

Orchard Commons 项目的场地规划遵循了上述设计理念,并加强了其公共区域的轴向布局。在现有的校园网络的基础上,项目内的建筑边缘与校园道路对齐。场地内的建筑物在中心形成了一个统一的开放空间,所有建筑物都围绕它组织起来。场地的景观整合了果园原有的植物,采用常规的网格种植模式,并保留了一些场地原有的果树,极大程度地体现了场地在改造前果园的身份(见图 3-6)。

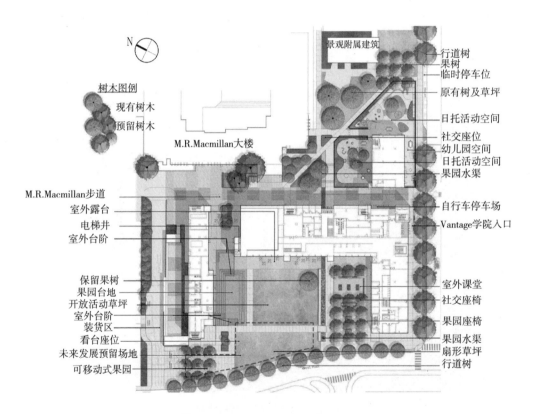

图 3-6　Orchard Commons 总平面图

图片来源:基于 University of British Columbia,2013. *Landscape architecture environmental design*. https://planning. ubc. ca/sites/default/files/2019-12/DP13034-Landscape_0. pdf,作者编辑　.

如图 3-7 所示,Orchard Commons 项目的场地与 West Mall 和 Agronomy Road 两条道路相邻,这两条道路都是校园次干道且场地东面是校园主干道,可以看出项目在

---

① University of British Columbia,2019. *Orchard-Commons-Design-Case-Study*. https://vancouver. housing. ubc. ca/wp-content/uploads/2019/02/Orchard-Commons-Design-Case-Study. pdf

校园内所处位置有多股人流在此交汇，在加强场地与校园之间的交流方面存在较大的潜力。因此，建筑师将场地中心设置为公共区域，该公共区域也是 Orchard Commons 项目这个小环境和 UBC 校园大环境之间的一个过渡，让其他学生可以穿过场地进入学术区。项目在户外公共活动空间内安置了座位，用户坐在被放置于场地西侧的果树区域之内的座椅上，可以感受自然，享受温和阳光。

如图 3-8 所示，场地中心的公共区域总面积为 2 186 m^2，铺地面积为 201 m^2，果园面积为 613 m^2，水景面积为 184 m^2，中央草坪面积为 598 m^2[①]。该区域的布局体现了户外空间多元共享的特征，其规模可以支持学院的各种娱乐活动。场地的北侧有一个新的装卸区，后勤车辆可以利用 CMPL 大楼北侧现有的服务车道到达 Vantage 学院 Orchard Commons 的装卸区。装卸区内分为两块，一块用于后勤处理废弃物，另一块用于接收货物和卸货。场地上所有人行道都设有足够的宽度穿过场地，并且在道路两边都有种植景观树，包括沿着 West Mall 和 Agronomy Road 旁的一排果树。果树以观赏树的形式嵌入整个场地内，强调了该场地原来果园的历史，以及现在在继承历史的基础上发展的新用途。景观附属建筑西侧以保留下来的杨梅树为范围，形成了一个庭院用于日托的室外游乐空间。

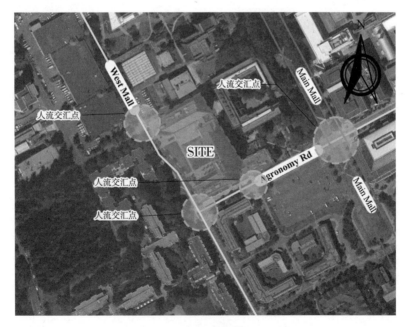

图 3-7 场地周边道路分析

图片来源：基于 https://map.baidu.com，作者编辑

---

① University of British Columbia, 2013. Development Permit Submission. https://planning.ubc.ca/sites/default/files/2019-12/DP13034-Description.pdf

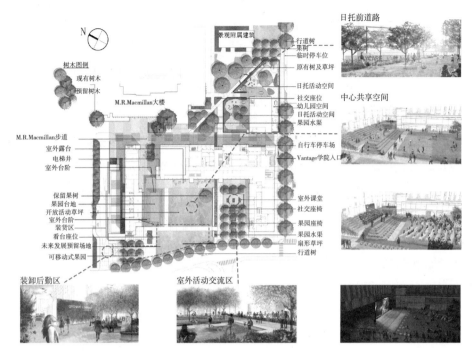

图 3-8 Orchard Commons 场地规划展示

图片来源：基于 University of British Columbia，2013. *Landscape architecture environmental design*. https://planning. ubc. ca/sites/default/files/2019-12/DP13034-Landscape_0. pdf，作者编辑

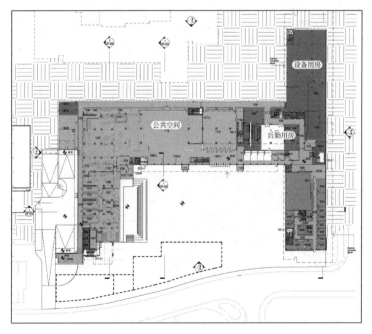

一层平面图

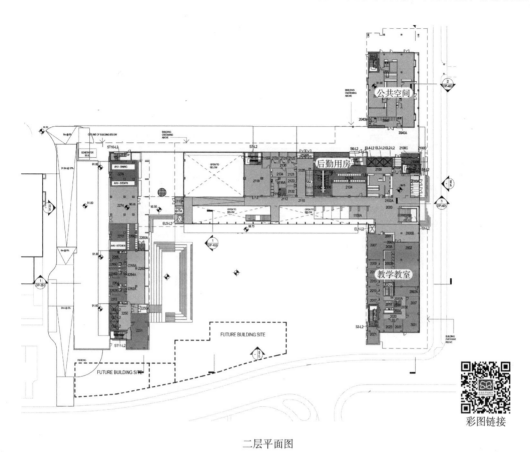

二层平面图

图 3-9　Orchard Commons 一层平面图和二层平面图

图片来源:基于 University of British Columbia,2014. *RE-ISSUE DEVELOPMENT PERMIT SET* . https://planning. ubc. ca/sites/default/files/2019-12/DP13034-Plans_0. pdf,作者编辑

3. 平面设计

Orchard Commons 不是一个单纯的学生公寓项目,它还包括了学术要求和社区活动的相关功能。如图 3-9 所示,绿色区域是开放的公共空间,提供各种社区活动以及交流;蓝色区域是教学教室,对应了项目的学术要求;深灰色区域则是该建筑的设备机房以及其他一些辅助用房;亮橙色的区域是杂物间和学校职工的休息室。可以看出 Orchard Commons 的一层和二层空间以活动交流功能为主,辅以学术功能和设备用房。

根据 Orchard Commons 的三层和四层的平面图,如图 3-10 所示,高层塔楼部分全是橙色区域,也就是学生公寓;图中右侧蓝色的区域仍是学术教室。可以看出从三层开始活动交流的空间就减少了,只存在学术教室的中庭;三层和四层空间是住宿功能和学术功能的组合。

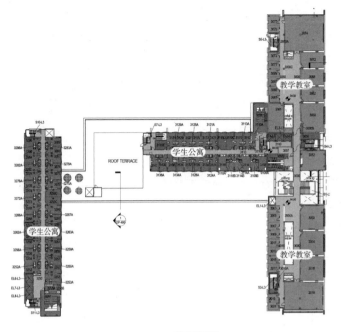

三层平面图

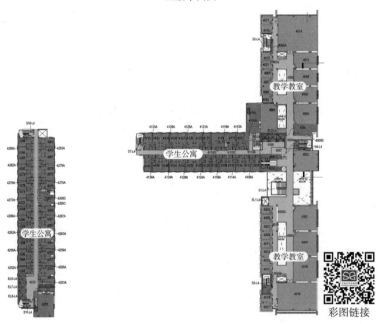

四层平面图

图 3-10 Orchard Commons 三层平面图和四层平面图

图片来源：基于 University of British Columbia，2014. *RE-ISSUE DEVELOPMENT PERMIT SET*. https://planning. ubc. ca/sites/default/files/2019-12/DP13034-Plans_0. pdf，作者编辑

根据 Orchard Commons 的标准层平面(见图 3-11),北公寓楼每层面积 810 m²,一层 33 间单人宿舍,且在平面的东侧有一处公共空间,南公寓楼每层面积 648 m²,一层 25 间单人宿舍,在平面的南侧亦有一处公共空间。

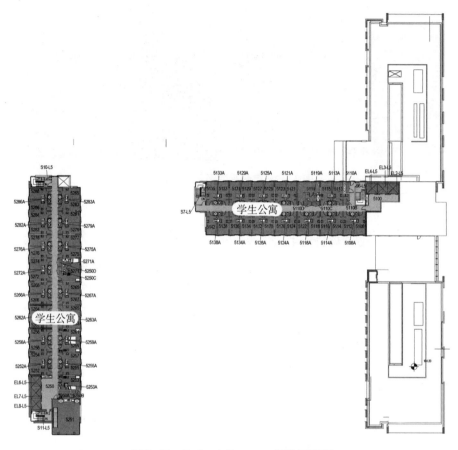

图 3-11 Orchard Commons 标准层平面

图片来源:基于 University of British Columbia,2014. *RE-ISSUE DEVELOPMENT PERMIT SET* . https://planning. ubc. ca/sites/default/files/2019-12/DP13034-Plans_0. pdf,作者编辑

两栋学生宿舍共 1 049 张床,971 间单人间,8 间带浴室的单人间,25 间带公用浴室的公用客房,6 间设有卫浴的客房[①]。图 3-12 展示了带有共用浴室的单人间,宿舍规模一般为 3 m×6 m,面积为 18 m²。

---

① Shahrokhi H,2016. *Understanding how advanced parametric design can improve the constructability of building designs* (T). University of British Columbia. https://open. library. ubc. ca/collections/ubctheses/24/items/1. 0308669

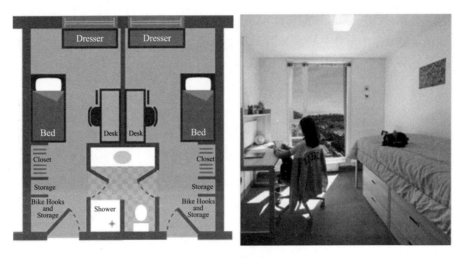

图 3-12　宿舍平面图及效果展示

图片来源：https://vancouver. housing. ubc. ca/residences/orchard-commons/

Orchard Commons 项目的主体是两栋高层的学生公寓。立面外围护墙板的非线性设计不仅起到了对包容多元设计理念的回应，这样独特的设计还很好地避免了工业标准化下建筑立面过于相似的问题。而这样的立面并不是单纯对建筑表皮形状进行特别化设计，并没有因为造型而独立于平面之外，仍很好地保证了公寓楼的采光效益。

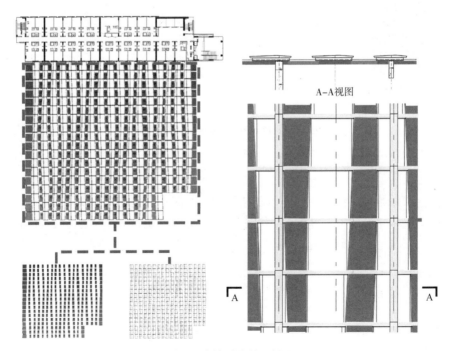

图 3-13　窗墙对应关系展示

图片来源：作者自绘

如图 3-13 所示，作为工业化建造背景下的现代高层公寓，在标准化设计的楼层平面上，通过窗户位置的微妙变化，与墙板恰到好处地贴合了起来。即与带状的外立面墙板相吻合，也不影响室内的功能。流动而弯曲的非线性形制下，隐藏着标准化设计的秩序感。在非常有效地利用工业化所带来的便利的同时，创造了丰富的立面形态，表现了自身作为公寓楼的身份，又恰到好处地回应了设计理念。

曲线形的外立面造型经过优化之后，在保持自身设计意图的前提下，确定了 60％ 预制混凝土墙板和 40％ 窗玻璃的窗墙比，该比例在室内日光需求和能耗效率之间达到了最佳平衡（见图 3-14）。下一节的立面设计中会进一步地阐述墙板自身的设计以及对理念的回应。

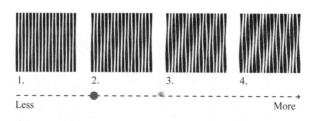

图 3-14　Orchard Commons 最佳窗墙比

图片来源：University of British Columbia，2019. *UNIVERSITY OF BRITISH COLUMBIA ORCHARD COMMONS - CASESTUDY.* https://vancouver. housing. ubc. ca/wp-content/uploads/2019/02/Orchard-Commons-Design-Case-Study. pdf

Orchard Commons 是为一群国际非英语系的一年级学生创造的家外之家。这意味着其不仅是为留学生提供住宿的地方，更希望其可以加强他们与外界的交流，促进留学生更好地融入校园，体验不同于家乡的生活。所以项目中提供了一系列"社交空间"，包括两座住宅楼中三层楼高的互联休息室（见图 3-15）。透明玻璃、日光和木材是支撑

图 3-15　"社交空间"展示

图片来源：University of British Columbia，2019. *UNIVERSITY OF BRITISH COLUMBIA ORCHARD COMMONS - CASESTUDY.* https://vancouver. housing. ubc. ca/wp-content/uploads/2019/02/Orchard-Commons-Design-Case-Study. pdf

这些空间的关键表达方式。从楼层休息室、大堂、非正式学习空间和大厅开始,建立了一个社交空间的层次结构,并通过在整个设施中使用木材来实现视觉统一。这些木制元素被包含在透明的玻璃"盒子"中,创造出独特的体量,与 Vantage 学院和宿舍更为不透明的建筑表现形成对比。为了控制热增益和眩光,将作为外围护的玻璃表皮做了一定程度上的遮蔽。

　　建筑中的走廊和楼梯不再仅仅是连接建筑物中的过渡空间,它们本身也是重要的社交活动场所,有助于增加建筑物的特色,丰富使用者的感受。建筑中走廊与楼梯的设计,让学习与交流不再局限于教室内,为学生和教职工提供了足够的交流空间。一个大型的社交楼梯向北延伸,连接着餐饮活动空间与 Vantage 学院主大厅,为两者服务(见图 3-16)。

图 3-16　走廊和楼梯空间展示

图片来源:University of British Columbia,2019. *UNIVERSITY OF BRITISH COLUMBIA ORCHARD COMMONS-CASESTUDY.* https://vancouver. housing. ubc. ca/wp-content/uploads/2019/02/Orchard-Commons-Design-Case-Study. pdf

4. 立面设计

　　UBC Vantage 学院 Orchard Commons 项目的材料选择基于已经形成的校园风貌,沿用了农学路 Vantage 学院外墙覆盖砖石的设计风格。塔楼正面覆盖预制混凝土夹层板,墙板强调了混凝土的可塑性和表现力,打造了一个创新的、合理的和富有表现力的外壳。立面设计回应了《温哥华校园规划——第三部分》[①]中的校园设计指南中所述的,"重新发现和强调不列颠哥伦比亚大学温哥华校区独特的地方感和西海岸的自然美景"。建筑师确立以下四个主题作为设计指南:文化多样性、自然、强化社会空间、材料真实性。设计灵感来自海藻和树叶的自然形态以及书法,以多元素结合加强人与环境的融合。从中,产生了一个由大量预制混凝土墙板组成、整体呈丝带状的立面设计方案(见图 3-17)。

---

　　① University of British Columbia,2020. The University of British Columbia Vancouver Campus Plan part 3 design guidelines. https://www. ubc. ca/

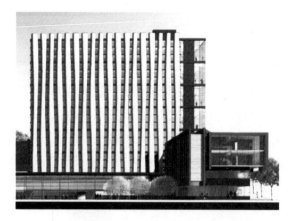

图 3-17 参数化设计前的建筑立面设计概念

图片来源:UBC BIM TOPiCS Lab 提供

在该立面的设计中,建筑师基于混凝土材料自身可塑性强的特点,对预制混凝土墙板进行了符合设计理念的形状处理,同时将其以一定规律进行排列组合,形成丝带状的立面造型,体现了设计理念中书法与海藻、文化与自然的融合。独特的设计很好地摆脱了标准化设计下的高层住宅楼立面单调的问题。除预制墙板为混凝土材质,建筑立面系统中其余材质组成如图 3-18 所示。

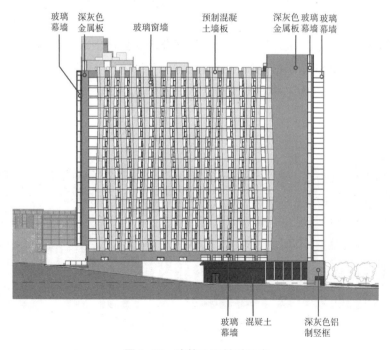

图 3-18 建筑立面材质组成

图片来源:基于 University of British Columbia, 2014. *RE-ISSUE DEVELOPMENT PERMIT SET*. https://planning. ubc. ca/sites/default/files/2019-12/DP13034-Elev_0. pdf,作者编辑

3.2.3 建筑深化设计

1. 立面设计概念

Orchard Commons 项目的建筑表皮设计始于建筑师想要将海藻的自然形式和书法的艺术内涵这两种元素融合在一起进行表达,意图创造自然和艺术文化之间的联系。因此,该项目的表皮由多条非线性的墙板和玻璃窗组合而成,造型呈丝带状。整个立面中垂直方向的每块墙板在水平方向上轻微偏移以及每条丝带状墙板以相同曲率且不同曲线的形式重复都是以集合方式表达多样性的一种方式,与公寓的未来居住者所期望的文化多样性相呼应。

2. 立面生成逻辑

该项目立面上的每条"丝带"都由 18 块预制混凝土墙板组成(见图 3-19),这里的墙板数量是由学生公寓楼的层数决定的,且一条"丝带"上的 18 块墙板形状不规则、形制各不相同。虽然立面上"丝带"有很多条且从弯曲形式上看各不相同,但是在经过参数化设计后墙板形制只有 18 种,即建筑立面造型是以 18 种形制的预制混凝土墙板以不同形式重复组合生成的。

项目团队确定的预制混凝土墙板设计绘制在一张施工图中。这张图纸也是设计方交给制造商,由前端设计交到生产制造阶段的唯一设计文件(见图 3-20)。

为更清楚地看到图 3-20 所展示的施工图具体内容,对该图纸的各部分进行了分别的展示。如图 3-21 所示,展示了两栋高层公寓楼四个立面上放置的不同面板类型;如图 3-22 所示,展示了通用墙板的顶视图、前视图和底视图,以及墙板上有了定义的相关变量;表 3-2 提供了 18 中不同类型预制混凝土墙板的尺寸数值信息。

图 3-19 "丝带"组成

图片来源:作者自绘

8	4	18	15	12	9	3	18	15	12	8	2	13	9	3	18	15
7	3	17	14	11	8	2	17	14	11	7	1	12	8	2	17	14
6	2	16	13	10	7	1	16	13	10	6	18	11	7	1	16	13
5	1	15	12	9	6	18	15	12	9	5	17	10	6	18	15	12
4	18	14	11	8	5	17	14	11	8	4	16	9	5	17	14	11
3	17	13	10	7	4	16	13	10	7	3	15	8	4	16	13	10
2	16	12	9	6	3	15	12	9	6	2	14	7	3	15	12	9
1	15	11	8	5	2	14	11	8	5	1	13	6	2	14	11	8
18	14	10	7	4	1	13	10	7	4	18	12	5	1	13	10	7
17	13	9	6	3	18	12	9	6	3	17	11	4	18	12	9	6
16	12	8	5	2	17	11	8	5	2	16	10	3	17	11	8	5
15	11	7	4	1	16	10	7	4	1	15	9	2	16	10	7	4
14	10	6	3	18	15	9	6	3	18	14	8	1	15	9	6	3
13	9	5	2	17	14	8	5	2	17	13	7	18	14	8	5	2
12	8	4	1	16	13	7	4	1	16	12	6	17	13	7	4	1
11	7	3	18	15	12	6	3	18	15	11	5	16	12	6	3	18
10	6	2	17	14	11	5	2	17	14	10	4	15	11	5	2	17
9	5	1	16	13	10	4	1	16	13	9	3	14	10	4	1	16

北塔楼北立面

8	4	18	15	12	9	3	18	15	12	8	2	13	9	3	18	15
7	3	17	14	11	8	2	17	14	11	7	1	12	8	2	17	14
6	2	16	13	10	7	1	16	13	10	6	18	11	7	1	16	13
5	1	15	12	9	6	18	15	12	9	5	17	10	6	18	15	12
4	18	14	11	8	5	17	14	11	8	4	16	9	5	17	14	11
3	17	13	10	7	4	16	13	10	7	3	15	8	4	16	13	10
2	16	12	9	6	3	15	12	9	6	2	14	7	3	15	12	9
1	15	11	8	5	2	14	11	8	5	1	13	6	2	14	11	8
18	14	10	7	4	1	13	10	7	4	18	12	5	1	13	10	7
17	13	9	6	3	18	12	9	6	3	17	11	4	18	12	9	6
16	12	8	5	2	17	11	8	5	2	16	10	3	17	11	8	5
15	11	7	4	1	16	10	7	4	1	15	9	2	16	10	7	4
14	10	6	3	18	15	9	6	3	18	14	8	1	15	9	6	3
13	9	5	2	17	14	8	5	2	17	13	7	18	14	8	5	2
12	8	4	1	16	13	7	4	1	16	12	6	17	13	7	4	1
11	7	3	18	15	12	6	3	18	15	11	5	16	12	6	3	18
10	6	2	17	14	11	5	2	17	14	10	4	15	11	5	2	17
9	5	1	16	13	10	4	1	16	13	9	3	14	10	4	1	16

北塔楼南立面

8	4	18	15	12	9	3	18	15	12	8	2	13	9	3	18	15
7	3	17	14	11	8	2	17	14	11	7	1	12	8	2	17	14
6	2	16	13	10	7	1	16	13	10	6	18	11	7	1	16	13
5	1	15	12	9	6	18	15	12	9	5	17	10	6	18	15	12
4	18	14	11	8	5	17	14	11	8	4	16	9	5	17	14	11
3	17	13	10	7	4	16	13	10	7	3	15	8	4	16	13	10
2	16	12	9	6	3	15	12	9	6	2	14	7	3	15	12	9
1	15	11	8	5	2	14	11	8	5	1	13	6	2	14	11	8
18	14	10	7	4	1	13	10	7	4	18	12	5	1	13	10	7
17	13	9	6	3	18	12	9	6	3	17	11	4	18	12	9	6
16	12	8	5	2	17	11	8	5	2	16	10	3	17	11	8	5
15	11	7	4	1	16	10	7	4	1	15	9	2	16	10	7	4
14	10	6	3	18	15	9	6	3	18	14	8	1	15	9	6	3
13	9	5	2	17	14	8	5	2	17	13	7	18	14	8	5	2
12	8	4	1	16	13	7	4	1	16	12	6	17	13	7	4	1
11	7	3	18	15	12	6	3	18	15	11	5	16	12	6	3	18
10	6	2	17	14	11	5	2	17	14	10	4	15	11	5	2	17
9	5	1	16	13	10	4	1	16	13	9	3	14	10			
8	4	18	15	12	9	3	18	15	12	8	2	13	9			

南塔楼西立面

4	18	15	12	9	3	18	15	12	8	2	13	9	3	18
3	17	14	11	8	2	17	14	11	7	1	12	8	2	17
2	16	13	10	7	1	16	13	10	6	18	11	7	1	16
1	15	12	9	6	18	15	12	9	5	17	10	6	18	15
18	14	11	8	5	17	14	11	8	4	16	9	5	17	14
17	13	10	7	4	16	13	10	7	3	15	8	4	16	13
16	12	9	6	3	15	12	9	6	2	14	7	3	15	12
15	11	8	5	2	14	11	8	5	1	13	6	2	14	11
14	10	7	4	1	13	10	7	4	18	12	5	1	13	10
13	9	6	3	18	12	9	6	3	17	11	4	18	12	9
12	8	5	2	17	11	8	5	2	16	10	3	17	11	8
11	7	4	1	16	10	7	4	1	15	9	2	16	10	7
10	6	3	18	15	9	6	3	18	14	8	1	15	9	6
	5	2	17	14	8	5	2	17	13	7	18	14	8	5
4	1	16	13	7	4	1	16	12	6	17	13	7	4	
3	18	15	12	6	3	18	15	11	5	16	12	6	3	
17	14	11	5	2	17	14	10	4	15	11	5	2		
16	13	10	4	1	16	13	9	3	14	10	4	1		
15	12	9	3	18	15	12	8	2	13	9	3	18		

南塔楼东立面

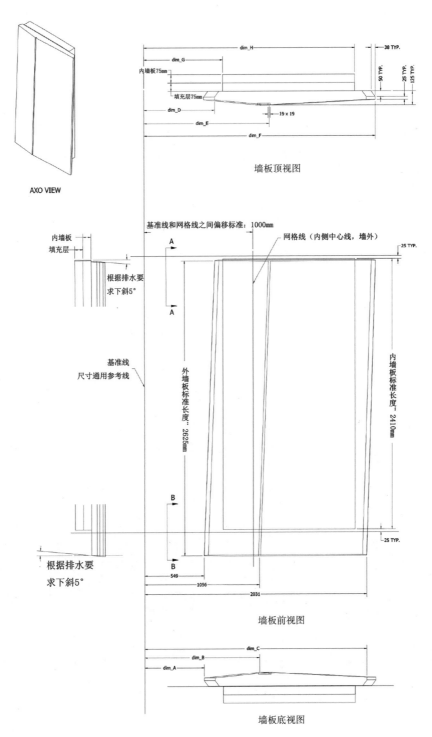

图 3-20 预制混凝土墙板的完整建筑图纸

图片来源：基于 Shahrokhi H，2016. *Understanding how advanced parametric design can improve the constructability of building designs*（T），p. 22，Figure2-4，University of British Columbia. https://open. library. ubc. ca/collections/ubctheses/24/items/1. 0308669. 作者编辑

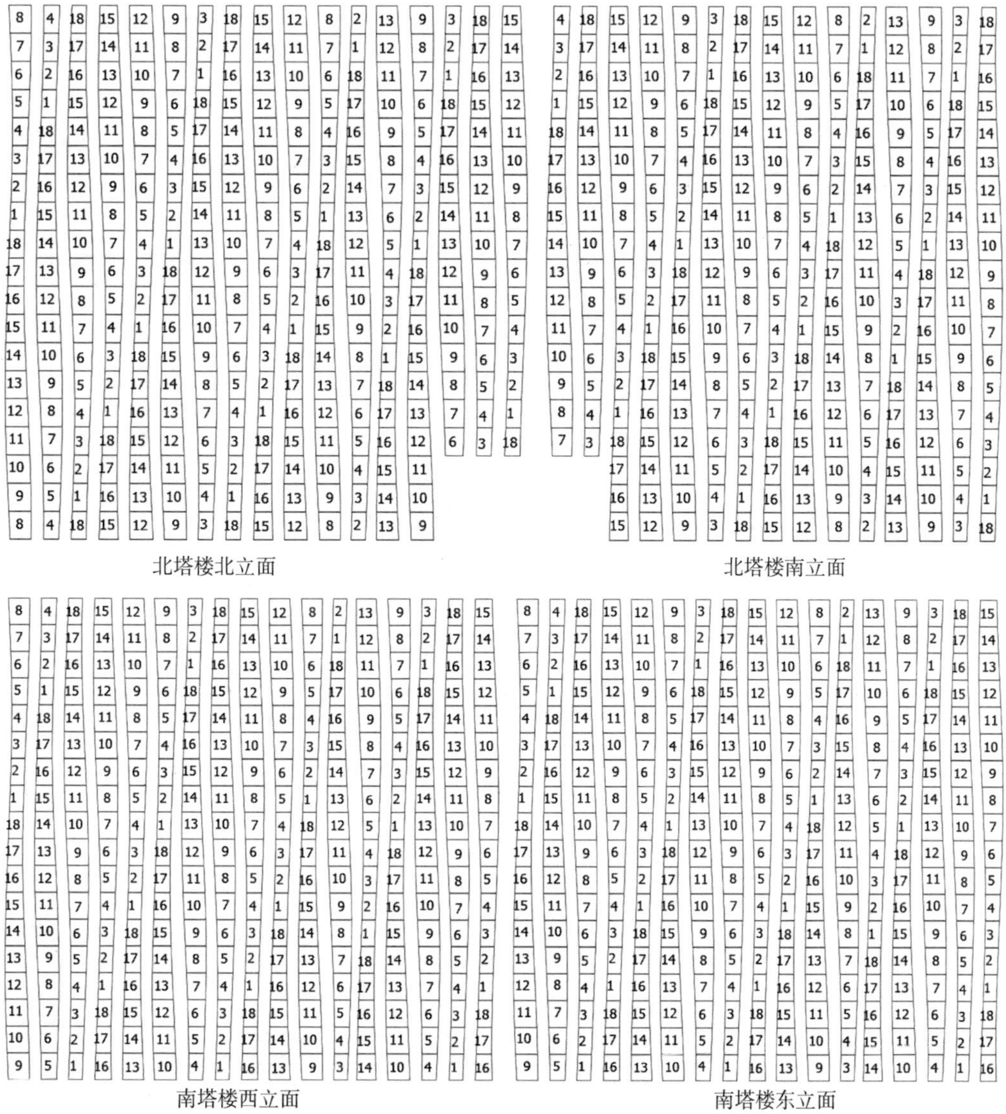

北塔楼北立面　　　　　　　　　　　　　　北塔楼南立面

南塔楼西立面　　　　　　　　　　　　　　南塔楼东立面

图 3-21　预制混凝土墙板在立面上放置位置展示

图片来源：基于 Shahrokhi H，2016. *Understanding how advanced parametric design can improve the constructability of building designs*（T），p. 25，Figure2-7，University of British Columbia. https：//open. library. ubc. ca/collections/ubctheses/24/items/1. 0308669. 作者编辑

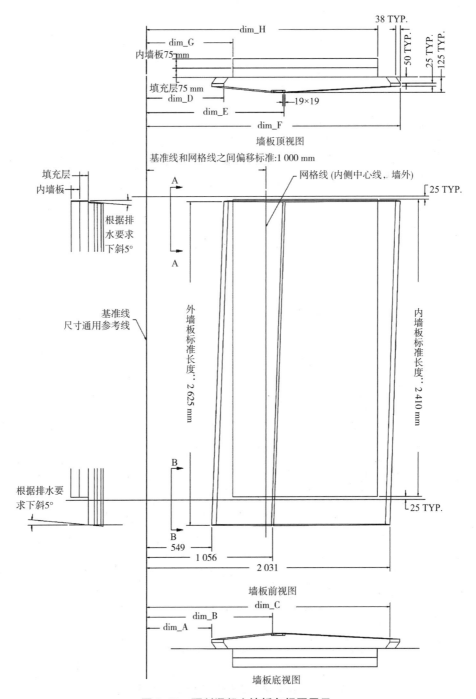

图 3-22 预制混凝土墙板各视图展示

注：TYP 是 Typical 的缩写，在工程图纸上，用于标注尺寸的前缀式后缀，表示同一图纸上有多个相同尺寸式位置关系的特征。

图片来源：基于 Shahrokhi H，2016. *Understanding how advanced parametric design can improve the constructability of building designs*（T），p. 24，Figure2-6，University of British Columbia. https://open. library. ubc. ca/collections/ubctheses/24/items/1.0308669. 作者编辑

表 3-2 18 种墙板类型的尺寸展示

墙板类型	外墙板						墙板类型	内墙板		
	dim-A	dim-B	dim-C	dim-D	dim-E	dim-F		dim-G	dim-H	宽度
PA-01	549 mm	1 056 mm	2 031 mm	649 mm	1 150 mm	2 113 mm	PA-01	725 mm	1 925 mm	1 200 mm
PA-02	649 mm	1 150 mm	2 113 mm	731 mm	1 238 mm	2 213 mm	PA-02	825 mm	2 025 mm	1 200 mm
PA-03	731 mm	1 238 mm	2 213 mm	784 mm	1 308 mm	2 319 mm	PA-03	875 mm	2 125 mm	1 250 mm
PA-04	784 mm	1 308 mm	2 319 mm	794 mm	1 351 mm	2 425 mm	PA-04	875 mm .	2 225 mm	1 350 mm
PA-05	794 mm	1 351 mm	2 425 mm	756 mm	1 358 mm	2 525 mm	PA-05	875 mm	2 325 mm	1 450 mm
PA-06	756 mm	1 358 mm	2 525 mm	675 mm	1 332 mm	2 607 mm	PA-06	825 mm	2 425 mm	1 600 mm
PA-07	675 mm	1 332 mm	2 607 mm	566 mm	1 277 mm	2 660 mm	PA-07	775 mm	2 525 mm	1 750 mm
PA-08	566 mm	1 277 mm	2 660 mm	443 mm	1 198 mm	2 670 mm	PA-08	675 mm L	2 575 mm	1 900 mm
PA-09	443 mm	1 198 mm	2 670 mm	320 mm	1 103 mm	2 632 mm	PA-09	525 mm	2 525 mm	2 000 mm
PA-10	320 mm	1 103 mm	2 632 mm	211 mm	1 004 mm	2 551 mm	PA-10	425 mm	2 475 mm	2 050 mm
PA-11	211 mm	1 004 mm	2 551 mm	130 mm	913 mm	2 442 mm	PA-11	275 mm	2 375 mm	2 100 mm
PA-12	130 mm	913 mm	2 442 mm	92 mm	847 mm	2 319 mm	PA-12	225 mm	2 225 mm	2 000 mm
PA-13	92 mm	847 mm	2 319 mm	102 mm	813 mm	2 196 mm	PA-13	175 mm	2 125 mm	1 950 mm
PA-14	102 mm	813 mm	2 196 mm	155 mm	811 mm	2 087 mm	PA-14	225 mm	1 975 mm	1 750 mm
PA-15	155 mm	811 mm	2 087 mm	237 mm	840 mm	2 006 mm	PA-15	325 mm	1 925 mm	1 600 mm
PA-16	237 mm	840 mm	2 006 mm	337 mm	893 mm	1 968 mm	PA-16	425 mm	1 875 mm	1 450 mm
PA-17	337 mm	893 mm	1 968 mm	443 mm	967 mm	1 978 mm	PA-17	525 mm	1 875 mm	1 350 mm
PA-18	443 mm	967 mm	1 978 mm	549 mm	1 056 mm	2 031 mm	PA-18	625 mm	1 875 mm	1 250 mm

表格来源:基于 Shahrokhi H,2016. *Understanding how advanced parametric design can improve the constructability of building designs* (T),p. 23,Figure2-5,University of British Columbia. https://open. library. ubc. ca/collections/ubctheses/24/items/1. 0308669. 作者编辑

3. 立面构造设计

如图 3-23 所示，制造商在设计端输出的施工图基础上绘制了墙板的构造施工图，可以看出墙板总共可以分为三部分，外墙板、内墙板和用于保温隔热的填充层，填充层上有一块防水板。图纸上的各类节点大样图展示了预制混凝土墙板在制作时加入的各类预埋件，墙板构造组成如图 3-24 所示。

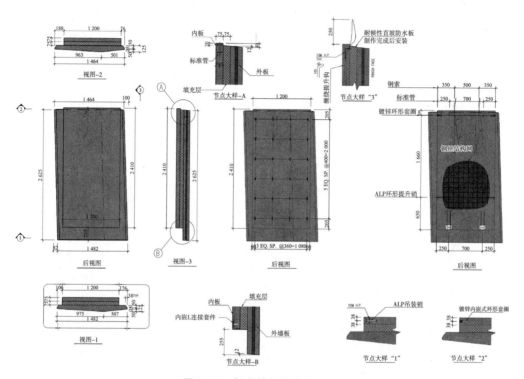

图 3-23　标准墙板构造施工图

图片来源：作者自绘

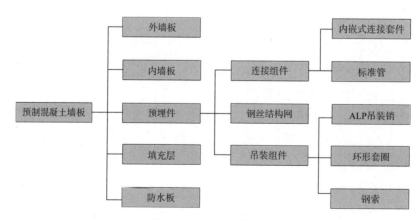

图 3-24　墙板构造组成

图片来源：作者自绘

如表 3-3 所示，预制混凝土墙板的内墙板和填充层的厚度皆为 75 mm，且内墙板材质不单单是混凝土，有金属网焊接其中，填充层由保温隔热材料填充组成，外墙板厚度为 125 mm，是混凝土材料。为防止填充层被水浸泡，在墙板制作完成后还会在其上面覆盖一块耐候性直坡防水板，直坡的设计能在阻挡雨水下渗的同时引导雨水向下流动。

表 3-3　预制混凝土墙板构成表

名称	图片	参数信息		材料	现场图片
预制混凝土墙板		外墙板	长度 2 625 mm 厚度 125 mm 宽度 18 种	混凝土	
		填充层	长度 2 410 mm 厚度 75 mm 宽度 1 200/1 250 mm	保温隔热填充物	
		内墙板	长度 2 410 mm 厚度 75 mm 宽度 1 200/1 250 mm	混凝土内嵌钢丝网	
耐候性直坡防水板		长度 75 mm 宽度 1 200/1 250 mm		镀锌板	

图片来源（从左到右，上至下排序）：
左上　作者自绘
右上　Shahrokhi H，2016. *Understanding how advanced parametric design can improve the constructability of building designs*（T），p. 34，Figure2-14，University of British Columbia. https：//open. library. ubc. ca/collections/ubctheses/24/items/1.0308669.
左下　作者自绘
右下　https：//www. 912688. com/supply/312918835. html5 https：//www. naturallywood. com/

墙板在制作时会在其中预埋构件，预埋件可根据其作用分为连接组件和吊装组件，连接组件用于预制混凝土墙板与建筑结构之间的连接，组件包括内嵌式连接套件和标准管；吊装组件用于预制混凝土墙板与起重机连接，方便起重机将墙板移动至指定的安装位置，组件包括环箍套圈、钢索、ALP 吊装销。（见表 3-4）

如图 3-25 所示，墙板是通过预埋件与建筑楼板上的内嵌式连接套件连接的方式完成安装的。首先在预制墙板制造时预埋入连接构件，然后在墙板安装前的准备阶段在建筑结构的指定位置上安装内嵌式连接套件，最后墙板在吊装至指定位置时以楔形锚栓将安装在建筑结构上的内嵌式连接套件和墙板中内嵌式连接组件连接并以螺母固定，其中 KOROLATH 垫片和马蹄形垫片是用于应对墙板安装时公差调整问题的。

表 3-4　预制混凝土墙板预埋件表

预埋件类型	名称	图片	作用	实物图片
连接组件	内嵌式连接套件	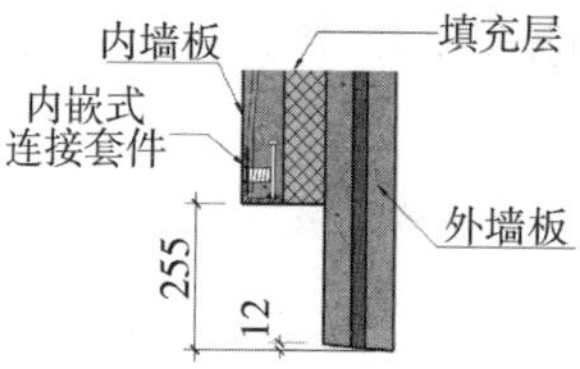	用于墙板与建筑主体结构楼板上侧连接	
	标准管	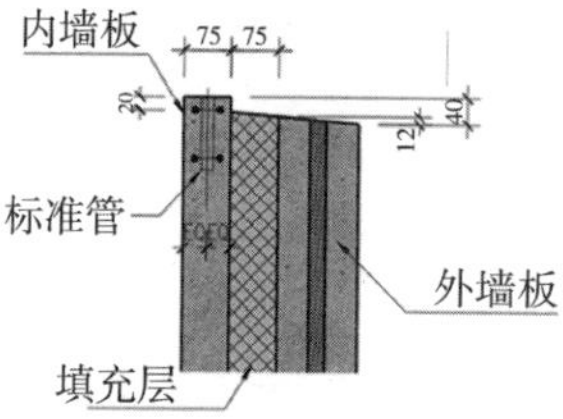	用于墙板与建筑主体结构楼板下侧连接	
吊装组件	环形套圈	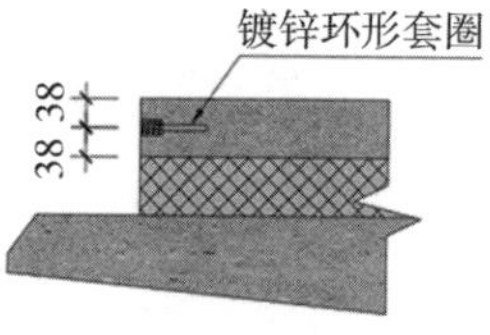	用于与起重机连接提升墙板	
	钢索	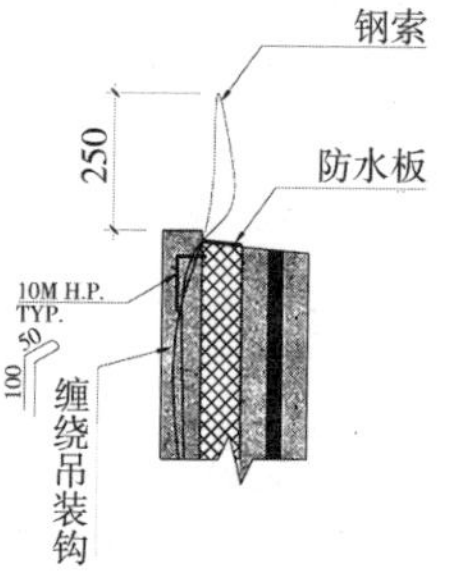	用于与起重机连接提升墙板，提升后切割露出墙板部分	
	ALP吊装销	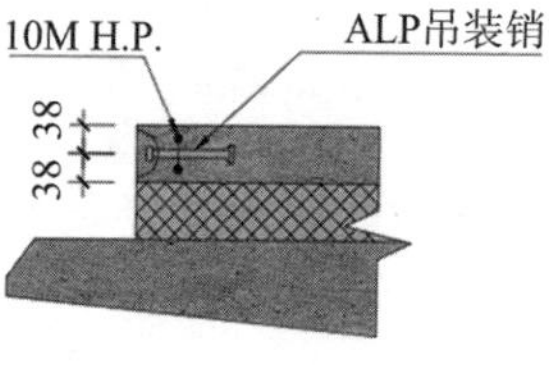	用于与起重机连接吊装墙板	

图片来源(从上至下)：

在 1、2、3、4、5　作者自绘

右 1　Shahrokhi H, 2016. *Understanding how advanced parametric design can improve the constructability of building designs*（T），p. 31，Figure2-13，University of British Columbia. https://open. library. ubc. ca/collections/ubctheses/24/items/1. 0308669.

右 2　https://www. knowlesdrainage. co. uk/product/traditional-drainage-pipes-and-fittings/standard-pipe/

右 3　https://www. alibaba. com/product-detail/Lifting-Straight-Loop-Ferrule-precast-concrete_62299186180. html

右 4　http://www. jwgss. com/

右 5　https://www. hsmagnets. com/product/alp-lifting-pin-profile-magnetic-plates/

墙板连接设计的一个关键方面是墙板与建筑主体之间的连接。例如一块墙板可仅与建筑楼板连接,安装在背后无其他建筑结构的位置,但如果在其后面有剪力墙等其他建筑结构,这块墙板的连接组件位置就需要进行一定的调整(图 3-26)。因此在大多数情况下,18 种不同形状和尺寸的墙板,因连接组件位置变化而存在大量不同的墙板变型,其具有不同的形状和尺寸,也具有不同的墙板连接设计。

因此,在深化设计阶段会根据该墙板所处的位置以及其后面的建筑结构做出针对性改变,来确保墙板能够成功安装到指定位置,并与建筑结构连接。图 3-27 中展示了 PA-18 型墙板在建筑立面上的各个位置,该墙板是所有类型的墙板中变型最多且最全的,表 3-5 以 PA-18 型墙板为例详细展示了针对墙板安装位置的不同而做出的处理方式。

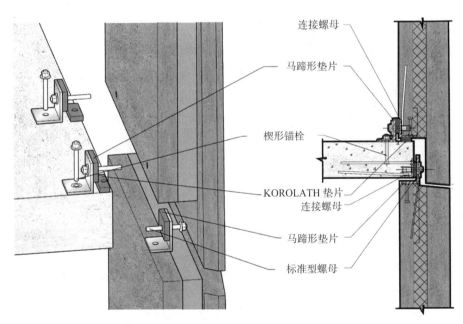

连接螺母

马蹄形垫片

楔形锚栓

KOROLATH 垫片
连接螺母

马蹄形垫片

标准型螺母

图 3-25 连接节点构造设计

图片来源:作者自绘

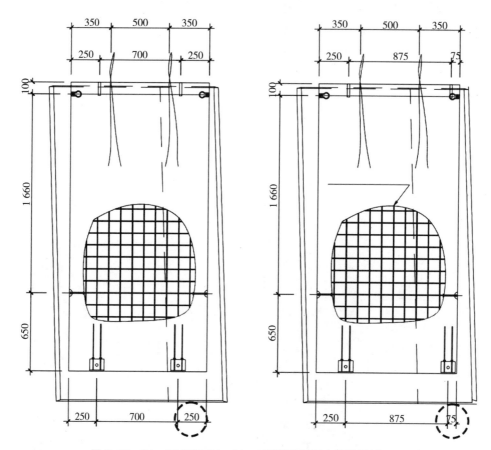

图 3-26 PA-01 型和 PA-01-1 型预制混凝土外墙板对比图

图片来源：Shahrokhi H，2016. *Understanding how advanced parametric design can improve the constructability of building designs*（T），p. 27，Figure2-8，University of British Columbia. https://open. library. ubc. ca/collections/ubctheses/24/items/1. 0308669.

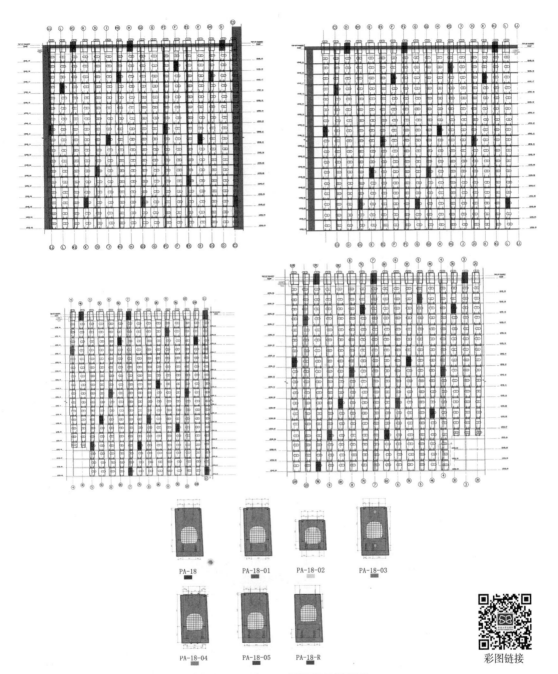

图 3-27　PA-18 型墙板位置展示

图片来源：作者自绘

表 3-5　PA-18 型预制混凝土墙板的一种原型以及其五种变型

名称	墙板构造	典型安装位置展示	墙板位置	典型特征
PA-18 型			用于仅有楼板的位置,与楼板结构连接	无
PA-18-01 型			用于建筑正面有结构柱位置,与楼板结构连接	连接组件(内嵌式连接套件)间距调整,避免结构柱位置重叠
PA-18-02 型			用于住宅楼层与公共区域楼层交接处,与楼板结构连接	墙板轮廓尺寸调整
PA-18-03 型			用于建筑正面与侧面交界处位置,与楼板结构连接的同时也和侧墙连接	墙板上增加连接组件与建筑主体(墙体)连接

续表

名称	墙板构造	典型安装位置展示	墙板位置	典型特征
PA-18-04 型	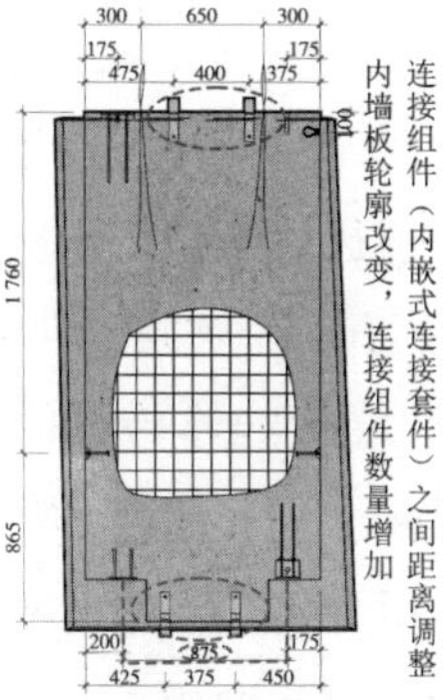 连接组件（内嵌式连接套件）之间距离调整，连接组件数量增加	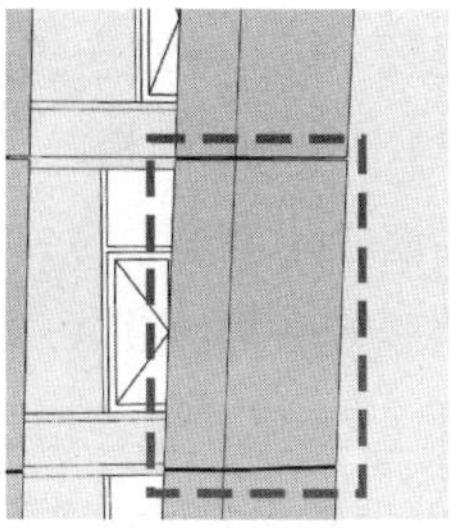	用于建筑正面，未直接安装在结构上而是在墙壁的位置，与墙壁连接	墙板上增加连接组件与建筑主体（墙体）连接，且内墙板轮廓尺寸调整
PA-18-05 型	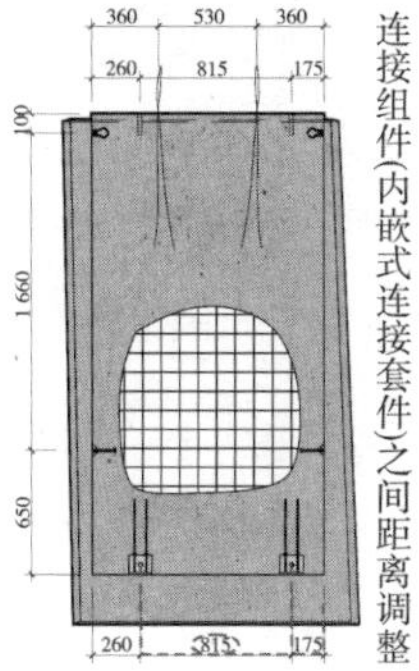 连接组件（内嵌式连接套件）之间距离调整	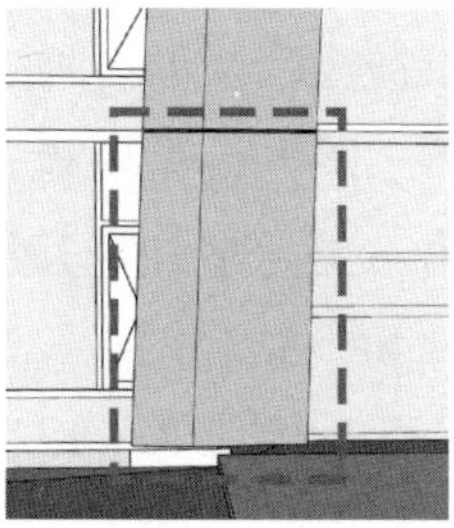	用于建筑正面有结构柱位置，与楼板结构连接	同 PA-18-01 型
PA-18-R 型	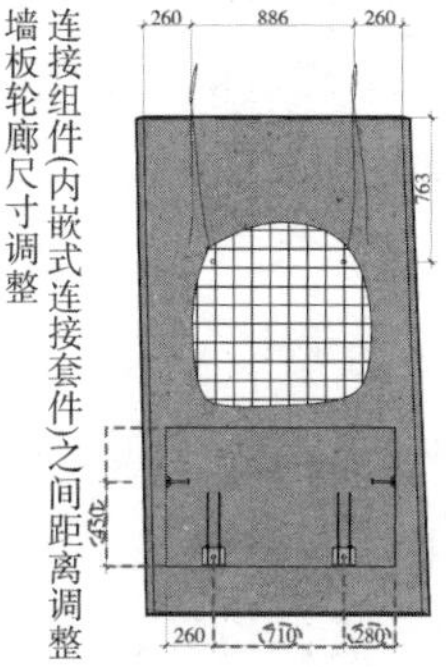 连接组件（内嵌式连接套件）之间距离调整 墙板轮廓尺寸调整	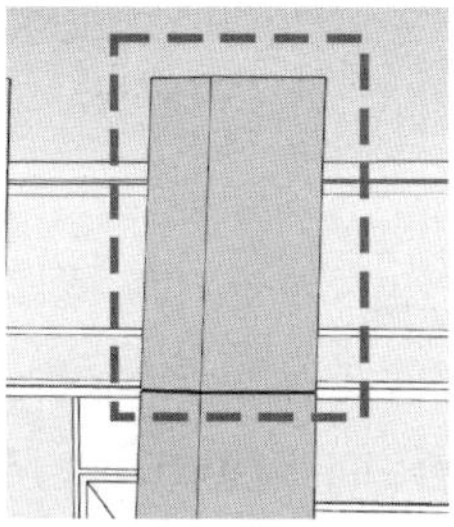	用于最高层，在女儿墙的位置，与女儿墙连接	内墙板轮廓尺寸调整

图表来源：作者自绘

如表 3-5 所示，建筑立面上预制混凝土墙板构件虽然按造型尺寸分类存在 18 种墙板类型，但随着安装位置的不同，同一类型的墙板会根据情况对墙板中连接组件的位置做出调整，以 PA-18 型墙板为例，其安装位置种类涵盖了与楼板、结构柱、墙体等所有建筑主体结构连接，因此本章中以该墙板类型为典型进行对墙板连接位置的分析。

从表 3-5 中墙板构造与典型安装位置图结合典型特征看出，仅与楼板连接的墙板是该类墙板的原型，如 PA-18 型墙板；若安装位置存在结构柱的墙板会根据结构柱的位置进行调整,如 PA‐18‐01 型与 PA‐18‐05 型墙板较于原型 PA‐18 型墙板的连接组件(内嵌式连接套件)间距从 730 mm 调整到 815 mm;若安装位置在住宅楼层与公共区域楼层交接处,墙板的长度会根据公共楼层的高度进行调整,如 PA‐18‐02 型墙板较于原型 PA‐18 型墙板在长度上从 2 410 mm 缩短至 1 585 mm;若是安装位置有需与建筑主体(墙体)连接的墙板,除了调整连接组件位置外还会额外增加连接组件与建筑主体(墙体)连接,如 PA‐18‐03 型墙板较于原型 PA‐18 型墙板连接组件间距从 730 mm 调整到 375 mm,并在墙板中间增加了一上一下两个连接组件用于与建筑主体(墙体)连接,PA‐18‐04 型墙板较于原型 PA‐18 型墙板的连接组件间距从 730 mm 调整到 875 mm,并且在墙板的上侧和下侧各增加了两个连接组件;若是其安装位置在顶层的墙板,均会调整连接组件位置至墙板中间与女儿墙连接,如 PA‐18‐R 型墙板的连接组件位置就在墙板的中上部,且较于原型 PA‐18 型墙板的连接组件间距从 730 mm 调整到 710 mm。

因此,此 PA‐18 型预制混凝土墙板的各种变型分为三类,第一类是仅调整连接组件间距,如 PA‐18‐01 型、PA‐18‐05 型墙板;第二类是调整墙板轮廓尺寸,如 PA‐18‐02 型和 PA‐18‐R 型;第三类是增加连接组件数量,同时调整连接组件间距,如 PA‐18‐03 型和 PA‐18‐04 型。结合图 3-26 中可以统计出 Orchard Commons 项目中两栋高层学生公寓四个立面上,除 PA‐18 型的原型墙板有 26 块外,第一类仅调整连接组件间距的墙板数量最多:PA‐18‐01 型墙板 24 块,PA‐18‐05 型 1 块,总计 25 块。第二类调整墙板轮廓尺寸的墙板数量其次:PA‐18‐02 型墙板 1 块,PA‐18‐R 型墙板 12 块,总计 13 块。第三类增加连接组件数量同时调整连接组件(内嵌式连接套件)间距,其墙板数量最少:PA‐18‐03 型 2 块,PA‐18‐04 型 1 块,总计 3 块。

本章虽以 PA‐18 型墙板作为分析对象,但 PA‐18 型墙板和其余 17 种类型的墙板在其变型墙板的典型特征方面是存在共性的,每种类型墙板都需要对各种安装位置做出连接组件(内嵌式连接套件)间距或者轮廓尺寸的针对性调整。由于在深化设计阶段,预制混凝土墙板中预埋的连接组件位置是根据设计者的设计、计算和制造方手工调整确定的,连接组件位置存在着某块墙板针对某处安装位置的定制性设计,每种类型的墙板在应对同一种安装位置时都存在不同的连接组件(内嵌式连接套件)间距调整,在统计后发现连接组件位置类型总共存在着 34 种[①]。项目团队在对真实建造阶段的跟踪观察中,发现这是导致施工效率未达到预期的原因之一。该问题的源头处于深化设计阶段,项目团队仍希望从设计上解决问题,这为他们采用参数化设计的方法探索

---

① Shahrokhi H,2016. *Understanding how advanced parametric design can improve the constructability of building designs* (T). University of British Columbia. https://open. library. ubc. ca/collections/ubctheses/24/i-tems/1.0308669

技术策略提供了前提条件,在第四章参数化优化设计内容中将会详细介绍这一优化设计。

4. 参数化优化设计

在 Orchard Commons 项目建筑立面的墙板呈丝带状连续变化,如何加工预制构件和定位墙板安装位置是该项目的难点。以混凝土为材料,不规则形状的预制墙板对于制造商来说并不是难点,但这种非线性、流动的立面造型包含了大量随机形状和尺寸大小不确定的墙板构件,自由的墙板形状意味着每一块墙板都是"定制"的,每一块墙板都需要相应的模具才能生产,这样不仅生产效率低下,还会导致建造成本超出预算。

在墙板加工难度导致建造成本超出预算这一点上,项目团队通过参数化的方式,来实现设计愿景与建造成本之间的平衡。秉承着花小钱办大事的理念,项目团队对预制混凝土墙板形制进行了优化,在以最大限度地减少独特墙板的数量的同时,仍然追求保持形状多样性。如图 3-28 所示,墙板丝带状的设计是以一条两端被施加了相反作用力的单线为原型的,这也代表了公寓楼居民的多元文化属性。项目团队将单线重复后加以垂直方向的位移,尝试在不增加复杂性的情况下,维持多样性[1]。

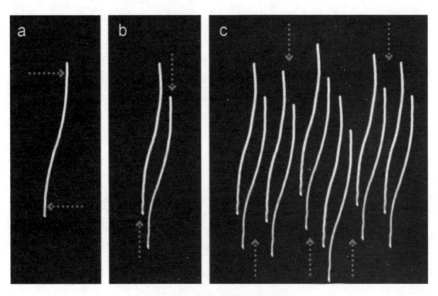

图 3-28 立面造型设计草稿展示

图片来源:基于 Shahrokhi H,2016. *Understanding how advanced parametric design can improve the constructability of building designs* (T),p. 19,Figure 2-1,University of British Columbia,https://open. library. ubc. ca/collections/ubctheses/24/items/1. 0308669,作者编辑

---

① University of British Columbia,2013. Project Description + Design Policy Compliance Statement. https://planning. ubc. ca/sites/default/files/2019-12/DP13034-Landscape_0. pdf

　　根据上述的想法,经过建筑师的探索,他们以参数化设计的方法,缩减了墙板的尺寸种类,还在保留墙板整体为流线形的同时将单块墙板的弧线改为相对倾斜的直线,大大减小了生产的难度。使用参数化方法的标准化设计,相同形状类型的墙板可以重复出现在立面上,让同一种墙板的生产模具可以反复使用,加快了生产效率,很大程度上减少了成本的支出。这一在初始设计基础上完成的深化设计方案,最后得到了项目各参与方的同意,正式地将优化了类型数量的墙板设计递交给了制造商,进入生产制造阶段。

　　图 3-29 展示了建筑师使用参数化设计对墙板进行优化的屏幕截屏。建筑师为最大限度利用参数化带来的效益提升,将立面设计中的要素转化为控制墙板生成的输入端种类,且均是可以调节的变量,从而使得输出端的结果丰富多样,且随着输入端变量的改变而实时更新,拓宽了设计者对墙板生成方案的选择空间。通过分析初始的建筑立面设计,建筑师确定了参数化设计的四个步骤:参数定义、书法表达、墙板模块化、墙板分类

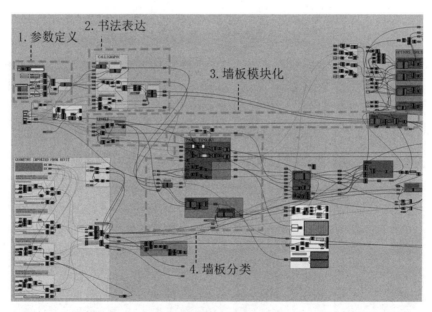

图 3-29　立面墙板 Grasshopper 参数化设计截屏

图片来源:作者自绘

　　如图 3-29 所示,1. 参数定义,主要是建筑师根据立面设计设置参数,以参数定义代表设计理念;2. 书法表达,根据通过输入参数生成所需的曲线,也就是非线性设计墙板的两条边线;3. 墙板模块化,以建筑的层高为约束条件,分割墙板的两条边线,产生的分割点均为墙板四个角所在的点;4. 墙板分类,主要是以不同的数字和颜色标记不同类型的墙板。具体的优化过程将在第四章阐述。

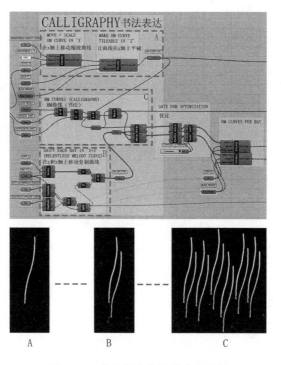

图 3-30 书法部分参数化定义分析

图片来源：基于 Shahrokhi H，2016. *Understanding how advanced parametric design can improve the constructability of building designs*（T），p.19，Figure 2-1，University of British Columbia. https://open.library.ubc.ca/collections/ubctheses/24/items/1.0308669，作者编辑

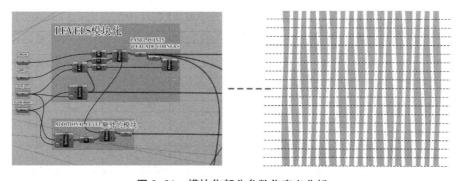

图 3-31 模块化部分参数化定义分析

图片来源：作者自绘

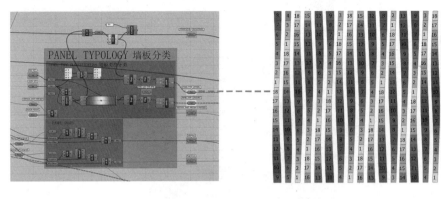

彩图链接

图 3-32　墙板类型部分参数化定义分析

图片来源：基于 Shahrokhi H，2016.*Understanding how advanced parametric design can improve the constructability of building designs*（T），p. 60，Figure 3-19，University of British Columbia. https：//open. library. ubc. ca/collections/ubctheses/24/items/1. 0308669. 作者编辑

Orchard Commons 项目中，建筑师出于预算限制、提高建造效率的目的，在深化设计阶段利用参数化工具对立面系统中预制混凝土墙板进行拆分设计，减少预制构件的种类，以此提高该立面系统的可建性。该案例中参数化设计的应用正符合我们了解面向真实建造的参数化优化设计的研究目的。然而在建筑师跟踪墙板生产与安装过程时，他们发现与最初的设计方案相比，目前的方案没有受益于使用参数化设计工具的优化，施工效率的提升没有达到预期的效果。这一反馈也让项目研究团队对于参数化设计能够提高项目立面系统可建性的假设受到了挑战。

因此，项目团队基于建造延迟问题进行了更深层次的研究，通过对墙板设计、生产、安装全建造流程的跟踪来探索产生延迟的问题。他们进行此研究的目的是将延迟问题的施工信息与设计协同，开发一个基于规则的设计系统，实现在前端设计阶段以参数化设计工具作为操纵设计的手段来进行对真实建造的优化的假设。表 3-6 提供了每种延迟原因及在真实建造过程中的处理方式。由于本案例的研究旨在了解面向真实建造的参数化优化设计，因此在知道延迟的原因后将通过基于规则的设计视角来探索这些问题基于参数化技术的解决方法。接下来会对延迟进行分析，分析是否可以通过参数化的方法解决。

（1）连接错位

预制混凝土墙板与建筑结构的连接有四个点。在墙板安装过程中，墙板底部有两个永久连接，顶部有两个临时连接。这四个连接组件均采用 L 形连接组件，连接组件会预先安装在结构上。在使用塔式起重机将墙板运送到安装位置之前，工人们会在墙板的背面安装四个螺纹杆，这些螺纹杆的直径与位置都是根据连接组件而定的。连接错位就是在当墙板运送到安装位置时，墙板背面的杆无法与结构上 L 形连接组件对齐。在这种情况下，墙板是不能被正常安装的。此时，工人只能停止安装过程，并通过从面板背面移除杆或改变安装在建筑结构上的 L 形连接组件的位置来解决偏差问题。根据观察和安装工人的描述,该问题的原因可以归纳为:① L 形连接组件与柱或剪力墙之间的空隙不足;② 墙板背面的螺纹杆与柱或剪力墙之间产生物理碰撞;③ 大量的墙板类型变化导致安装 L 形连接组件的位置的变化,这增加了连接安装位置错误的可能性。在建筑师与安装工人讨论后,他们确定使用基于规则的设计可以消除任何物理冲突或间隙不足的可能性,同时还通过减少不同连接组件位置的数量来提高连接组件安装精度,从而减少面板类型变化的数量。在这种情况下,以下信息是已知的,并可从 BIM 获得:① 结构柱和剪力墙的位置;② 墙板相对于基准线的位置;③ 面板内螺纹的尺寸。从理论上讲,这些信息可以用作输入参数化设计的参数,并以此定义一组规则,以便计算墙板连接的位置,解决连接错位的问题。

(2)吊装延迟

将每块板从放置区运输到其安装位置时需要将墙板的两个点连接到起重机上:一处是嵌在预制混凝土墙板内板的柔性钢索,一处是嵌入预制混凝土墙板外板的吊销。由于墙板需要装配在两个楼层之间,如果是在非水平提升的情况下的旋转会导致墙板的顶角或者底角与建筑产生碰撞,因此需要将面板水平运输到安装位置。在相当多的情况下,墙板没有在水平位置进行提升,然后放回卡车上进行调整。提升调节是纯粹任意的活动,其中负责将起重机吊钩附接到墙板的工人将基于直觉确定缩短或延长墙板上的起重机连接点之———柔性钢索的长度。因此,墙板提升成为一个偶然的任务,完全取决于工人的直觉和经验。理论上,由于构成墙板的材料的几何形状和密度是已知的,可以计算墙板的重心并相应地设计起重机连接组件的位置。在这种情况下,墙板几何形状和密度信息将用作计算程序中的参数输入,将用于定义在墙板的顶部上放置两个提升连接组件的规则,这两个提升连接组件施加与重心处的力相等且方向相反的力。然后,计算程序将能够计算墙板提升连接的正确位置。

(3)范围调整

与前两个问题相同,该问题的发生概率很高,对生产周期的延迟也有很大的影响。这种可施工性问题有两个促成因素:① 在安装墙板时,通过使用墙板所在的塑料垫片来校正楼板的水平。墙板被放置到位,它就不水平。此问题的错误在于楼板不水平,这完全在混凝土楼板的标准之内,楼板是允许存在一定范围水平偏差的。因此,解决方案不在本工作的范围内。② 有时面板被放置到位但需要在一个方向或另一个方向上水平移动。有时,这仅仅是由于墙板在板上的错误放置引起的,在这种情况下,解决方案相当简单。工人们用特制的撬棍把墙板从一边移到另一边。在其他情况下,当 L 形连接组件安装时出现轻微偏差,导致面板位置在螺栓固定到位后发生水平移动,则会导致此问题。解决这一问题的方法是对 L 形连接组件进行动态调整。L 形支架提供适当的公差,通过在安装螺母之前安装方形垫圈解决。与未对准问题类似,这是墙板背面的螺纹杆与其所需安装位置未正确对准的情况。唯一的区别是对准偏离标记的程度。根据该逻辑,针对未对准问题提出的解决方法也应当对调整问题具有积极和直接的影响。

（4）环境延迟

有时,在雨天之后或期间,水会聚集在面板安装位置周围的水坑中,这会导致电动工具在接触水时短路。根据面板的安装位置,电力是使用建筑物地板上的延长线提供的,而工具电力的丧失,将导致显著的延迟,因为工人随后将需要走过地板以重置电气断路器。由于这种延迟类型不被视为设计问题,因此将其排除在本工作范围之外。

（5）机组过渡延迟

通常,面板安装从一个标高上的地板一端开始,一旦该标高的墙板安装完成,工作人员就移动到另一个标高,并继续安装。有时,这种过渡导致机组人员准备接收和安装下一个墙板的时间延迟。墙板提升、杆安装和运输为工作人员从一个安装位置移动到下一个相邻位置提供了足够的时间,但是当工作人员从一个楼层移动到另一个楼层时,需要多次往返以将所有工具和材料重新定位到新的楼层。由于这种延迟类型不被视为设计问题,因此将其排除在本工作范围之外。

根据上述调查分析可以得出,导致延迟的主要问题可以分为两方面:一方面是预制墙板设计缺少对一些细节信息的考虑,例如连接错位延迟中连接组件与基准线之间的距离多变,提升延迟中重心位置模糊与提升构件连接随意,以及范围调整中 L 形支架公差设置不恰当。另一方面是外在因素的影响,例如环境延迟中天气会影响电气设备的使用,机组过渡延迟中工人在上下楼层之间的转移速度跟不上墙板移动到下一楼层的速度。由于后者无法依靠建筑设计来解决,所以不在研究范围内。但是在参数化设计中,细节信息是可以作为约束条件来定义计算规则的,所以在理论上可以用设计方法解决的问题,我们将其定义为可建性问题,除此之外就是非可建性问题。

研究团队在对墙板设计、制造和安装过程进行全面分析和理解之后,通过开发新的参数化设计定义,解决了连接错位和部分连接组件范围调整问题,优化了墙板连接组件位置的设计,该设计将之前连接错位和范围调整中缺少的几何信息重新纳入考虑。该系统重点关注该施工性问题的三个已识别原因:① L 形支架与结构元件之间缺乏间隙;② 墙板背面的螺纹杆与结构元件之间的物理碰撞;③ 由于大量的变化位置,安装 L 形支架的任务容易出错。

首先,BIM 提供了建筑设计的几何形状和墙板相对于结构元件的相对位置。其次,通过与墙板安装人员的讨论和全面的现场观察,确定墙板连接需要与结构元件有足够的间隙。已知所需的间隙和墙板类型的细节信息,建筑师定义了一组规则,即每块墙板上两个连接组件位置距离（dim_RC 和 dim_LC）,用于操纵墙板背面的墙板连接的放置位置。利用 BIM 提供的信息,建筑师计算从墙板边缘到结构的可用间隙范围,并根据可用间隙范围划定 dim_RC 和 dim_LC,以此确定连接组件的位置。在此方法中,建筑师将连接组件位置变化最小化,即 dim_RC 和 dim_LC 两个参数组合的种类最小化,因为范围是相对于结构图元计算的。然后,设计者使用参数化软件 Revit 软件中 Dynamo 模块来执行优化方案,最终设计为所有连接支架都具有足够的间隙,避免了面板连接与结构元件的碰撞,并减少了各种连接设计。

在提升延迟中,理论上可以通过计算墙板的重心并相应地设计起重机连接组件的位置来解决此方案。因为重心计算的意义在于获得每个吊点的实际荷载。根据重心计算的结果,可以确定预制混凝土墙板吊装平衡所需的吊点位置。重心计算和精确吊点位置可以大大缩短预制混凝土墙板吊装活动的时间,一方面降低起重机台班的费用,另一方面也降低了安全事故发生的可能,同时提高模块吊装就位精度[①]。而范围调整中存在的公差设计问题可以开发一种集成于 SolidWorks 软件的插件系统,通过与三维模型简单交互便可自动生成公差设计函数,高效实现公差优化设计[②]。

表 3-6　延迟原因分类

问题类别	延迟种类	延迟原因	现场施工图	CAD 示意图	处理方式	优化方向
可建性问题	连接错位	L形连接组件位置多变			改变建筑主体上L形连接组件位置	连接组件位置即 dim_RC 和 dim_LC 的种类最小化
	吊装延迟	重心位置模糊和提升构件连接随意			安装工人反复调整	计算重心和确定墙板吊点连接位置
	范围调整	楼板水平偏差			放置垫片	碰撞检查并计算公差
		L形支架公差				

---

① 左学兵,雷翔栋.山东海阳核电站大型结构模块吊装重心计算及配平[J].施工技术,2012,41(15):29-31+73.

② 赵方舟,罗大兵,陈达,等.基于 SolidWorks 的计算机辅助公差优化设计研究[J].机械设计与制造,2019(10):15-19.

问题类别	延迟种类	延迟原因	现场施工图	CAD示意图	处理方式	优化方向
非可建性问题	环境延迟	天气等自然因素影响		无	无	无
	机组过渡延迟	设备自身因素影响		无	无	无

图片来源：
现场施工图：Shahrokhi H，2016. *Understanding how advanced parametric design can improve the constructabili-ty of building designs*（T），p. 74-79，Figure3-13-15. https://open. library. ubc. ca/collections/ubctheses/24/i-tems/1. 0308669.
CAD示意图：作者自绘

3.2.4 真实建造过程

制造商完成各种预制混凝土墙板的施工图的设计后，就进入了墙板的生产制造阶段。该预制混凝土墙板与其他普通的预制混凝土材料的墙板不同，其在组成上可以分为三层，即外翼板、填充材料层和内翼板，其中外翼板和内翼板为混凝土材料，填充材料层不是混凝土材料，所以该预制混凝土墙板与寻常的预制混凝土板不同，它的制作过程有两道混凝土浇筑流程。其具体生产流程如下：

（1）模具制作环节：由于18个类型的墙板尺寸大小没有变化（个别特殊墙板除外），制造商根据墙板施工图，将18个类型可重复使用、形状为墙板外翼的模具搭建在振动台的顶部。

（2）钢筋入模环节：根据相关结构规范和技术规程，制作钢筋，然后将制作好的钢筋结构网放入模具内。

（3）混凝土第一次浇筑环节：在混凝土浇筑前，先要将模具进行清洁并涂刷脱模剂，然后工人再使用龙门起重机将混凝土桶放在模板上方，并为外翼板浇筑足够的混凝土。同时其他工人将已经浇筑的混凝土抹平，最后摇动该模型以去除气泡，并对边缘进行平滑处理。

（4）预留（埋）处理环节：在外翼板平滑处理后，另一组工人紧跟着安装内翼板的可移动模板，在将保温隔热材料置入模板内的同时，将桩插入保温材料内，将外翼板和内翼板进行连接。其余一些必要的墙板连接组件、五金件和结构元件都在这一环节安装在模板内。

（5）混凝土第二次浇筑环节：该环节工人再次使用龙门起重机将混凝土倒入模板中，同时将混凝土抹平并对其进行振捣。混凝土凝固后，将墙板从模板上取下并存放在场地中。

通过与施工经理和墙板安装人员的协调，墙板的运输环节由墙板制造商用 A 型架拖车一次运送 8 至 12 个墙板。墙板通常在安装前或安装当天到达。有时，现场会存放一辆以上运载电池板的拖车。由于后勤原因,小组安装人员由于不被允许使用移动的起重机进行小组安装,而不得不与整个项目共用塔式起重机。塔式起重机由模板分包商拥有和操作,其使用由施工经理协调。墙板安装过程如下(见图 3-33):

(1)吊装准备环节:墙板运输到达场地后,施工单位依据待连接构件的连接方式,进行连接处钢筋检查、接触面清理、精度复核等连接准备工作。安装工人在安装日之前在楼板的预定位置上安装 L 形连接组件。每个墙板在安装时需要四个连接点:底部有两个永久连接,顶部有两个临时连接。

(2)就位准备环节:将墙板连接至塔式起重机,并将其从 A 型架拖车上吊起移至搁置区,以便工作人员在搁置区将连接组件安装至墙板背部。

(3)构件就位环节:墙板由塔式起重机运至安装位置。

(4)构件连接环节:安装人员通过将杆插入顶部的临时 L 形连接组件并将其螺栓固定到位来接收墙板,然后进行测量以确保正确安装。在一块墙板安装成功后,起重机吊钩分离,起重机进入下一个墙板的吊装,安装人员移动到下一个墙板安装位置。

3.2.5　参数化设计在建筑立面设计与建造中的应用

建筑设计是一个从抽象概念到具体建造的过程,是一个从无到有的过程,这个过程中,参数化设计方法在建筑设计的过程中有着不同的应用。面对不同的设计阶段,参数化设计会以自身优势提高工作效率。

由于参数化设计具有可视化编程的特点,在方案设计阶段,通过参数化软件,建筑师根据其在概念上的创意制定出相关的特征或具有普适性的规则,与方案联系的条件信息结合转化为参数的方式展示出来。这样,通过计算机软件的编译,设计输入条件和每一步的输出结果就有了逻辑关系,以此参数化的设计手段,建筑师可以综合考虑复杂的情况和制约条件,在其中做出分析和选择,帮助自己完成创意的实现。在深化设计阶段,传统的设计图纸无法准确表达墙板细节信息,建立参数化的三维模型可以解决非线性形态带来的各种不规则形状的影响,预制构件及其各类节点详图的设计和绘图工作可以全部基于参数化软件的精细建模完成,工厂生产制造的预制构件也会因软件输出的各种加工数据得到精确保证。若存在建造预算、构件加工困难等方面问题,也可以通过参数化的手段应对。

根据上文对 Orchard Commons 学生公寓从设计到真实建造的阐述,可以看出参数化技术的应用使得设计在整个建造流程各个环节起到了重要作用。项目受益于参数化设计,优化了建筑方案设计以及深化了墙板设计,在保留设计意图的基础上,降低了工程项目的建造成本,极大提高了建造的效率。本书将在 4.1 的"Ochard Commons 学生公寓的设计与建造优化"中,详细阐述参数化设计在装配式建筑中如何优化建筑方案设计和如何深化立面墙板设计。

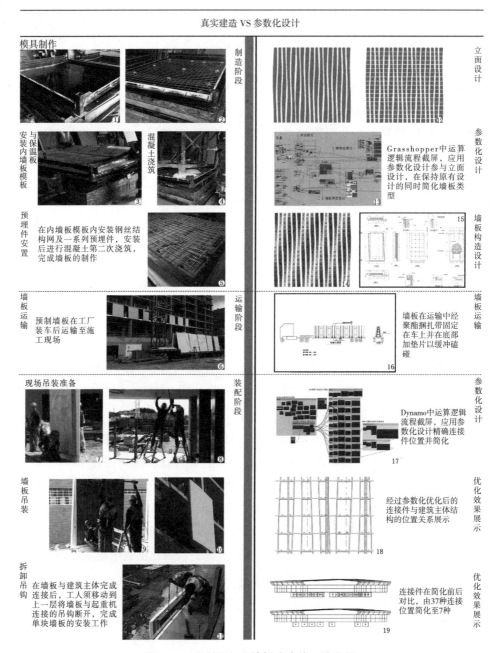

图 3-33 预制混凝土墙板生产施工流程图

图片来源：作者自绘

1-11+17-19 Shahrokhi H，2016. *Understanding how advanced parametric design can improve the constructability of building designs* (T)，p. 30-35，Figure2-9～19，University of British Columbia. https://open. library. ubc. ca/collections/ubctheses/24/items/1.0308669.

12-13+15-16 作者自绘

14 基于 Shahrokhi H，2016. *Understanding how advanced parametric design can improve the constructability of building designs*(T)，p. 21，Figure2-3. University of British Columbia. https://open. library. ubc. ca/collections/ubctheses/24/items/1.0308669. 作者编辑

3.3 Brock Commons 学生公寓案例研究

3.3.1 项目概况

1. 项目背景

Brock Commons 学生公寓（见图 3-34）作为加拿大国家资源部和加拿大木材委员会于 2013 年发起的大型木结构三个示范计划之一，旨在展现木材在高层建筑中的解决方案和建筑工业能力。该项目是一座具有创新性的混合木结构高层建筑，高 54 m（18 层），在 2017 年完工后，成为当时世界上最高的大型木结构建筑。此外，该项目是工程木材产品和建筑技术最新进展的先驱，证明木材在高层建筑应用的可行性，为北美高层木结构建筑的设计、施工、运营和居住创造了独特的研究和学习机会。

图 3-34　Brock Commons 鸟瞰图

图片来源：University of British Columbia，2016. *Brock Commons Tallwood House*：*Design Modelling*，p. 16. https://www. naturallywood. com/wp-content/uploads/brock-commons-construction-modelling_case-study_naturallywood. pdf

2. 基本信息

项目位于加拿大不列颠哥伦比亚大学校内学生宿舍中心场地，场地正对 Walter Gage 路，紧靠北公园的北面和 Gage 学生公寓的西边，是 UBC 温哥华校园计划中六个校园综合活动中心的第六个[①]。Brock Commons 学生公寓除了为学生提供住房，还作

① University of British Columbia，2020. *Vancouver Campus Plan Part* 3：*Design Guidelines*. https://www. ubc. ca/

为 UBC 校园生活实验计划,旨在研究和展示创新研究成果。

表 3-7 Brock Commons 公寓基本情况表

高度/m	54	层数	18
用地面积/m²	2 315	木材用量/m²	2 233
总面积/m²	15 120	学生床位/个	404
容积率	6.53	储存 CO_2/t	1 753
建筑占地面积/m²	840	减少 CO_2 排放/t	679

数据来源:University of British Columbia,2017. *Brock Commons Tallwood House:Construction Overview Case Study*,p. 9. https://www. naturallywood. com/wp-content/uploads/brock-commons-construction-overview_case-study_naturallywood. pdf

表 3-8 Brock Commons 公寓合作单位

项目团队		建造团队	
业主	UBC 学生住宿管理部	模板	Whitewater Concrete Ltd.
业主代表	UBC 基础设施开发部	钢筋	LMS Reinforcing Steel Group
项目经理	UBC 物业信托	混凝土供应	Lafarge Canada Inc.
建筑公司	ActonOstry Architects Inc.	其他钢材	BarNone Metalworks Inc.
高层木结构顾问	Architekten Hermann Kaufmann ZT GmbH	工程木	Structurlam Products LP
结构工程师	Fate+Epp	木结构搭建	Seagate Structures
M. E. P 工程师和 LEED 顾问	Stantec Ltd.	板式外围系统	Centura Building Systems Ltd.
建筑规范和消防工程	GHL Consultants Ltd.	外围系统面板	Trespa&Bobrick
声学工程	RWDI AIR Inc.	门、框架和五金	McGregor Thompson Hardware Ltd.
建筑外围和建筑科学	RDH Building Science Inc.	轻钢龙骨石膏板	Power Drywall
土木工程	Kamps Engineering Ltd.	电梯	Richmond Elevator Maintenance Ltd.
景观设计	Hapa Collaborative	暖通空调、管道系统和喷水灭火系统	Trotter&Morton Group of Companies
建筑能耗模拟	EnerSys Analytics Inc.	电气	Protect Installations Group
虚拟设计和施工一体化公司	CadMakers Inc.	开挖回填	Hall Constructors.

续表

	项目团队	建造团队	
施工经理	Urban One Builders		
调试顾问	Zenith Commissioning		

数据来源：University of British Columbia，2016. *Brock Commons Tallwood House Design and Preconstruction Overview Case Study*，p. 23. https://www. naturallywood. com/wp-content/uploads/brock-commons-design-preconstruction-overview_case-study_naturallywood. pdf

3. 创新技术

在设计方面，Brock Commons 学生公寓建成时为全球最高的木结构大楼，其原因是它采用了重型混合木结构，包括底层混凝土裙楼，主体重型木结构（3-18 层）以及两个从底层贯穿至顶层的混凝土核心筒[①]。建筑的竖向荷载由木结构承受，两个混凝土核心筒承载侧向稳定。楼板结构为五层 CLT（交叉层压木）楼板，集中荷载作用在胶合木柱上，柱网尺寸为 2.85 m×4 m。该 CLT 楼板为双向楼板，结构概念与混凝土楼板相似。为了避免竖向荷载通过 CLT 楼板来传递，柱之间的竖向荷载由钢节点直接传递，并为 CLT 楼板提供承载面[②]。这一结构选择使得相比于同等混凝土结构，该大楼要轻得多，并且证明了混合结构的重型木结构建筑无论从技术上还是经济上都能够很好地满足建筑行业的需求。

本项目的建筑建造采用了现场建造与工厂化建造结合的建造方式。在现场完成建筑首层及竖向核心筒混凝土部分的施工，除以上部分，建筑结构和外围护部分均为工厂生产的模块，包括 CLT 楼板、PSL（平行木片胶合木）和 GLT（胶合层压木）胶合木柱以及外围护墙板。这些构件模块生产后在现场围绕混凝土核心筒进行搭建，并在现场完成整个建筑物保温及外装饰面层的施工。通过工厂化生产的标准化构件，满足了快速建造的需求，实现建造现场的高效装配，达到了每周两层的施工速度，既提高了施工质量又缩短了施工时间。

Brock Commons 项目运用了 BIM 软件建立了极其精准的数字虚拟模型，通过对 BIM 技术淋漓尽致的应用，使得在整个施工过程中几乎没有设计变更。本次项目过程中，BIM 技术实际应用在了可视化、多学科协调、碰撞检查、工料估算、四维规划和排序、可施工性审核、数字化制造等方面[③]。

在设计阶段，通过虚拟模型实时更新，真实地、快速地显示了每项拟议解决方案的影响并估计其成本，帮助团队决策。在整个过程中，不仅可以通过三维模型和四维模型增强与施工单位的沟通，预先解决可能造成现场延迟的部分以及可施工性问题，也有助

---

① University of British Columbia，2016. *Brock Commons Tallwood Design ＋ Preconstruction Overview Case Study*. https://www. naturallywood. com/wp-content/uploads/brock-commons-design-preconstruction-overview_case-study_naturallywood. pdf

② 全球最高全木结构大楼：Brock Commons 项目[J]. 建设科技，2016(5)：34-35.

③ 忻剑春，陶亮，张娟. 从加拿大 18 层木结构公寓项目看装配式建筑创新[J]. 住宅产业，2018(11)：44-49.

于投资方在投标之前更好地了解项目,减少可能的成本增量和风险。同时,虚拟模型也用于部分预制构件的数字化制造,通过对每辆卡车装载的预制构件分配了唯一的识别跟踪号和工厂的大量预制和安装顺序规划,实现了短短九周内完成了 Brock Commons 学生公寓结构系统和外围护系统的建造。

图 3-35　**Brock Commons 建造图**　图 3-36　**Brock Commons 虚拟模型**

图片来源:图 3-35　https://www.naturallywood.com/
图 3-36　University of British Columbia,2016. *Brock Commons Tallwood House*:*Design Modelling*,p. 5. www.naturallywood.com/wp-content/uploads/brock-commons-design-modelling_case-study_naturallywood.pdf

4. 建造概况

Brock Commons 学生公寓项目的建设非常紧迫。设计和审批耗时 8 个月,施工从 2015 年 11 月开始到 2017 年 5 月完工,耗时约 18 个月[①]。现场施工大致分为三个阶段:混凝土结构施工阶段,重型混合木结构施工阶段,机电设备和内部装修施工阶段。

作为施工前的一部分,项目团队建造了 Brock Commons 学生公寓的部分全尺寸两层模型,以测试和验证各种设计和连接方式的可行性和科学性,确定最终方案以及构件安装的顺序,并为制造和安装时间表以及现场协调提供信息。通过全尺寸模型的建造,使项目团队能够在真实建造之前发现问题并及时解决。

项目整个建造过程中,混凝土基础、第 1 层和第 2 层以及两个独立式混凝土核心筒在 7 个月内完成。混凝土工程计划在冬季的几个月里进行,并在大楼的其他部分开始之前完成,这使得重型木结构工程可以在干燥季节(春季和夏季)进行。本项目主体木结构的建造只用了 9 个工人花费 9 个星期便完成了,比计划提前 4 个月完工,这一成果

---

① University of British Columbia,2017. *Brock Commons Tallwood House*:*Construction Overview Case Study*. www.naturallywood.com/wp-content/uploads/brock-commons-construction-overview_case_study_naturallywood.pdf

一方面充分展示了使用木材建造高楼的优势[1]，另一方面体现了施工组织方式的创新是装配式建筑高效施工的重要保障。

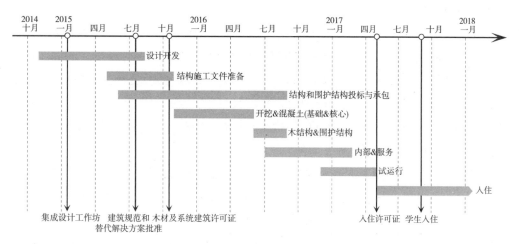

图 3-37　项目工期时间表

图片来源：基于 University of British Columbia(2017). *Brock Commons Tallwood House：Construction Overview Case Study*, p. 9. https：//www. naturallywood. com/wp-content/uploads/brock-commons-construction-overview_case-study_naturallywood. pdf，作者编辑

　　由于项目地点位于场地局促的大学校园内，现场没有堆放构件的空间。建筑施工规划通过即时物流使部品部件运输与现场安装之间实现有效协调，实现现场无库存。卡车按施工顺序的逆向顺序进行装运，实现了卸一块装一块，减少了对空间的占用。同时，本项目还简化了项目单台起重机的调度和使用，最大限度地缓解了人员和材料在狭窄场地上的拥挤。

图 3-38　Brock Commons 现场施工图　　　**图 3-39　Brock Commons 现场吊装图**

图片来源：图 3-38　https：//www. naturallywood. com/
图 3-39　University of British Columbia，2016. *Brock Commons Design＋Preconstruction Overview Case Study*, p. 16. https：//www. naturallywood. com/wp-content/uploads/brock-commons-design-preconstruction-overview_case-study_naturallywood. pdf

---

　　① 　全球最高 18 层全木结构学生公寓大楼结构封顶[J]. 国际木业 ,2016(10)：12-13.

3.3.2 建筑方案设计

1. 设计理念

Brock Commons 学生公寓项目的诞生是为了解决目前 4 000 名学生的校园住宿问题,因此,本项目的主要任务是为高年级学生和研究生提供住宿床位。同时,Brock Commons 学生公寓也是一个实验项目,一方面作为 UBC 的教员和工程、林业专业人员、运营人员以及行业合作伙伴的创新合作项目,各方人员共同进行项目的设计、开发和建设;另一方面,它还将接受 UBC 的检测和评估,为 2020 年加拿大国家建筑规范中关于大规模木材建筑的变化提供参考。

如图 3-40 所示,项目位于加拿大不列颠哥伦比亚大学校内学生宿舍中心场地上,Walter Gage 路 6088 号是 UBC 温哥华校园计划中的六个校园综合活动中心之一。基地位于校园规划中"国际现代主义风格"区域,东部邻近 UBC 校园核心区,一条植物园漫步路 East Mall 将两个区域分隔开(见图 3-41)。因此,Brock Commons 学生公寓作为未来 Brock 社区的一个组成部分,打算基于 Ponderosa Commons 和 Orchard Commons 项目的成功下,打造一个校园综合活动中心。同时,由于深受校园开放空间规划的影响,本次项目试图打造一个有助于学生生活、共享开放的学生宿舍建筑。

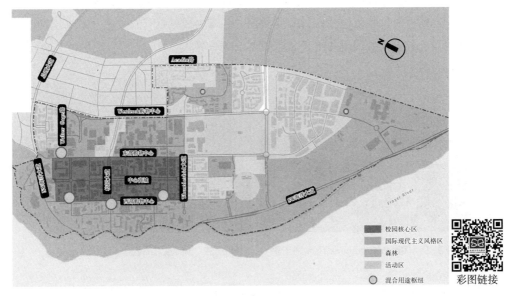

图 3-40　UBC 校园分区

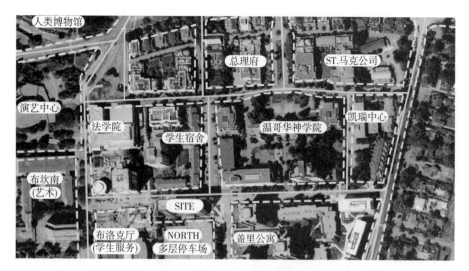

图 3-41　项目地块位置图

图片来源：图 3-40　University of British Columbia，2020．*The University of British Columbia Vancouver Campus Plan part 3 design guidelines*．https://www.ubc.ca/；图 3-41　基于百度地图，作者编辑

2. 总平面分析

项目基地选址位置位于 UBC 校园北侧，该处是校园学生住宅区，周边建筑多为学生住宅（见图 3-42）。基地四周道路丰富（见图 3-43），向东毗邻校园植物园漫步路 East Mall，该道路是打造 UBC 校园开放空间的一条重要网格路径，北面和西面有 Walter Gage 路、St. Andrew's Walk 步行道，两者相交形成道路交会点，是人流聚集的交汇点。

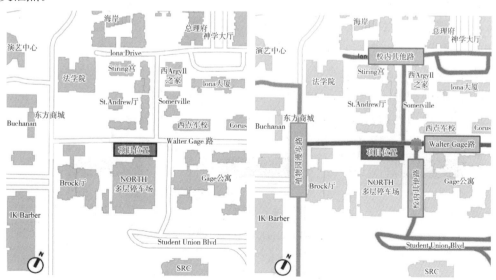

图 3-42　周边建筑分析　　　　**图 3-43　场地道路分析**

图片来源：基于 Acton Ostry Architects Inc，2015．*Student Residence at Brock Commons*．https://planning.ubc.ca/brock-commons-student-residence，作者编辑

在道路条件的基础下，Brock Commons 学生公寓原本试图打造面向 Walter Gage 路的地面联排别墅，并在建筑入口进行分层景观美化。然而，由于受 UBC 校园开放共享设计理念的影响，最终选择了建筑底层以开放共享为导向提供学习和社交用途，以方便进入，并为周围公共领域的活力做出贡献。最终平面图功能划分如图 3-44 所示。

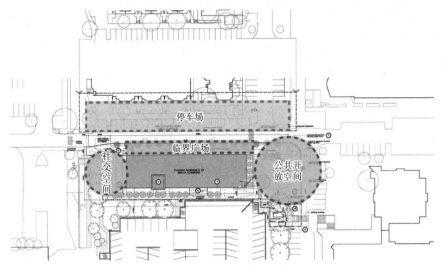

图 3-44　总平面功能划分

图片来源：基于 Acton Ostry Architects Inc, 2015. *August 2015 Resubmission：Student Residence at Brock Commons*. https：//planning. ubc. ca/brock-commons-student-residence，作者编辑

在《温哥华校园规划——第三部分》①规划指南中，方案景观设计应建立在校园空间走廊和校园开放空间格局的层次结构上，体现开放共享的理念思想。Brock Commons 学生公寓通过建筑和景观的强烈相互作用进行设计，区分了校园核心区的国际风格现代主义特征。建筑的景观设计包括主入口临街广场、东侧公共开放空间和西侧小型社交空间三部分的设计，其具体操作手法如图 3-45 所示：

现行流线预改造抗线　　　　广场作为交通枢纽　　　　内向型空间和外向型空间

图 3-45　Brock Commons 景观设计

图片来源：Acton Ostry Architects Inc, 2015. *April 9，2015 AUDP Submission（for reference）：Student Residence at Brock Commons*. https：//planning. ubc. ca/brock-commons-student-residence.

---

①　University of British Columbia，2020. *The University of British Columbia Vancouver Campus Plan part 3 design guidelines*. https：//www. ubc. ca/

首先是主入口临街广场的设计。沿着 Walter Gage 路的 5.3 m 临街广场与一条倾斜的人行道和呈线性的走道相连接，该人行道长度约为建筑长度的三分之一，以调节倾斜坡度，并在两个点处提供进入建筑的无障碍通道。线性走道由混凝土柱和木制长凳限定。一个 3 m 宽的 CLT 雨棚覆盖走道之上。同时，沿着 Walter Gage 路种植的一排细长的行道树将进一步丰富公共领域。

接着，建筑西侧和东侧分别是一个小型的社交空间和公共开放空间（见图 3-44）。西侧小型社交空间通过在建筑物西侧设置凸起露台，毗邻底层学生宿舍社交空间。东侧公共开放空间作为建筑物、北公园和道路的交通枢纽。

图 3-46 展示了 Brock Commons 学生公寓初始场地与公共广场设计意向图的对比。

图 3-46　初始场地与设计意向图

图片来源：基于 Acton Ostry Architects Inc，2015. *April 9，2015 AUDP Submission（for reference）：Student Residence at Brock Commons*. https：//planning. ubc. ca/brock-commons-student-residence，作者编辑

3. 立面分析

由于项目选址位于国际现代主义风格区域，为了和学校整体风格规划相一致，Brock Commons 的外立面在设计过程中深受校园国际现代主义风格影响。在《温哥华校园规划——第三部分》[①]规划指南中，国际现代主义风格区域未来的设计愿景是通过更加开放、透明和充满活力的建筑来表达乐观情绪，因此，对于建筑外立面设计具有下列要求：

（1）建筑风格应从 UBC 的温哥华校区早期国际风格建筑中汲取灵感；

---

① University of British Columbia，2020. *The University of British Columbia Vancouver Campus Plan part 3 design guidelines*. https：//www. ubc. ca/

（2）建筑应强调横向线条；建筑形式和特征应表现出主导的横向形式。各立面应根据需要进行变化，以解决其相邻公共领域走廊或公共空间的功能矛盾。

Brock Commons 学生公寓在受校园国际现代主义风格影响之下，建筑外立面的设计注重国际化和现代化的特征表达。位于维多利亚的六层 BC（British Columbia）电气公司和位于温哥华的 22 层 BC 电气公司对本次方案设计具有重要的启发意义，它们在造型上都强调了板状结构和水平、垂直线条的表达，如图 3-47 所示。

图 3-47　国际现代主义风格建筑

图片来源：基于 Acton Ostry Architects Inc，2015. *April* 9，2015 *AUDP Submission*（*for reference*）：*Student Residence at Brock Commons*. https://planning. ubc. ca/brock-commons-student-residence，作者编辑

鉴于以上所列先例的建筑，该学生公寓在建筑外观上采用相似的平面和形式，即简单的平面形式和最简单的火柴盒式的外形，并且通过竖向不断上升的外饰面板为建筑的竖向效果提供视觉支撑[①]，最终设计图纸如图 3-48 所示：

建筑外观呈最简单的火柴盒式外观　　通过外饰面板打造建筑的竖向垂直效果　　保持与原有风格一致的水平线条

图 3-48　建筑立面分析

图片来源：基于 Acton Ostry Architects Inc，2015. *August* 2015 *Resubmission*：*Student Residence at Brock Commons*. https://planning. ubc. ca/brock-commons-student-residence，作者编辑

---

①　苏钰. 现代木结构在建筑工业化上的创新发展[J]. 建设科技，2020（24）：62-66.

这一简单的外立面设计使得建筑外部和内部所采用的构件可以实现最大程度的标准化，并易于工厂生产、运输、异地装配[①]。建筑材料选择方面，为了与校园核心区哥特式学术建筑和西海岸地区的建筑风格保持一致，加强校园建筑风格的易读性和历史特征，Brock Commons 学生公寓的建筑材料在 UBC 校园国际风格的原材料上进行选择。

根据《温哥华校园规划——第三部分》规划指南，国际现代主义风格的配色旨在投射出一种轻盈和乐观的感觉，建筑风格的材料颜色应为白色或浅色。同时，校园核心区多以白色砖、浅色材料为主，并且要求至少表达软木材、铝材、天然混凝土其中一种[②]。因此，方案一开始选择以铝板作为外饰面材料，达到与核心区一致的建筑风格，建筑外面具体材料如图 3-49 所示。

立面造型在初始设计完成之后，项目团队通过全尺寸两层模型测试了建筑外围护墙板的安装，并且结合概念模型对其进行优化，最终，在对比之下，校方代表选择了木纤维层外饰面代替铝板[③]。Brock Commons 学生公寓最终敲定的方案是建筑外立面由底层玻璃幕墙体系（地面层）和主体木结构预制外墙板体系（第 2 层到 18 层），以及传统的组合屋顶组成，如图 3-49 所示。

金属覆板　　金属檐口

CLT顶棚　　玻璃幕墙

彩图链接

图 3-49　建筑立面材料

图片来源：基于 Acton Ostry Architects Inc, 2015. *April 29, 2015 Public Open House Display Borads（for reference）：Student Residence at Brock Commons*. https://planning.ubc.ca/brock-commons-student-residence，作者编辑

---

① 苏钰. 现代木结构在建筑工业化上的创新发展[J]. 建设科技，2020（24）：65.

② University of British Columbia, 2020. *The University of British Columbia Vancouver Campus Plan part 3 design guidelines*. https://www.ubc.ca/

③ University of British Columbia, 2016. *Brock Commons Tallwood House：Design Modelling Case Study*. www.naturallywood.com/wp-content/uploads/brock-commons-design-modelling_case_study_naturallywood.pdf

图 3-50　Brock Commons 立面效果图

图片来源：University of British Columbia，2016. *Brock Commons Storyboards：Design，Compliance and Performance*，p. 2. https://www. naturallywood. com/wp-content/uploads/brock-commons-storyboards_factsheet_naturallywood. pdf

　　底层玻璃幕墙体系包括标准玻璃幕墙和 CLT 顶棚。其中 CLT 顶棚采用了带直立双锁边金属屋面的三层 CLT 顶棚[1]，为行人提供了一定范围的雨水遮挡。屋顶结构采用了钢屋顶系统，由传统的组合屋顶组件、钢甲板和由 GLT 柱支撑的钢梁组成[2]。建筑 2 至 18 层为主体重型木结构，由木质的预制外围护墙板组成建筑外围护系统。

4. 功能分析

　　受立面设计的影响，Brock Commons 学生公寓平面呈简单的长方形，每层面积为 840 m^2，共 18 层。项目的内部规划和布局与校园里的其他先例住宅项目相似，计划在解决学生住房问题的基础上，创造首层以公共设施空间功能为主，包括行政管理、食品服务、便利设施功能，如学生的社交和学习空间以及机械、电气和其他服务室，如图 3-51 所示。该公寓标准层（见图 3-51）由单人单元和四人单元两种户型组成（图 3-52），每层有 16 个工作室单元和 2 个四人住宅单元（除 18 层有一个休息区），总共

---

　　①　University of British Columbia，2016. *Brock Commons Storyboards：Design，Compliance and Performance*. www. naturallywood. com/wp-content/uploads/brock-commons-storyboards_factsheet_naturallywood. pdf

　　②　University of British Columbia，2017. *Brock Commons Tallwood House Factsheet*. www. naturallywood. com/wp-content/uploads/brock-commons-tallwood-house_factsheet_naturallywood. pdf

可容纳 400 名学生居住[①]。通过两种户型单元的运用,简化 Brock Commons 学生公寓内部组合,形成标准化的平面图。标准化平面图的应用一方面可以避免如功能布局、尺寸推敲等重复性的工作,提高设计效率,另一方面可以实现组成标准单元的建筑构、配件大量重复性使用,这里主要是实现了结构构件系统标准化,得到大量标准化结构构件,从而满足工业化生产的需求,能够发挥工厂规模化生产的低成本、高效率优势。

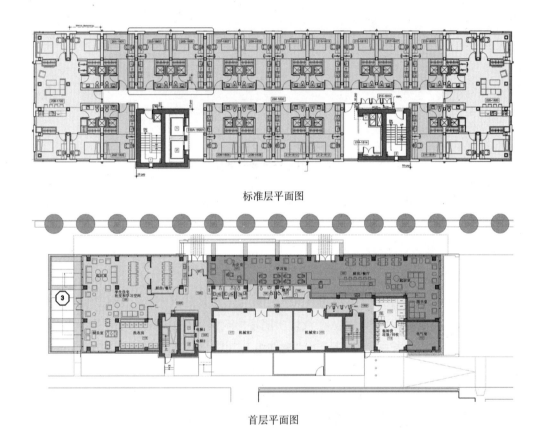

标准层平面图

首层平面图

图 3-51　Brock Commons 标准层和首层平面图

图片来源:基于 Acton Ostry Architects Inc,2015. *August* 2015 *Resubmission*:*Student Residence at Brock Commons*. https://planning. ubc. ca/brock-commons-student-residence,作者编辑

---

① University of British Columbia,2016. *Brock Commons Design ＋ Preconstruction Overview Case Study*. https://www. naturallywood. com/wp-content/uploads/brock-commons-design-preconstruction-overview _ case-study _ naturallywood. pdf

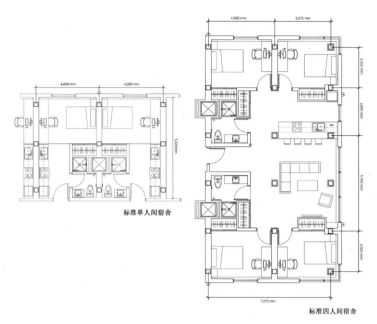

图 3-52　宿舍标准单元

图片来源：基于 Acton Ostry Architects Inc. 2015. *August 2015 Resubmission：Student Residence at Brock Commons*. https://planning. ubc. ca/brock-commons-student-residence，作者编辑

3.3.3　建筑深化设计

1. 建筑外围护系统

Brock Commons 学生公寓项目作为一个混合木结构建筑，为实现在紧迫的工期内顺利完成该建筑的建造，设计团队在设计初期将建筑明确地分成了"结构系统""外围护系统""内装系统""设备系统"等若干个"构件组"，其中与建筑设计密切相关的是"结构系统""外围护系统"的设计见图 3-53，因此，本章节以 Brock Commons 为例，讨论面向真实建造的"结构系统"和"外围护系统"的深化设计。本项目在方案设计阶段保证了建筑立面简单、干净，平面规整，有利于各类预制构件的标准化设计，使得建筑结构系统和外围护系统在建造过程中准确、高效。项目应用的预制构件包括预制胶合木柱、预制CLT 楼板、预制外围护墙板等，这些构件在设计到建造过程中得到统一、优化，以减少种类，使得构件在工厂能够高效、优质、批量化生产，实现了项目结构系统和外围护系统达到装配式建筑"少规格、多组合"的设计原则。

由上述可知，建筑外壳由玻璃幕墙体系（地面层）和木结构预制外墙板体系（第 2 层到 18 层）组成，并带有传统的钢结构屋顶。其中作为建筑主体部分的 2 至 18 层由木质的预制外围护墙板组成外围护体系，称为木结构外围护墙板体系（见图 3-54）。木结构外围护墙板体系采用了一体化预制墙板构件，通过将预制外围护墙板外挂至建筑结构系统之外作为房屋的外墙板构件，极大程度地减少了建筑的构件数量、构件种类，使得该装配式学生公寓有了更好的"整体性"和"极少性"。

Brock Commons学生公寓标准层每层由22块预制木结构墙板组成（见图3-55），包括两种相互镜像的"L"型墙板，以及12种平板墙板，其中有8种相互镜像。主要外围护墙板长8 m，高2.81 m（分别对应两个结构跨度和一层层高）[1]，外围护墙板通过安装在每层楼层的L型连续角钢（L127×127×13）支撑与楼板连接。

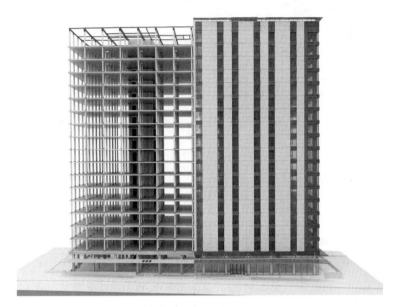

图 3-53　建筑结构系统和外围护系统

图片来源：https://www.naturallywood.com/

图 3-54　木结构预制外墙板

图片来源：https://www.naturallywood.com/

---

①　University of British Columbia，2016. *Brock Commons Design ＋ Preconstruction Overview Case Study.* https://www.naturallywood.com/wp-content/uploads/brock-commons-design-preconstruction-overview ＿ case-study_naturallywood.pdf

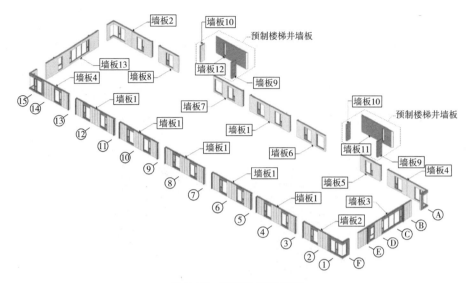

图 3-55　预制外墙板类型

图片来源：Calderon F，2018. *Quality control and quality assurance in hybrid mass timber high-rise construction：a case study of the Brock Commons*（T），p. 34，Figure4. 3. 7，University of British Columbia. https://open. library. ubc. ca/collections/ubctheses/24/items/1. 0365783

　　木结构外围护墙板体系背后的基本原理是：在木材结构建立时，允许每一层迅速封闭，从而防止雨水进入，并减少损失。

　　在 Brock Commons 学生公寓外围护墙板的研发过程中，考虑到外部色彩和美学风格应与校内其他学生中心相似，探索了四种不同的围护结构，包括大型窗槛墙和玻璃的幕墙系统、预装窗户的预铸碳窗户的木框龙骨结构、预装窗户的木炭龙骨结构、预装窗户的轻钢龙骨结构[1]。本次项目最终选择了带预装窗户的轻钢龙骨结构，该决定取决于成本、安装方便性和整体性能等。

　　因此，预制外围护墙板构件的最终设计如下：带有穿孔窗户的轻钢龙骨框架和轻质木圈组合形成结构体系，并采用外挂式构造做法，保证平整的立面效果。外围护层包括以 8 mm 厚的木质纤维层压板为主的外饰面和由半硬质保温材料、流涂透气膜、外部护墙板组成的外围护绝缘层；玻璃纤维保温棉、隔汽层和石膏板形成构件的内围护层[2+3]，如图 3-56 所示。

---

　　①　BROCK COMMONS 高层木结构建筑［J］. 建设科技，2017(5)：40.

　　②　University of British Columbia，2016. *Brock Commons Storyboards：Design，Compliance and Performance*. https://www. naturallywood. com/wp-content/uploads/brock-commons-storyboards_factsheet_naturallywood. pdf

　　③　University of British Columbia，2017. *Brock Commons Tallwood Hourallyse：Lessons Learned*. https://www. naturallywood. com/wp-content/uploads/brock-commons-tallwood-house_presentation_naturallywood. pdf

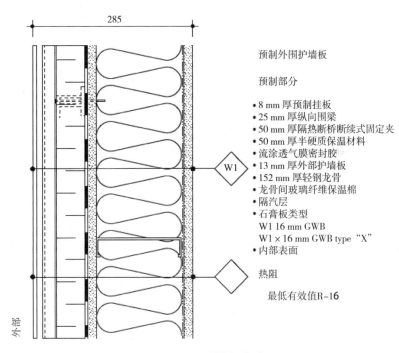

预制外围护墙板

预制部分

- 8 mm 厚预制挂板
- 25 mm 厚纵向围梁
- 50 mm 厚隔热断桥断续式固定夹
- 50 mm 厚半硬质保温材料
- 流涂透气膜密封胶
- 13 mm 厚外部护墙板
- 152 mm 厚轻钢龙骨
- 龙骨间玻璃纤维保温棉
- 隔汽层
- 石膏板类型
  W1 16 mm GWB
  W1×16 mm GWB type "X"
- 内部表面

热阻

最低有效值R-16

图 3-56 预制外墙板构造图

图片来源:University of British Columbia,2016. *Brock Commons Storyboards:Design,Compliance and Performance*,p. 2. https://www. naturallywood. com/wp-content/uploads/brock-commons-storyboards_factsheet_naturallywood. pdf,作者编辑

表 3-9 木结构外围护墙板构成表

位置	名称	建造方式	图片	厚度	作用
外围护层	千思板（70%木基纤维和树脂）	工厂预制		8 mm	成品包层
	纵向围梁			25 mm	连接组件
	隔热断桥断续式固定夹			50 mm	固定件
	半硬质保温材料			50 mm	密封石膏护板
	流涂透气膜密封胶			/	密封胶
	外部护墙板			16 mm	耐风雨护套板

127

续表

位置	名称	建造方式	图片	厚度	作用
外围护层	轻钢龙骨框架	工厂预制		152 mm	
内围护层	玻璃纤维保温棉	现场施工	/	/	保温
	隔汽层		/	/	隔汽层
	石膏板			16 mm	/

数据来源：University of British Columbia，2016. *Brock Commons Storyboards：Design，Compliance and Performance*，p. 2. https://www. naturallywood. com/wp-content/uploads/brock-commons-storyboards_factsheet_naturallywood. pdf

图片来源（从上至下）：

1 https://www. naturallywood. com/

2，3 Fallahi A，2017. *Innovation in hybrid mass timber high-rise construction：a case study of UBC's Brock Commons project*（T），p. 60-62，Table5-5，University of British Columbia. https://open. library. ubc. ca/collections/ubctheses/24/items/1. 0345634

4 Fallahi A，2017. *Innovation in hybrid mass timber high-rise construction：a case study of UBC's Brock Commons project*（T），p. 55，Figure5-5，University of British Columbia. https://open. library. ubc. ca/collections/ubctheses/24/items/1. 0345634

5 https://www. naturallywood. com/

  木结构外围护墙板与 CLT 楼板之间通过每层楼板边缘外侧挂设尺寸为 L127 mm×127 mm×13 mm 的 L 型连续角钢连接。L 型连续角钢包括竖直和水平两个方向的钢片。水平方向上，使用螺杆紧固在 CLT 楼板的顶部，竖直方向上，HILT 紧固件依次穿过弧形钢板和 L 型连续角钢，通过螺栓将外围护墙板和 CLT 楼板固定在 L 型连续角钢上。同时，外围护墙板上下层墙板之间通过阴阳角连接，如图 3-57 所示，阳角被一定角度切割，以便现场安装人员更容易插入[①]。

---

  ① Kasbar M，Pilon A，et al. Construction productivity assessment on Brock Commons Tallwood House[J]. Construction Innovation，2021，21（4）：951-968.

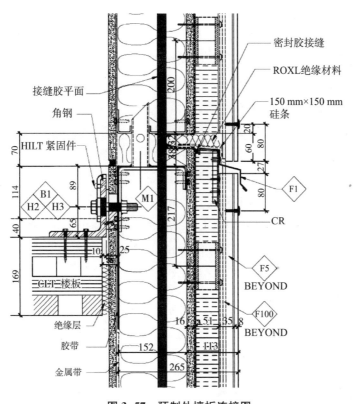

图 3-57 预制外墙板连接图

图片来源：基于 Calderon F，2018. *Quality control and quality assurance in hybrid mass timber high-rise construction：a case study of the Brock Commons*（T），p. 35，Figure3. 9，University of British Columbia. https://open. library. ubc. ca/collections/ubctheses/24/items/1. 0365783，作者编辑

2. 建筑结构系统

Brock Commons 学生公寓是一个混合结构，由混凝土和 17 层的重型木结构组成。该项目的基础、底层和建筑核心筒均采用了钢筋混凝土、现浇混凝土。二层混凝土板作为混凝土和主体木结构之间的转换层，可以允许底层结构柱网独立于上层木结构柱网。混凝土核心筒提供建筑物的横向稳定性，建筑垂直方向的荷载由重型木结构承担[①]，其中 3～18 层的结构重力载荷系统由 GLT 柱和 CLT 楼板共同承担，在 2 至 5 层的高负荷区域用 PSL 柱取代了 GLT。楼板结构为 CLT 板，集中荷载作用在胶合木柱上，柱网尺寸为 2.85 m×4 m。该 CLT 楼板为双向楼板，结构概念与混凝土楼板相似。为了避免竖向荷载通过 CLT 楼板来传递，柱之间的竖向荷载由钢节点直接传递，并为 CLT 楼板提供承载面[②]。

---

① 李忠东. 温哥华：建造世界最高的木质大楼[J]. 建筑 ，2017(6)
② 全球最高全木结构大楼：Brock Commons 项目[J]. 建设科技 ，2016(5)：34-35.

（1）CLT楼板

Brock Commons 学生公寓的楼板由 CLT 楼板组成，使用总体积为 1 973 m³。建筑标准层每层有 29 块面板，每块 CLT 楼板厚 169 mm、宽 2 850 mm，有四种不同长度，包括跨越半个柱网（6 m，两块面板），两个柱网（8 m，19 块面板），两个半柱网（10 m，两块面板）或三个柱网（12 m，6 块面板）[1]。

CLT 楼板是一个 5 层交叉层压木板，厚 169 mm，外层为机械应力木材，放置在主要强度层（顶层和底层）中，内层为 SPF 木材和 CAS 标准木材粘合剂[2]（见图 3-59），同时，在 CLT 楼板顶部增加 40 mm 的混凝土面层以增加室内隔音性能，并在施工期间提供消防保护[3]。在标准层中，CLT 楼板方向顺着建筑长轴，交错配置安装（见图 3-60），并用塞缝片牢固连接，形成横隔层[4]，CLT 楼板之间通过使用 140 mm×25 mm 厚的塞缝片连接在一起。由于 CLT 楼板是预制和预钻的，是根据预切的机械、管道和电气开口形状而特制的，减少了施工时间。

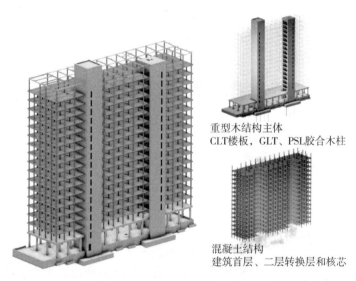

重型木结构主体
CLT楼板，GLT、PSL胶合木柱

混凝土结构
建筑首层、二层转换层和核芯

图 3-58　Brock Commons 结构系统图

图片来源：基于 University of British Columbia，2016．*Brock Commons Storyboards：Design，Compliance and Performance*，p. 2. https：//www. naturallywood. com/wp-content/uploads/brock-commons-storyboards＿factsheet＿naturallywood. pdf，作者编辑

---

① University of British Columbia，2016．*Brock Commons Tallwood Design ＋ Preconstruction Overview Case Study*．https：//www. naturallywood. com/wp-content/uploads/brock-commons-design-preconstruction-overview＿case-study＿naturallywood. pdf

② University of British Columbia，2016．Brock Commons：Code Compliance．https：//www. naturallywood. com/wp-content/uploads/brock-commons-code-compliance＿case-study＿naturallywood. pdf

③ University of British Columbia（n. d.）．*Brock Commons Storyboards：Design，Compliance and Performance*．https：//www. naturallywood. com/wp-content/uploads/brock-commons-storyboards＿factsheet＿naturallywood. pdf

④ BROCK COMMONS 高层木结构建筑［J］. 建设科技，2017（5）：46.

表 3-10　Brock Commons 各类结构预制构件

构件类型	胶合木 CLT 楼板	GLT 胶合木柱	PSL 平行胶合木柱
材料图片			
构件图片			
安装位置			
作用	楼板	承重柱	高负荷区域承重柱
总体积/m³	1 973	260	
总数量	464	1 298	

图片来源（从左到右，从上到下）：

1～3,6～7 University of BritishColumbia，2016. *Brock Commons Storyboards：Design，Compliance and Perform-ance*，p. 11. https：//www. naturallywood. com/wp-content/uploads/brock-commons-storyboards_factsheet_naturallywood. pdf，

4　Fallahi A，2017. Innovation in hybrid mass timber high-rise construction：a case study of UBC's Brock Commons project（T），p. 49，Table5－2，University of British Columbia. https：//open. library. ubc. ca/collections/ubctheses/24/items/1. 0345634

5　University of BritishColumbia，2017. *Brock Commons House Factsheet*，p. 6. https：//www. naturallywood. com/wp-content/uploads/brock-commons-tallwood-house_factsheet_naturallywood. pdf

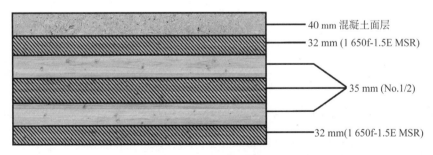

- 40 mm 混凝土面层
- 32 mm (1 650f-1.5E MSR)
- 35 mm (No.1/2)
- 32 mm(1 650f-1.5E MSR)

图 3-59　CLT 楼板构造图

注：MSR 全称 Machine Stress Rated，指的是机械应力木材，是一种经过机械强度分级的木材。No. 1/No. 2SPF 指的是经过分级的云杉（Spruce）、松木（Pine）、冷杉（Fir）三种木材的结合，No. 1 和 No. 2 表示不同分级。

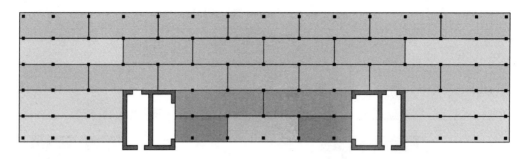

图 3-60 标准层 CLT 楼板位置布置图

图 3-59、图 3-60 图片来源：作者自绘

（2）胶合木柱

本项目中所使用的柱子是由木材制成的，主要运用了 GLT 和 PSL 等木材元素，其中所有的 GLT 柱都是由道格拉斯冷杉制成的。楼面和屋面用排列成 4 m×2.85 m 柱网的 GLT 和 PSL 柱支撑。建筑标准层每层共有 78 根柱子，低楼层中使用较粗的胶合木柱（截面尺寸为 265 mm×265 mm），高楼层中使用较细的胶合木柱（截面尺寸为 265 mm×215 mm），此外，PSL 胶合木柱被用于 2～5 层的建筑楼板中央，承受较高负荷，试图减轻木材上的一些沉降，标准 2～4 层胶合木柱安装顺序如图 3-61 所示。

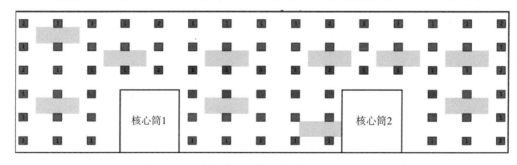

图 3-61 胶合木柱位置和安装顺序（2～4 层）

图片来源：Calderon F，2018. *Quality control and quality assurance in hybrid mass timber high-rise construction：a case study of the Brock Commons* (T)，p. 57，Figure4. 11，University of British Columbia. https://open. library. ubc. ca/collections/ubctheses/24/items/1. 0365783

表 3-11 总结了所有柱子的尺寸、重量和材料，以及它们各自使用的楼层位置：

表 3-11 Brock Commons 学生公寓所有柱子的基本信息

柱的类型	高度/mm	宽度/mm	长度/mm	质量/lbs	材质	使用楼层
1	265	265	2 332	260	GLT	2
2	265	265	2 332	303	PSL	2
3	265	265	2 532	316	GLT	3～9

续表

柱的类型	高度/mm	宽度/mm	长度/mm	质量/lbs	材质	使用楼层
4	265	265	2 532	363	PSL	3~5
5	265	215	2 532	262	GLT	10~17
6	265	215	3 517	279	GLT	18

数据来源:Fallahi A,2017. Innovation in hybrid mass timber high-rise construction: a case study of UBC's Brock Commons project (T), p. 50,Table5-3,University of British Columbia. https://open. library. ubc. ca/collections/ubctheses/24/items/1. 0345634

(3) 预制构件结构的连接设计

①胶合木柱与胶合木柱之间的连接

柱与柱之间的连接和柱与楼板之间的连接可以看作一个整体的两个部分。两根胶合木柱之间通过两端的圆形空心型钢管(Hollow Steel Section,HSS)嵌套在一起,CLT楼板则通过螺栓固定在柱子上方。具体做法如下(见图3-62):

首先,胶合木柱两端用 4 根直径为 16 mm 的螺栓预埋到截面尺寸为 265 mm×265 mm/265 mm×215 mm(与柱子横截面尺寸相同)、厚度为 29 mm 的钢板,再将圆形空心型钢管(HSS)焊接在钢板上,其中柱子顶部的圆形空心型钢管(HSS)直径为 127 mm、厚度为 13 mm,底部 HSS 的直径略小于顶部 HSS,可使其嵌套入柱子顶部的圆形空心型钢管(HSS)。CLT 楼板位于胶合木柱顶部,通过 4 根螺栓将 CLT 楼板与木柱顶部预留有 4 个孔的钢板连接,完成胶合木柱与胶合木柱及 CLT 楼板之间的连接[①]+[②]+[③]。

②胶合木柱与二层混凝土楼板之间的连接

胶合木柱与混凝土楼板之间用圆形空心型钢管进行连接,将直径为 127 mm、厚度为 13 mm 并带有顶板和底板的圆形空心型钢管(HSS)底座用现浇螺栓锚固在二层混凝土楼板上,并用灌浆料和调平螺母进行调平。在胶合木柱的制作过程中,底部粘合有直径为 16 mm、长度为 140 mm 的螺栓,通过螺栓与圆形空心型钢管(HSS)顶部预留有四个角孔的钢板连接。其中钢板截面尺寸为 265 mm×265 mm(与胶合木柱的横截面尺寸相同)、厚度为 25 mm[④],该连接方式如图 3-63 所示。

---

① University of British Columbia,2016. *Brock Commons Tallwood Design + Preconstruction Overview Case Study*. https://www. naturallywood. com/wp-content/uploads/brock-commons-design-preconstruction-overview_case-study_naturallywood. pdf

② University of British Columbia,2016. *Brock Commons Storyboards:Design,Compliance and Performance*. https://www. naturallywood. com/wp-content/uploads/brock-commons-storyboards_factsheet_naturallywood. pdf

③ MOUDGIL M. *Feasibility study of using Cross-Laminated Timber core for the UBC Tall Wood Building* (T). University of British Columbia.

④ BROCK COMMONS 高层木结构建筑[J]. 建设科技,2017(5):46.

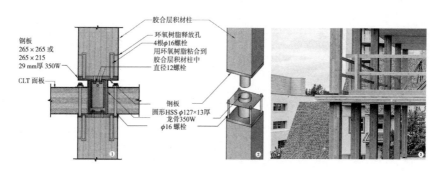

图 3-62　胶合木柱连接图

图片来源:作者自绘

1　基于 University of British Columbia,2016. *Brock Commons Tallwood House - Design and Preconstruction Overview Case Study*,p. 14. https://www. naturallywood. com/wp-content/uploads/brock-commons-design-preconstruction-overview_case_study_naturallywood. pdf,作者编辑

2　作者自绘

3　https://www. naturallywood. com/

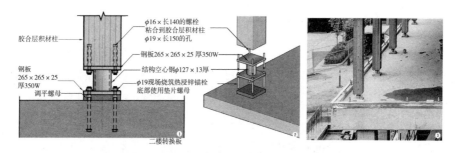

图 3-63　胶合木柱与二层混凝土楼板的连接

图片来源:作者自绘

1　基于 University of British Columbia,2016. *Brock Commons Tallwood House - Design and Preconstruction Overview Case Study*,p. 14. https://www. naturallywood. com/wp-content/uploads/brock-commons-design-preconstruction-overview_case_study_naturallywood. pdf,作者编辑

2　作者自绘

3　https://www. naturallywood. com/

③CLT 楼板之间的连接

两个 CLT 楼板之间采用单面开槽嵌入胶合木塞缝片(后面称塞缝片)的方法连接(见图 3-64)。宽度为 140 mm、厚度为 25 mm 的塞缝片卡入 CLT 楼板,用两排直径为 4 mm、长度为 60 mm,间距为 100 mm(2～16 层)和 64 mm(17～18 层)的花胶键钉分别固定两个连接的 CLT 楼板。部分螺纹螺钉的间距为 600 mm,直径为 8 mm,长度为 120 mm,这些螺钉带有垫圈头,用于刚性连接①+②。

---

①　University of British Columbia, 2016. *Brock Commons Tallwood Design ＋ Preconstruction Overview Case Study*. https://www. naturallywood. com/wp-content/uploads/brock-commons-design-preconstruction-overview_case_study_naturallywood. pdf

②　BROCK COMMONS 高层木结构建筑[J]. 建设科技,2017(5):46.

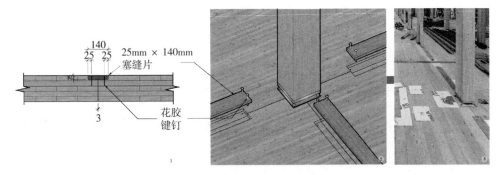

25mm × 140mm
塞缝片

花胶
键钉

图 3-64　CLT 楼板间连接图

图片来源：作者自绘
1　基于 Calderon F，2018. *Quality control and quality assurance in hybrid mass timber high-rise construction: a case study of the Brock Commons*（T），p. 73，图 4. 2. 3，University of British Columbia. https://open. library. ubc. ca/collections/ubctheses/24/items/1. 0365783，作者编辑
2　作者自绘
3　https://www. naturallywood. com/

④CLT 楼板与混凝土核心筒的连接

CLT 楼板与混凝土核心筒的连接由上下两部分组成（见图 3-65）。首先，CLT 楼板底部与混凝土核心筒的连接受到 L 型连续角钢（L20 mm×152 mm×13 mm）支撑。L 型连续角钢焊接到铸入核心筒壁的内嵌金属钢板（300 mm 宽）处可承受连接点处的纵向和横向剪力传递。[②]

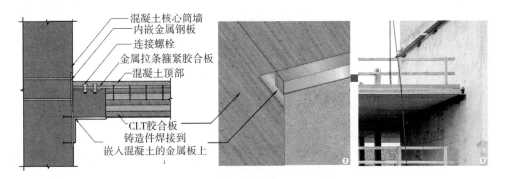

混凝土核心筒墙
内嵌金属钢板
连接螺栓
金属拉条箍紧胶合板
混凝土顶部

CLT胶合板
铸造件焊接到
嵌入混凝土的金属板上

图 3-65　CLT 楼板与混凝土核心筒的连接

图片来源：作者自绘
1　基于 University of British Columbia，2016. *Brock Commons Tallwood House - Design and Preconstruction Overview Case Study*，p. 15. https://www. naturallywood. com/wp-content/uploads/brock-commons-design-pre-construction-overview_case-study_naturallywood. pdf，作者编辑
2　作者自绘
3　https://www. naturallywood. com/

接着，通过拉条完成 CLT 楼板上部与混凝土核心筒的连接。将宽度为 100 mm 的拉条用螺丝从 CLT 楼板顶部拧入 CLT 楼板并栓接到金属拉条，将金属拉条与核心筒壁的内嵌金属钢板垂直焊接，最后将钢板嵌入核心筒，完成 CLT 楼板顶部与混凝土楼板的

连接。其中,2～16 层的钢板尺寸为 260 mm×125 mm×25 mm,孔直径为 32 mm,然后用尺寸为 40 mm×40 mm×10 mm、直径为 22 mm 的螺钉连接至混凝土核心。17～18 层的钢板尺寸为 260 mm×125 mm×38 mm,带有一个直径为 38 mm 的孔,使用尺寸为 50 mm×50 mm×10 mm、直径为 27 mm 的螺钉将其连接到混凝土芯上。

3.3.4 基于 BIM 的虚拟建造

1. 虚拟模型概述

Brock Commons 项目与 CadMaker 公司合作,采用了虚拟设计和建造技术,该公司的职责是在整个设计阶段建模和维护 Brock Commons 的综合三维虚拟模型。[①]。在过去,虚拟设计和建造建模器在 UBC 校园项目的不同阶段使用过,但从未达到 Brock Common 学生公寓如此高的使用程度,即虚拟设计和建造(Virtural Design and Construction,简称 VDC)建模师很早就参与了 Brock Commons 学生公寓项目的工作。VDC 建模师收集了来自其他专业顾问的设计信息,制作出一个极其精细和准确的建筑模型,包含所有建筑构件和建筑系统。

在项目的整个设计阶段,虚拟设计和施工(VDC)模型被用于:① 可视化;② 多学科协调;③ 碰撞检查;④ 工料估算;⑤ 四维规划和排序;⑥ 可施工性审核;⑦ 数字化制造。让 VDC 建模公司参与设计团队的部分原因是使设计顾问无需负责制作项目整个生命周期中都会用到的三维模型。每位顾问可以专注于自己的工作领域,使用自己熟悉的建模和制图工具,不用担心软件的相互操作问题[②+③]。

下表展示了设计所使用的程序,包括建模软件如 Dassault Systèmes 的 3D Experience(包括 CATIA、ENOVIA、Design Review);建筑渲染软件如 Trimble SketchUp;建筑图纸绘制软件如 Vectorworks;机电图纸绘制软件如 Autodesk AutoCAD;结构图纸绘制如 CATIA/Autodesk AutoCAD。

表 3-11　虚拟模型所用软件

软件类型	程序名称
BIM 软件	3D Experience(包括 CATIA、ENOVIA、Design Review、Navisworks)
建筑渲染	Trimble SketchUp
建筑图纸	Vectorworks

---

① 苏钰. 现代木结构在建筑工业化上的创新发展[J]. 建设科技 ,2020(24):62-66.

② BROCK COMMONS 高层木结构建筑[J]. 建设科技,2017(5):46-47.

③ Staub-French S, Poirier, E A, Calderon F, et al. Building information modeling (BIM) and design for manufacturing and assembly (DfMA) for mass timber construction[M]. Vancouver, BC: BIM TOPiCS Research Lab University of British Columbia,2018.

续表

软件类型	程序名称
机电图纸	Autodesk AutoCAD
结构图纸	CATIA/Autodesk AutoCAD

数据来源：University of British Columbia，2017．*Brock Commons Tallwood House*：*Construction Overview Case Study*．https：//www. naturallywood. com/wp-content/uploads/brock-commons-construction-overview_case-study_ naturallywood. pdf

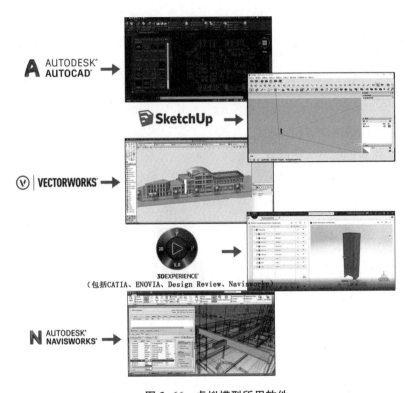

图 3-66　虚拟模型所用软件

图片来源：作者自绘

2. 建模过程

在整个设计建模过程中，设计迭代和更新都反映在虚拟模型中。发现的任何问题（例如识别不同系统布局之间的冲突）都将被记录下来，并作为信息请求报告给团队。在此过程中，VDC 建模师充当设计和项目文档的外部评审员。

CadMakers 公司的 VDC 建模师在整个设计建模和建造过程中充当了协调者的角色，其工作从二维图纸阶段持续到三维模型阶段，同时还负责建模施工文件审核。在这个过程中，VDC 建模师挖掘每一个细节，加上精确的几何图形，使得任何建造过程都可以动画化，任何元素或构件集都可以以各种格式导出。

在设计阶段，虚拟模型的主要功能是辅助设计建模和决策。VDC 建模师与项目团队密切合作，及时纳入设计迭代和更新，并将需要解决的任何问题和冲突通知到项目团队，其沟通方式包括跟踪设计变更的信息请求报告，以及电话、电子邮件和协调会议，以确保虚拟模型始终保持准确和精细。虚拟模型还可以作为投标前与施工单位沟通的工具。借助虚拟模型有助于描述与整个项目有关的工作范围，并表明设计虽然具有创新性，但并不复杂或存在高风险。

2015 年 1 月，设计团队和主要相关单位举办了为期 3 天的综合设计现场协调会议。参会者评估和完善了结构系统的选择，并估计了成本和对其他工程系统的影响。虚拟模型和真实的更改更新的能力使建模人员能够在现场协调会议期间提供快速反馈，为决策提供信息。

在施工前，以虚拟模型为模板，创建了建筑部分的全尺寸两层模型。在各专业反馈的帮助下，该全尺寸模型有助于验证虚拟模型及其中的设计决策（包括可建性和安装可行性），测试预制构件性能、选择连接方法和确定安装流程等。同时，还借助虚拟模型对项目进行施工规划。由于本次项目的交付时间非常紧张，并且场地的规模小，所有建筑构件的生产、储存、交付和安装的协调都很重要，从三维虚拟模型建模的安装顺序到四维展示模拟提供了建筑构件的安装过程，将施工过程可视化，以帮助项目团队提前解决一些可能导致现场延误的可建性问题。此外，虚拟模型也是数控机床加工直接用于 CLT 楼板应力测试的模型的基础。

3. 虚拟模型的应用

上述内容介绍了利用虚拟模型实现项目虚拟建造的全过程，接下来将展示虚拟模型在 Brock Commons 学生公寓设计和建造阶段的价值和好处，将从可视化、多学科协调、碰撞检查、供料估算、可施工性审查、四维规划和排序、数字化制造七个方面作简要介绍。

（1）可视化

虚拟模型通过清晰和全面的数字化方式形成不同可视化方案，从而辅助设计建模和决策制定。虚拟模型可以将建筑物所有不同系统可视化地集成在一起（见图 3-67），并通过实时更新，有利于快速反映团队针对不同结构系统时的评价，以增强各专业之间以及项目团队和承包商之间的沟通[①]。

（2）多学科协调

CadMakers 公司以设计团队的二维图纸和三维模型为基础建模，将设计同步更新到模型中，记录所有问题并反馈给团队，以要求设计团队提供相关问题的优化解决方案。例如，虚拟模型中集成了建筑构件的尺寸和图纸，加强了 VDC 建模师与结构工程师的密切

① Staub-French S, Poirier E A, Calderon F, et al.. Building information modeling (BIM) and design for manufacturing and assembly (DfMA) for mass timber construction[M]. Vancouver, BC: BIM TOPiCS Research Lab University of British Columbia, 2018.

合作,使得设计团队可以准确地确定水电系统在墙壁和楼板的穿孔位置及尺寸。

图 3-67　Brock Commons 项目不同系统的可视化

图片来源:https://www.naturallywood.com/

（3）碰撞检查

由于重要建筑构件预先制作,冲突检测软件通常在协调过程中用于识别三维建筑系统之间的物理冲突[①],即建筑系统路径和与之相关的穿透设计须在设计期间提前规划。冲突检测的目的是在安装之前消除主要的系统冲突,通过三维模型定位管道、尺寸穿透和竖井,确保满足适当的间隙和其他特殊要求,这一过程直接影响生产效率并降低施工成本和加快施工进度。图 3-68 和图 3-69 展示 Brock Commons 学生公寓的设计协调会议、协调模型。

图 3-68　设计协调会议

图 3-69　设计协调模型

图片来源:左　Azab Mohamed（n. d）. *BrockCommons Tallwood House：The advant of tall wood structures in Canada*,p. 54. https://www.scribd.com/document/522797634/CS-BrockCommon-study-23#
右　https://www.cadmakers.com/

---

① BROCK COMMONS 高层木结构建筑[J]. 建设科技,2017(5):46.

（4）供料估算

供料估算从虚拟模型提取，用于制定决策、成本估算和施工规划。在协调会议期间，模拟了结构设计方案，并计算了不同木材产品的用量，用于为选择流程提供所需的信息[①]。

虚拟模型也被用于成本估算。每个设计决策点的成本预算由建造经理和 VDC 建模师制定，并由制造商和安装人员对虚拟模型中的材料数量，以及劳动生产率和工作时间进行估计。同时，借助虚拟模型可以实时创建材料数量的估算，这些估算可以分析不同的设计决策，帮助控制项目的成本。

（5）可施工性审查

虚拟模型和四维施工模拟被用作与施工公司沟通的工具，能够提前解决可能造成现场延迟的部分可建性问题。此外，也确保有意向的公司能够在投标之前较好地了解项目，从而减少可能增加出价的不确定性和风险。

（6）四维规划和排序

基于 BIM 软件可以帮助安装人员和制造商协调结构构件的交付。在 Brock Commons 学生公寓项目中，BIM 用于规划木质构件的交付和卸载周期，此外，每个预制构件在卡车中具有预先确定的位置，有助于避免图元错位，并为空间有限且无法在现场存储图元的施工现场创造及时交付条件。

作为规划过程中的关键工具，虚拟模型用作建模动画模拟（见图 3-70），以说明施工进度计划中的安装和装配顺序。这些动画以 1 h 为增量，也被称为基于时间的虚拟模型[①]。动画本质上是建筑物的虚拟建造过程，它方便施工经理和安装人员在 3D 中沟通安装程序工作，并在实际施工之前确认其可行性。

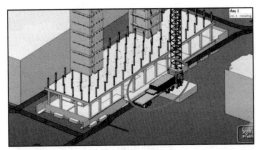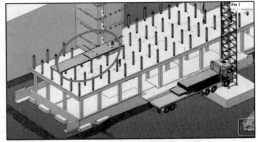

图 3-70　木质构件的安装顺序

图片来源：https://www.cadmakers.com/

---

①　University of British Columbia，2017．*Brock Commons Tallwood House：Construction Modelling Case Study*．https://www.naturallywood.com/wp-content/uploads/brock-commons-construction-modelling_case-study_naturallywood.pdf

（7）数字化制造

由于虚拟模型的高准确性和高精细度，虚拟模型可被用于某些建筑构件的制造，如CLT 楼板、GLT 和 PSL 胶合木柱以及钢构件[1]。VDC 建模师与设计团队合作，定位并协调构件中所有的穿透件和连接组件，并且与重型木材供应商合作，制定一个施工图审批和制造的流程。其目的是将设计模型直接传递给制造商，以便在施工阶段用于制造结构构件。

图 3-71　数字化制造

图片来源：作者自绘

1～2　https://www.cadmakers.com/

3　Fallahi A, 2017. Innovation in hybrid mass timber high-rise construction：a case study of UBC's Brock Commons project（T），p. 49，Table 5-2，University of British Columbia. https://open. library. ubc. ca/collections/ubctheses/24/items/1. 0345634

4～5　https://www. naturallywood. com/

Brock Commons 项目的整个设计过程中，设计迭代和更新都反映在虚拟模型中。通过 BIM 技术与虚拟设计和建造方法相结合，利用 BIM 技术在虚拟环境中建模、模拟、分析设计及施工过程的数字化、可视化模型，同时，通过对虚拟建造过程的模拟，可以优化项目设计、施工过程控制和管理，提前发现设计和建造的问题，通过模拟找到解决方法，进而确定最佳设计和建造方案，用于指导真实的建造，最终大大降低返工成本和管理成本[2]。

3.3.5　建筑真实建造过程

由上述 3.2.1 项目概况可知，Brock Commons 学生公寓项目的建造时间非常紧

---

① Staub-French S, Poirier E A, Calderon F, et al. Building information modeling（BIM）and design for manufacturing and assembly（DfMA）for mass timber construction[M]. Vancouver，BC：BIM TOPiCS Research Lab University of British Columbia,2018.

② 嘉诚 BIM. 一文读懂基于 BIM 的虚拟建造——施工模拟/嘉诚 BIM[EB/OL].（2021-12-16）[2023-7-6]. https://zhuanlan. zhihu. com/p/446370560

迫。设计和审批耗时 8 个月,施工从 2015 年 11 月开始到 2017 年 5 月完工,耗时约 19 个月①。现场施工大致分为两个过程:施工前试验建造和真实建造。三个阶段:混凝土结构施工阶段,重型混合木结构施工阶段,机电设备和内部装修施工阶段,本章节接下来将按照两个过程、三个阶段的顺序描述 Brock Commons 项目真实建造的过程。

1. 全尺寸两层模型试验建造

作为施工前阶段的一部分,2015 年 7 月,建造团队和设计辅助团队建造了一个全尺寸两层模型,以测试和验证设计的可行性和可施工性。该全尺寸两层模型为三开间跨度模型(约 8 m×12 m),包括一个现浇混凝土芯墙、模拟二楼混凝土转换层的混凝土基脚、CLT 楼板和 GLT 柱、所有相关连接组件、不同的外饰面和各种预制外围护墙板。在全尺寸两层模型的建造过程中,所有大规模木材产品都是使用虚拟模型数字化制造的。

图 3-72　虚拟实验模型　　　　　　　　图 3-73　全尺寸两层模型

图片来源:Azab Mohamed. (n. d). *BrockCommons Tallwood House*:*The advant of tall wood structures in Canada*,p. 10+15. https://www. scribd. com/document/522797634/CS-BrockCommon-study-23#

该模型评估了柱-柱、柱-CLT 楼板、CLT 楼板-混凝土核心筒和 CLT 楼板-预制外围护墙板连接组件的可施工性,图 3-74 展示了柱-柱、柱- CLT 楼板、CLT 楼板-混凝土核心筒和 CLT 楼板-预制外围护墙板的试验建造现场评估图片。评估内容包括胶合木柱连接方式、外围护墙板的选择、外围护墙板性能测试、CLT 楼板的模拟测试四个方面。

---

① University of British Columbia,2017. *Brock Commons Tallwood House*:*Construction Overview Case Study*. www. naturallywood. com/wp-content/uploads/brock-commons-construction-overview_case_study_naturallywood. pdf

柱与混凝土楼板（上）
柱与CLT楼板（下）　　　　CLT楼板与混凝土核心筒　　　　预制外墙板与CLT楼板

图 3-74　全尺寸模型试验验证现场图片

图片来源：UBC BIM TOPiCS Lab 提供

（1）胶合木柱的连接方式

在方案设计过程中，有三种连接方式作为备选方案，因此对三种不同的柱-柱连接进行了试验，两种是木-木连接，一种是钢 HSS 柱-柱连接[1]，如图 3-75 所示。在试验建造过程中，通过全尺寸模型允许团队测试多个连接细节，以优化其可施工性和结构性能，选择最为合适的连接方式。本次项目中最终采取了第三种连接方式，因为它被证明是最容易安装和填隙的，并且提供了最严格的公差。

（2）外围护墙板的选择

对于外围护墙板的材料选择，在一开始有三种方案，分别是预制木框架墙板、预制混凝土墙板、预制钢框架墙板，如图 3-76 所示。在试建造期间，团队评估了多个外墙板结构和外饰面材料，最终选择了钢框架墙板[1]。并且当大学代表看到最初指定的金属覆层在模型上时，他们选择了木纤维层压覆层作为外立面外饰面材料[2]。

（3）外围护墙板性能测试

对建筑外围护墙板进行了额外的实验模型测试，该测试有助于全面了解建筑物运动公差和天气密封性，实验具体内容包括：结构实验，热循环、热性能和冷凝实验以及气

---

① University of British Columbia，2017. *Brock Commons Tallwood House Lessons Learned*. https://www.naturallywood.com/resource/brock-commons-tallwood-house-presentation-lessons-learned/

② University of British Columbia，2016. *Brock Commons Tallwood House*：*Design Modeling*. https://www.naturallywood.com/wp-content/uploads/brock-commons-design-modelling_case-study_naturallywood.pdf

密性和水密性的循环实验[①]。

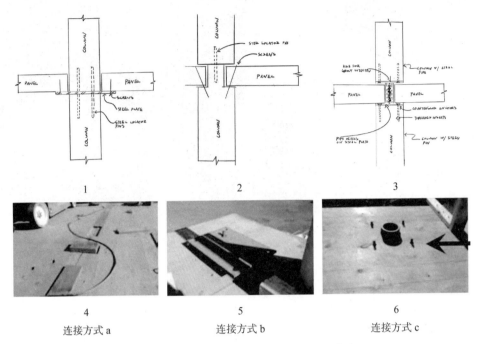

1 2 3

4 5 6

连接方式 a 连接方式 b 连接方式 c

图 3-75 连接方式备选方案草图和现场试验

图片来源：1～3 图片来源：UBC BIM TOPiCS Lab 提供

4～6 University of BritishColumbiaa（n. d）. *Brock Commons Tallwood House Lessons Learned*，p. 52. https://www. naturallywood. com/wp-content/uploads/brock-commons-tallwood-house_presentation_naturallywood. pdf

1-预制木框架墙板 2-预制混凝土墙板 3-预制钢框架墙板

图 3-76 预制外围护墙板初始方案

图片来源：1，2 University of British Columbia（n. d）. *Brock Commons Tallwood House Lessons Learned*，p. 52. https://www. naturallywood. com/wp-content/uploads/brock-commons-tallwood-house _ presentation _ naturallywood. pdf3naturallywood. com

---

① University of British Columbia，2017. *Brock Commons Tallwood House Lessons Learned*. https://www. naturallywood. com/resource/brock-commons-tallwood-house-presentation-lessons-learned/

图 3-77　预制外围护墙板与 CLT 楼板实验测试图

图片来源:左 University of British Columbia(n. d). *Brock Commons Tallwood House Lessons Learned*, p. 54. https://www. naturallywood. com/wp-content/uploads/brock-commons-tallwood-house _ presentation _ naturallywood. pdf
右 University of British Columbia(2017). *Brock Commons Tallwood House*: *Construction Overview Case Study*, p. 18. https://www. naturallywood. com/wp-content/uploads/brock-commons-construction-overview _ case-study _ naturallywood. pdf

（4）CLT 楼板的模拟测试

试验建造期间,CLT 楼板的模拟测试主要包括 CLT 结构测试和 CLT 防水测试。

CLT 结构测试在一个点支持的 CLT 楼板上进行,以了解如何以及在模拟负载下面板处于什么情况会失效。在测试之后可得知,CLT 楼板可以承受比预期更高的负载,并且发现 CLT 楼板具有重新分配力的能力,因为在临界破坏之前,内部剪切裂纹通过面板进行传播。

图 3-78　CLT 楼板模拟测试

图片来源:Fast P S, Gafner B, Jackson, R, et al. Case Study : An 18-storey tall mass timber hybrid student residence at the University of British Columbia, p. 6. https://sustain. ubc. ca/research/research-collections/brock-commons-tallwood-house

通过对上述全尺寸两层模型的评估检测，Brock Commons 学生公寓在施工前通过
该模型的建造可以对各种连接方式、保护涂层和外饰面选择的可施工性进行可行性评
估。评估结果得出以下三点结论：

第一，在真实的条件下测试不同的连接方式和保护涂料，最终确定了圆形空心型钢
管的连接方式和最佳的木材密封剂。

第二，在浏览真实比例模型效果后，校方决定将外围护墙板的外饰面从最初指定的
铝板改为木纤维层压覆层。

第三，通过虚拟模型在全尺寸两层模型建造过程中吸取经验教训，帮助优化建造顺序。

2. 混凝土结构部分建造

Brock Commons 学生公寓的建筑基础、底层、二层楼板、混凝土核心筒均为钢筋现
浇混凝土。其中，二层楼板作为转换板，将重力荷载从上层重型木结构传递到下层混凝
土结构，图 3-79 展示了 Brock Commons 学生公寓混凝土阶段的建造过程，整个过程的
流程如下所述：

八个土锚就位后，钢筋混凝土施工正式开始，并于 2015 年 12 月浇筑地基。到
2016 年 1 月，底层混凝土柱的钢筋安装已经开始，到 2 月，一些柱已经浇筑，开始底层混凝
土核心筒的工作。2016 年 3 月，二层混凝土转换层成型浇筑。2016 年 3 月 10 日，开始建
造和浇筑两个独立混凝土核心筒的工作，持续了大约四个月，于 2016 年 6 月 4 日结束。

图 3-79　混凝土结构部分真实建造过程图

图片来源：基于 University of British Columbia，2016. *Brock Commons Storyboards*：*Design*，*Compliance and Per-
formance*，p. 4. https://www. naturallywood. com/wp-content/uploads/brock-commons-storyboards _ factsheet _
naturallywood. pdf，作者编辑

在此过程中，现浇钢筋混凝土核心筒为建筑提供了必要的刚度，以抵御风和地震横向力。为浇筑混凝土核心筒，本项目特别设计了一个升降模板系统，包括一个工人的安全平台和两层楼高的"外部和内部模板箱"。该升降模板系统使得一次能够浇筑两层楼，并实现更严格地控制独立式芯的横向公差，包括电梯竖井内部公差。如图 3-80 所示，由于 Brock Commons 学生公寓的两个混凝土核心筒具有对称性，这使得混凝土核心筒产生了大量重复模块，不仅可以在核心筒上下楼层之间使用，而且能够在两个核心筒之间重复使用模板。同时，虚拟建模优化了模板安装和拆除过程的每一步，以提高速度和安全性，并于 2016 年 5 月底完成混凝土核心筒的建造，混凝土核心筒的工作完成后，重点就转移到建筑主体木结构部分的施工建造。

图 3-80　混凝土核心筒现场施工

图片来源：https://www.naturallywood.com/

3. 主体木结构部分建造

场外预制结构部件和建筑外围护墙板的安装是该项目成功施工的关键。预制木结构构件在混凝土芯完工前三个月开始制造，大多数预制构件在 6 月的第一周制造完成，当时混凝土芯的工作已经完成。

主体木结构部分的安装于 2016 年 6 月开始。建造团队在虚拟模型的帮助下优化了木结构部分的安装、交付和排序，就像之前的混凝土工程一样。接下来将以木结构构件为视角出发，探讨 Brock Commons 学生公寓在真实建造的语境下，从预制结构构件和预制外围护墙板构件两个方面展示木结构预制构件的建模、制造与装配过程。

（1）结构构件的建模、制造与装配

由 3.3.2 小节内容可知，Brock Commons 项目的预制结构构件包括交叉层压木（CLT）楼板、胶合层压木（GLT）柱和平行胶合木（PSL）柱以及钢连接组件。然而，它们如何实现高效、集约的制造和装配呢？在建模阶段，建立了结构构件的虚拟模型，在模型中设置精确的生产加工数据，以便构件工厂化、数字化生产。并且，借助虚拟模型对建筑构件进行实时跟踪、管理以及建造规划，实现装配式建筑的智慧建造。

在虚拟模型中建模预制结构构件，并导出为几何 STP 文件，该文件包含所有基本几何图形，包括切口、孔洞和穿透位置。制造商将 STP 文件导入自己的软件中，并根据制造要求进行调整，以创建 CNC 数控机床可直接使用的制造模型。进入制造阶段，CNC 数控机床切割所有的预制结构构件，包括 CLT 楼板的预钻孔洞和胶合木柱两端的连接孔。在此过程中，钢连接组件单独制造，并由制造商安装在胶合木两端。

在运输过程，每个预制结构构件都有一个唯一的识别跟踪号，用于质量保证和质量控制跟踪以及结构系统组装高度的现场测量。在此过程，提前制定预制木结构构件的安装顺序、卡车装载和现场交付时间表，以确保顺序的重复性和可预测性。同时，构件以与实际安装相反的顺序装载到卡车上。卡车在安装当天每隔一段时间就会到达施工现场，然后将预制构件直接吊装到建筑的适当位置。

装配阶段，CLT 楼板的提升吊点由安装人员定制设计，他们在 CLT 楼板上设计四个吊点位置，以便在装配过程中平衡每个 CLT 楼板。提升吊点已纳入 CLT 楼板制造过程中，且在提升 CLT 楼板之前，安装人员已安装硬件。楼板以一定角度提升以简化定位，即一端可以在另一端之前下降到位，然后在激光指示器的帮助下对准。一旦 CLT 楼板就位，就松开连接的链条，拧紧螺栓将其固定到位。当标准层所需要的 29 块面板就位后，CLT 楼板之间通过花胶键钉连接并用螺丝固定，将它们连接成一个单独的横隔层。最后，通过拉条将 CLT 楼板固定在各楼层的混凝土核心筒上，以将 CLT 楼板横隔梁的横向荷载转移到混凝土核心筒上。

GLT 和 PSL 胶合木柱，是以捆的形式被提升到标准层，每捆十根胶合木柱，每次吊起两捆，然后每根胶合木柱被手动放置在指定位置。在胶合木柱的装配过程中，周边胶合木柱使用安装人员开发的特殊索具提升至安装位置，而内部胶合木柱则是手动提升并固定安装的。其中，每个胶合木柱顶部的圆形空心型钢管（Hollow Steel Section，HSS）对齐并嵌套安装在底部圆形空心型钢管内，并用螺栓固定。最后，在安装上层 CLT 楼板之前，放置临时斜撑和横撑，以防止胶合木柱发生倾斜和旋转。在此过程中，只需 9 名工人组成的小组就足以安装大量的木结构构件。图 3-81 和图 3-82 展示了在真实情况和虚拟模型中 CLT 楼板和胶合木柱的制造—运输—装配过程的对应情况。

（2）外围护墙板构件的制造与装配

外围护墙板构件的制造与装配也借助虚拟模型优化了装配过程，帮助预制构件制定交付和排序时间表。由 3.3.3 可知,建筑外围护墙板由轻钢龙骨框架、雨屏系统和木纤维层压板组成,标准层每层有 22 个墙板,12 种类型,包括两种"L"型墙板和 12 种平板墙板。女儿墙则由两种"L"型墙板和两种平板墙板组成。

在工厂中,外围护墙板按照以下顺序进行组装:轻钢龙骨、一层玻璃纤维保温棉、一层半硬质保温材料和隔热材料、外部木纤维挂板和窗户组件。同时,使用流涂透气膜作为密封胶,以确保连接处的泄漏最小,甚至没有泄漏,并在内侧进行填缝,以减少因风化而导致的故障。内部绝缘板、隔汽层和石膏板则是作为内围护层在现场添加的[①]。此外,在制造过程中,每种墙板类型对应的精确尺寸的特殊夹具被焊接到地面上,以确保几何形状齐平,并满足紧密公差。

在现场装配过程中,根据制造商指定的吊装点使用 I 型横梁吊杆为每块墙板进行吊装。由于上下层外围护墙板之间通过阴阳角连接,为了放置每块墙板,两名安装人员将外围护墙板的底部连接组件安装到下层外围护墙板的顶部连接组件中,接着,两名安装人员位于外围护墙板上层将螺栓紧固到 L 型连续角钢上,使得外围护墙板不仅有效地悬挂在 L 型连续角钢上,并固定在其下方的外围护墙板之上。

L 型连续角钢也给每个楼层的整个周边提供额外的刚度。安装时从 CLT 楼板周边略微突出,以确保即使 CLT 楼板边缘稍微不对齐也不影响外围护墙板的安装。此外,外围护墙板连接的设计允许足够的公差,以便在垫片的帮助下手动定位外围护墙板。一旦正确定位和对齐,将外围护墙板从起重机上脱钩,并完全拧紧所有螺栓。在此过程中,指派了一名安装人员负责确保所有墙板对齐。图 3-82 展示在真实情况和虚拟模型中外围护墙板的制造—运输—装配过程的对应情况。

3.3.6 虚拟建造在案例中的应用

一个建筑在现实建造过程中遇到的问题是极其复杂的,从设计到建造过程,不仅要兼顾到不同专业之间的设计要求,同时兼顾成本、可建性等现实问题,这些问题之间相互关联,相互冲突,并且存在着不确定性和模糊性。

BIM 技术通过在虚拟环境中模拟现实真实物体,将传统的二维图纸转换成三维的形式呈现。其中,基于 BIM 的虚拟建造是通过在计算机上建立模型并借助各种可视化设备对项目进行虚拟模拟,在工程项目建筑过程中,将三维模型作为工程项目的信息载体,方便了项目各阶段、各专业以及相关人员之间的沟通和交流,减少了建设项目因为信息过载或者信息流失而带来的损失,提高了从业者的工作效率以及整个建筑业

---

① University of British Columbia, 2017. *Brock Commons Tallwood House*: *Construction Overview Case Study*. www. naturallywood. com/wp-content/uploads/brock-commons-construction-overview_case_study_naturallywood. pdf

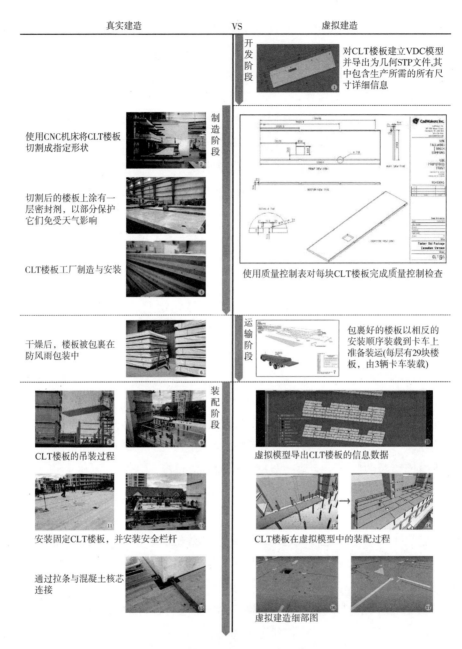

图 3-81　CLT 楼板的制造—运输—装配过程图

图片来源：

1,5～6,8～9　Fallahi A, 2017. *Innovation in hybrid mass timber high-rise construction: a case study of UBC's Brock Commons project* (T), p. 49, Table5-2, University of British Columbia. https://open. library. ubc. ca/collections/ubctheses/24/items/1. 0345634

2～4,11～12　https://www. naturallywood. com/

7　University of British Columbia,2016. *Brock Commons Tallwood House - Design and Preconstruction Overview Case Study*, p. 7. https://www. naturallywood. com/wp-content/uploads/brock-commons-design-preconstruction-overview_case-study_naturallywood. pdf

10,13～14,16～17 https://www. cadmakers. com/

图 3-82 胶合木柱的制造—运输—装配过程图

图片来源:

1~3,8~9 Fallahi A, 2017. *Innovation in hybrid mass timber high-rise construction:a case study of UBC's Brock Commons project* (T), p. 49, Table5-2, University of British Columbia. https://open. library. ubc. ca/collections/ubctheses/24/items/1. 0345634

4~6,10~11 https://www. naturallywood. com/

7 Calderon F, 2018. *Quality control and quality assurance in hybrid mass timber high-rise construction:a case study of the Brock Commons* (T), p. 60, Figure4. 1. 3, University of British Columbia. https://open. library. ubc. ca/collections/ubctheses/24/items/1. 0365783

12 Calderon F, 2018. *Quality control and quality assurance in hybrid mass timber high-rise construction:a case study of the Brock Commons* (T), p. 57, Figure4. 11, University of British Columbia. https://open. library. ubc. ca/collections/ubctheses/24/items/1. 0365783

13~19 https://www. cadmakers. com/

图 3-83 外围护墙板的制造—运输—装配过程图

图片来源：
1~6,19 Fallahi A，2017. *Innovation in hybrid mass timber high-rise construction：a case study of UBC's Brock Commons project*（T），p. 60~62，Table5-5，University of British Columbia. https://open. library. ubc. ca/collections/ubctheses/24/items/1. 0345634
9~11 University of British Columbia,2016. *Brock Commons Tallwood House Lessons Learned*，p. 41. https://www. naturallywood. com/wp-content/uploads/brock-commons-tallwood-house_presentation_naturallywood. pdf
12~13,16 https://www. naturallywood. com/
14~15 Calderon F，2018. *Quality control and quality assurance in hybrid mass timber high-rise construction：a case study of the Brock Commons*（T），p. 159，Figure5. 42-5. 43，University of British Columbia. https://open. library. ubc. ca/collections/ubctheses/24/items/1. 0365783
17~18,20~21 https://www. cadmakers. com/

的效率[1]。

根据前文对 Brock Commons 学生公寓项目从设计到真实建造的阐述，可以看出，虚拟建造的应用涵盖了多学科协调、碰撞检测、供料估算、可建性审查、四维规划和排序，以及数字化制造等多个方面。这些应用不仅有助于提高项目的设计准确性、建造效率和质量控制水平，还实现了项目团队（包括建造经理、设计团队、VDC 建模师和安装人员）之间高效的沟通和协调，从而减少错误，确保建造计划的高效和安全。本书将在4.2"Brock Commons 学生公寓的设计与建造优化"中，详细阐述虚拟模型如何细化、如何协同、如何指导设计与建造。

---

[1]　赵彬,王友群,牛博生. 基于 BIM 的 4D 虚拟建造技术在工程项目进度管理中的应用[J]. 建筑经济,2011(9):93-95.

第四章

面向真实建造的装配式建筑设计与建造优化

4.1　Orchard Commons 学生公寓的设计与建造优化

4.1.1　建筑方案的参数化设计

随着复杂科学研究的深入,建筑师们渐渐不满足于线性的建筑方案设计,非线性的建筑受到了越来越多的关注,参数化的技术也被广泛应用。流畅的、不规则的、随机的曲线深受建筑师们的喜爱,建筑大师扎哈·哈迪德的作品都在阐述这种流动的美学。但这样的建筑其形体具有变化非线性、造型不规则、突破传统几何性的基本特点,很难依靠传统的建筑设计方法在图纸中将概念具体表达,可能可以依靠设计者的经验来给出弧线的流动路径,但无法做到数据上的精确。而参数化设计,借用了数学中参数的概念,将非线性的特征转化为条件信息参数,改变某些参数以产生不同的设计结果。如图4-1所示,其展示了设计过程和设计成果同步动态的变化,通过修改变量的参数数值输

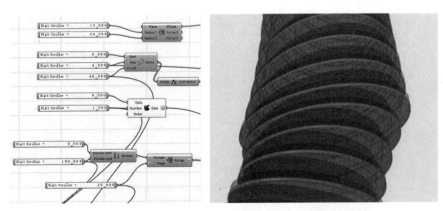

（a）设计过程示意图（变量输入）　　　　　（b）设计成果（变量输出）

图 4-1　参数控制下的设计变化展示

图片来源:陈天驰.基于泰森多边形的建筑表皮优化设计——以杭州运河大剧院为例[J].浙江建筑,2022,39(4):6-8.

154

入,对实时输出的设计成果进行判断和优化,从而实现设计的创意从概念到准确的、有数据支持的建筑表达。通过预设的规则来控制参数化模型的生成,能够很好地应对复杂形体建筑的设计。

1. 杭州运河大剧院

位于杭州市拱墅区杭州运河中央公园(二期)的杭州运河大剧院项目(图4-2),其建筑地上部分主体功能为一个1 200座的通用剧院和一个300座的多功能小剧院,地下为停车库及配套文化商业服务用房。项目占地为94 697 m²,总建筑面积为69 871 m²,其中地上为19 749 m²,地下为50 122 m²。

杭州运河大剧院的形体是一种螺旋上升的三维空间形态,建筑形体及幕墙呈现出一种自由的复杂空间结构形式,建筑表皮采用了泰森多边形的设计。一个泰森多边形内的任意一点到构成该多边形的控制点的距离小于到其他多边形控制点的距离。种种个性化的设计致使传统的立面图绘制难度剧增,且不能详尽描述立面细节、指导施工,由此需通过参数化三维模型进行精确化设计,将双曲率形体生成后,对建筑形体和表皮进行处理。项目全程采用BIM技术,运用了参数化手段对建筑形体和表皮进行设计及优化。BIM技术实现复杂空间协同设计,有效利用消极空间;参数化设计,为多变的空间定位提供支持,同时也使建筑立面表皮的设计更加精确,降低了设计和建造的难度。

图4-2 杭州运河大剧院

图片来源:陈天驰.基于泰森多边形的建筑表皮优化设计——以杭州运河大剧院为例[J].浙江建筑,2022,39(4):6-8.

2. 杭州奥体中心游泳馆

杭州奥体中心游泳馆位于杭州奥体博览中心的西北部,该项目建设在钱塘江南岸,是集体育馆、游泳馆、商业设施和休闲娱乐为一体的大型体育综合体,总建筑面积约为40万 m²。项目的两大主要功能空间体育馆和游泳馆被覆盖在一个巨大的非线性曲面网壳中。曲面的构型、定位、细分和建模,综合利用了参数化设计手段。

项目非线性曲面网壳由一系列剖面椭圆连续放样而成,这组椭圆的长短轴是连续变化的,曲面内的钢结构支撑同曲面外表皮幕墙分格线相互对应,内外一致。曲面采用菱形网格体系分布,整组菱形网格交织成巨大的网壳(图4-3)。由于建筑形态特殊、造型复杂,项目的设计和图纸输出工作难以用传统设计手段完成,因此建筑师从方案阶段引入了参数化手段,直至施工图设计结束。利用参数化工具,建筑师选用了多条具有严密逻辑的数学公式对网壳主体进行描述并确定其形态,对建筑外表皮进行有效划分,利用参数化模型定位各类空间构件,利用 BIM 软件进行围护结构的构造设计以及节点详图的设计,并充分考虑加工的条件对构件进行了优化设计。设计中使用的参数化软件主要有 Microstation Generative Components、Rhinoceros+Grasshopper、Rhino Script 脚本程序和 CATIA[①]。

该项目的外表皮设计概念类似生物鳞片形体表皮。设计过程中运用到参数化软件对单元形态进行细分与重组,每块独立的构造单元按拓扑关系以特定的算法组合在一起,最终的形态和单元体产生直接联系,并相互影响。宏观上,整体曲面的菱形网格划分线就是幕墙单元组的分格线,对每个细分的菱形网格单元赋予参数值生成一个立体造型单元,通过此步骤完成幕墙单元的立体转化,所有幕墙单元的立体形态最终积分成为对整体曲面形态的重构。宏观曲面和微观单元通过参数化软件把各自的定位信息相互关联起来,建立起关联模型。修改整体曲面时,微观单元会根据自身位置发生变形,以适应整体曲面形变;而调整微观单元的排列规则或参数内容时又可以直观看到宏观曲面的变化。最终产生了类似生物鳞片的有机渐变属性的建筑表皮,与建筑造型相得益彰,生动流畅。"牵一发而动全身"的概念在该项目的表皮设计中得到充分体现。

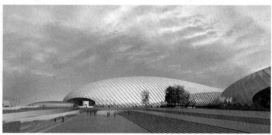

图 4-3　杭州奥体中心游泳馆

图片来源:https://www.archdaily.cn/cn

3. 盖达尔·阿利耶夫中心

盖达尔·阿利耶夫中心(图 4-4)是位于阿塞拜疆共和国巴库市占地 57 500 m^2 的公共建筑[②],由伊拉克裔英国建筑师扎哈·哈迪德所设计,旨在创造一个反映城市精神和展示建筑创新的标志性和动态结构。

被誉为"解构主义大师"的扎哈在文化中心的设计中,大量使用了跌宕起伏和弯曲

① 黄越. 初探参数化设计在复杂形体建筑工程中的应用[D]. 北京:清华大学,2013.

② ArchDaily. 阿塞拜疆共和国阿利耶夫文化中心 / 扎哈·哈迪德[EB/OL]. (2014-3-28)[2023-6-20]. https://www.archdaily.cn/cn

变化的柔美线条,将伊斯兰文化、自然形态和先锋艺术融为一体,创造了一串与城市环境连为一体的开放流动的空间。在形式上,采取了阶梯式的视觉效果,从墙壁流向天花板,从天花板延伸至穹顶,营造出无缝的连接关系,模糊建筑元素与图面间的区分。

因此在这个项目中,最大的挑战无疑是建筑表皮的设计。建筑表面连续,并表现出匀质性,为达成这一目标,需要将不同的功能、建造逻辑和技术系统全部融入建筑的围护系统中。建筑师利用了参数化设计工具来实现目标,建筑的曲线和流体形状是参数化建模的结果。通过使用 Rhino 和 Grasshopper 等软件,设计团队可以根据循环流量、视线和结构约束等参数来操纵和控制几何形状。这有利于创建一个动态和视觉上引人注目的形式。Rhino 和 Grasshopper 等参数化软件还对复杂立面系统中墙板尺寸、图案和密度进行了优化。由此产生的立面不仅增强了建筑的美学吸引力,还提供了诸如遮阳和良好声学性能等功能优势。

图 4-4　盖达尔·阿利耶夫中心

图片来源:https://www.archdaily.cn/cn

4. 印度圣安德鲁斯学院男生宿舍

ZED 建筑事务所关注环保建筑,将可持续发展策略融入环境体验与建筑中。在印度圣安德鲁斯学院的男生宿舍设计中(如图 4-5 所示),建筑师基于对气候环境、太阳路径和空间运动等全面的研究,将朝向、材料和空间等元素作为设计重点,运用 Ecotek、Grasshopper、Ladybird 和 Rhino 等参数化软件,打造既环保又具有艺术性的立面语言。

在现有的校园总体规划中,男生宿舍被设计为直线型建筑群,这给创造有社会活力和可持续的空间带来了挑战。宿舍可以容纳 360 名学生,设有娱乐场和食堂。宿舍设有三层高悬空的露台,以避免传统宿舍的压抑感。这给了学生们一个机会享受户外。露台和活动空间在各个层次上互相交叠,以促进学生之间的互动交流。扭曲的中庭使自然光可以穿透到建筑的更深层,还可以充当太阳能烟囱,通过烟囱效应排出建筑物内的热空气。该建筑兼顾了建造成本和建造质量,在不牺牲质量的情况下,最终以约

15 069 卢比/m² 的成本建造①。

镂空的 Jali 砖墙——环绕建筑的砖砌墙为其立面增添了特色和质感(如图 4-6 所示)。项目立面上每一块砖的旋转角度由 Grasshopper 模拟,以最大程度地减少太阳辐射并减少直接在立面上增加的热量。砖墙表皮同时还容纳了 1.2 m 宽的阳台,作为室内与外空间之间的缓冲带,目的是使全年的室内和室外平均温度保持不变。Jali 砖墙还创造出了独特的光影特征,为学生们使用的每个房间都提供了一个与众不同的图像。

图 4-5 印度圣安德鲁斯学院男生宿舍楼   **图 4-6 印度圣安德鲁斯学院**
男生宿舍镂空 Jali 砖墙

图片来源:https://www.archdaily.cn/cn

作为一个环保建筑,气候敏感性是设计过程中的重要参数,通过分析太阳辐射和空气流动以在立面上形成第二层表皮,从而保持持续的隔热和透光性。因此项目立面设计策略是通过 Rhino、Grasshopper 和 Ladybug 编写的一个参数脚本,分析主立面上的直接辐射和散射辐射的程度。然后,主立面上每个网格单元的辐射值成为位于前方的砖墙的旋转角度的一个输入值。这样,主立面上的直接和漫射辐射减少了 70%。这也减少了 Jali 砖墙后的主要居住空间的热量获取。同时,生活单元的日照水平也被持续监测,以确保镂空砖墙不会将其降低到 250 lx(照度单位)以下。

本节列举了四个国内外采用参数化设计的建筑。杭州运河大剧院、杭州奥体中心游泳馆和盖达尔·阿利耶夫中心三个项目以参数化设计提高了建筑形体的设计效率,并且以三维建模增加了前端设计输出的图纸精度;印度圣安德鲁斯学院男生宿舍将环境因素也纳入了参数化设计的过程,以参数化软件分析辐射影响程度并进一步优化了针对日照的立面设计。可以从这些项目中看出,参数化设计为建筑师带来了新的设计方法和思维,其以不同于传统设计手段的建构逻辑,促使建筑师将过去关注建筑形式和解决功能问题的设计方式,向以参数化影响建筑空间、环境、构造和表皮等因素的过程分析来确定设计结果转变。

---

① ArchDaily. 印度男生宿舍楼,参数化砖砌 / Zero Energy Design Lab[EB/OL]. (2021-1-15)[2023-6-20]. https://www.archdaily.cn/cn

4.1.2　面向真实建造的装配式建筑参数化设计

在项目的全生命周期中,对建筑的设计是其中一部分,设计完成后的建造是真正展示设计成果的部分。而随着建筑项目的复杂性迅速增长,完成复杂形体的建造过程非常艰辛,由于非平面、非线性、流动的形体影响,使用传统的施工手段往往是"事倍功半"的效果。而现在处于数字时代,受惠于科技水平的提高和预制装配式技术的广泛应用,参数化设计的应用和装配式建筑的建造方式虽然处于工程项目不同阶段,但两者之间是存在必然关系的。装配式建筑需要将构件在工厂中完成预制生产,为保证建筑质量,其预制构件必须做到在真实建造的安装中严丝合缝或预留有调整的空间。构件形体复杂的情况要求精度更高,需要一个准确的构件生产图纸或者模型来实现。在这样的情况下,参数化模型和参数化设计输出的图纸就是预制装配式建筑精度质量的保证[1]。

1. 北京凤凰卫视媒体中心

位于北京市朝阳区的凤凰卫视媒体中心(图 4-7),是由北京市建筑设计研究院方案创作工作室设计的凤凰卫视的北京总部办公楼,其中包含电视演播厅、写字楼和商务会议室等多种功能空间。建筑曲线的壳体形态来源于莫比乌斯环概念,通过一条头尾相连的环将高大的中庭空间缠绕包裹起来。外表面覆盖玻璃幕墙,由多条闭合成环状的钢斜肋构架支撑着。建筑中庭最高点达 30 m,形成了烟囱效应,利于室内空气自然流通。玻璃幕墙表皮从地面向上延伸,沿着曲线钢梁包裹再回到地面,使建筑与周边环境形成了视觉上的连续性。建筑外观上连续变化的曲率和各类弯扭构件的设计是设计时面临的巨大难题,建筑师选用了 Rhino 和 CATIA 软件进行设计,利用参数化软件强大的参数控制功能获得了理想的建筑造型[2]。

图 4-7　北京凤凰卫视传媒中心

图片来源:https://www.archdaily.cn/cn

---

① 梅玥. 基于数字技术的装配式建筑建造研究[D]. 北京:清华大学,2015.
② 黄越. 初探参数化设计在复杂形体建筑工程中的应用[D]. 北京:清华大学,2013.

在凤凰卫视媒体中心项目中，主结构大量采取箱型弯扭钢梁，所有钢梁依据外观分成两组呈交叉状的闭合环架，建筑师依莫比乌斯环概念制定曲线的走势，之后衍生出多条曲线，曲线的曲率保持连续，布置均匀。作为建筑表皮的幕墙系统设计是该项目的设计难点。由于玻璃幕墙要铺在一个曲率不断变化的自由曲面之上，为满足施工可行性，需要进行曲线分格基准线的确定和自由曲面的细分。在施工图设计阶段，必须考虑幕墙建造的经济性、材料的出材率和加工特点。建筑师最终选定的是互相搭接的单元式鳞片状组合幕墙，在外表皮的艺术性和经济性之间找到了平衡点。由于这些鳞片状的幕墙要包裹整个自由曲面，根本无法逐一绘制图纸，因此建筑师利用参数化编程控制技术生成这 3 200 多个幕墙单元，整套幕墙系统遵从拓扑关系和生成逻辑体系，计算机运行脚本迅速成形，之后的修改、调试、优化、深化等设计工作均可基于脚本完成，与传统手工建模的方式相比，脚本建模极大地缩短了设计周期，减少了工作量，并且提高了设计精度。

2. 武汉月亮湾城市阳台

武汉月亮湾城市阳台（图 4-8）坐落于武昌生态文化长廊上，旨在打造武汉城市景观，提高长江主轴的可识别度。本工程包括平台景观和平台层以下建筑，平台景观面积为 124 588 m^2，平台以下建筑面积为 49 922 m^2[①]。工程设计目的在于城市景观、交通环境的提升，加强周边居民的交流互动，因此采取了抬高地块地面、重新连接滨江水岸与中央公园景观的设计手段。因方案抬高了地面，所以在人行出入口处存在较大的高差。在出入口的室外景观台阶处，形成了加工和深化难度较高的复杂曲面，如图4-9 所示。

图 4-8　武汉月亮湾城市阳台　　　　　　　图 4-9　室外景观实例

图片来源：张慎，辜文飞，刘武，等. 复杂曲面参数化设计方法——以月亮湾城市阳台为例［J］. 土木工程与管理学报，2020，37(5)：27-32.

---

① 张慎，辜文飞，刘武，等. 复杂曲面参数化设计方法——以月亮湾城市阳台为例［J］. 土木工程与管理学报，2020，37(5)：27-32.

设计方案在人行出入口处有 5 组（见图 4-9）景观台阶组合，每个台阶组合的两侧均有一段直纹曲面，用于衔接过渡平直的踏步段曲面与倾斜的草坪段曲面。由于踏步段与草坪段边缘在平面坐标内的方向沿着景观台阶边缘一直在变化，使得每段过渡段直纹曲面的形状均略有不同，如果使用混凝土现浇，之后在表层制作水磨石面层，制作难度太大且无法保证建筑效果，故决定将直纹曲面过渡段做成预制构件，且预制构件的形状应尽量精简，便于加工，预制构件形状的总数量尽可能减少。项目使用了参数化的方法，以 Rhino ＋ Grasshopper 平台的可视化建模编程的特性，通过对参数的控制和编程的调整，将种类复杂的预制构件种类从原有预计的 400 种不同规格简化为 7 种，大幅节约了模具制造的成本，按模具开模费用 2 万元计算，仅开模项的精简带来的直接经济效益约 700 万元[①]。

3. 迪拜 O-14 办公大楼

O-14 办公大楼（O-14 Base）是一栋由 Reiser ＋ Umemoto RUR 建筑设计公司和迪拜房地产开发商 Shahab Lutfi 共同设计的 22 层高的商务大厦，该项目位于迪拜运河河畔的商业湾。这座建筑的外表皮是 40 cm 厚的混凝土外表皮，上面开有 1 326 个洞口，形似一块大奶酪，因此也被称为"瑞士奶酪"大楼[②]。

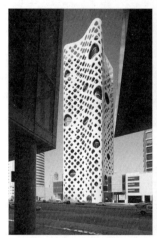

图 4-10　迪拜 O-14 办公大楼

图片来源：https://www.archdaily.cn/cn

项目外表皮是由一种高度标准化拓扑成型的斜肋构架构成，连续变化的孔洞是根据结构分析、材料特性、室内视线、日光辐射和照度等影响因素进行设计的，建筑师运用参数化的设计方法，以参数化软件 Rhino 和其插件 Grasshopper 实现了这一点，将标配

---

① 张慎，辜文飞，刘武，等. 复杂曲面参数化设计方法——以月亮湾城市阳台为例［J］. 土木工程与管理学报，2020，37（5）：27-32.

② https://www.visitdubai.com/zh/places-to-visit/o-14

结构和形态艺术化地融合在了一起,形成结构性表皮。而考虑到要降低施工的难度,建筑师将随机大小的孔洞简化为了 5 种标准尺寸,并以参数化三维模型输出的数值制作孔洞模板[①]。

4. 波士顿 BanQ 餐厅

波士顿 BanQ 餐厅位于老潘尼储蓄银行原银行大厅内,是由建筑师事务所 office da 完成的一个室内装修改造项目,建筑改造面积为 446 m²[②]。餐厅由两部分组成,靠近华盛顿大街的前半部分是个酒吧,而其后是较大的就餐区域。由于建筑受到保护,建筑外观、结构、内部设备管道等已有的固定装置,均不能进行改动。为保证地面空间具有灵活多变的使用性以适应不同的活动,天花板需要容纳固定的设备,如结构、水管、电气设备、喷淋系统、照明以及声学系统。建筑师设计了这种以条纹木板系统作为顶棚用以隐藏这些纵向的设备管线(见图 4-11)。条纹木板呈波浪形布置,为下面的就餐者提供了个虚拟的华盖。木板的几何化设计符合上部的所有设备要求,但同时又放射状延伸以柔化相邻区域的边界,从而创造出了无接缝的屋顶景观。

图 4-11　波士顿 BanQ 餐厅

图片来源:梅玥. 基于数字技术的装配式建筑建造研究[D]. 北京:清华大学,2015.

流动的曲面顶棚设计富有表现力,也意味着在传统的设计方式下大大增加建筑师的工作量和工作难度,构件尺寸精度影响着设计效率。所以建筑师采用 Rhino 软件将一个可编辑的自由曲面植入建筑顶部设备下方,通过上下移动曲面的控制点,使曲面平滑并完全包裹住现状顶棚。在现有结构柱的位置处甚至将顶棚的曲面沿柱延伸至地面,最终形成一个类似山洞中钟乳石般的效果。在完成基础曲面后,建筑师通过 Grasshopper 参数化设计工具对原曲面按照一定间距切割出曲线,将曲线向上偏移形成切片状二维切面,并赋予厚度,完成构件模型。为使一种整体的色彩质感在曲面空间中延续,并与木质家具取得统一,建筑师采用了桦木胶合板作为天花板曲面切片的材

① 张旭颖. 基于参数化技术的博物馆表皮设计研究[D]. 北京:北方工业大学,2022.
② 崔丽. 基于 Grasshopper 的参数化表皮的生成研究[D]. 天津:天津大学,2014.

料。参数化的构件三维模型将为生产端提供详细的尺寸数据,数控切割机床依此切割每一块板材制成预制构件,确保尺寸精度的同时也保证了加工效率。

建筑师在现状空间中安装吊杆和立柱并固定木质主龙骨,之后在主龙骨上固定相互连接在一起的切片板材。吊挂完成后,这些切片板材形成了连续曲面的视觉效果,这种片状拟合的方式也成为一种建造生成曲面的方法。空调、喷淋、灯光均利用了板材之间的空隙发挥作用,这个室内设计改造项目,在保护老建筑的同时实现了惊艳的改造设计效果。

本节列举了四个国内外采取参数化技术设计与建造的装配式建筑。它们的方案都充满了建筑师的创意,并经过为确保落地而进行的参数化优化与标准化工作。凤凰卫视传媒中心项目以参数化编程控制由莫比乌斯概念曲线壳体带来的复杂立面系统中幕墙单元的生成,并以计算机运行脚本修改、调试、深化;武汉月亮湾城市阳台项目以参数化软件精简了由地形高差带来的预制曲线台阶构件的种类,节省了大量建造成本,达到了方案与经济性之间的平衡;O-14办公大楼以参数化设计的方法对多种影响因素综合考虑,生成建筑外表皮并且将孔洞标准化,通过精简孔洞的尺寸类型来降低施工难度;波士顿BanQ餐厅以参数化软件设计了室内天花板的样式,并且参数化三维模型为后续的数控加工带来了加工效率和精度的极大提高。从这些案例中可以看出参数化技术的引入,在能够支持建筑师创造出极具想象力形象的同时,也能实现真实建造阶段与前端设计阶段的良好配合,大规模提高设计与建造装配工作的效率。

4.1.3 基于 Grasshopper 的建筑立面方案设计优化

近年来,政府大量出台相关政策推动装配式建筑发展,原因是其比传统的现浇建筑建造效率更高,对环境更加友好。但非线性的装配式建筑的构件在拆分设计后,部分构件由于其独特的形状无法标准化,导致了设计预制构件的通用性差,设计和生产效率都无法提升。

因此,可以将参数化技术融入装配式建筑拆分设计中,利用参数化技术的可视化和参数化特点,加快设计流程,减少生产错误。在装配式建筑设计阶段,将拆分出来的预制构件信息化,并进行参数化管理,实现快速拆分和模块化设计,并尽量减少构件的种类;在生产阶段,实现生产前确定构件数据、生产中完全了解构件数据、后期运维有信息可检索[1][2]。

————————————

① 韩进宇. 装配式结构基于 BIM 的模块化设计方法研究[D]. 沈阳:沈阳建筑大学,2015.

② 张健,陶丰烨,苏涛永. 基于 BIM 技术的装配式建筑集成体系研究[J]. 建筑科学,2018,34(1):97-102,129.

在 Orchard Commons 项目中，立面设计回应了《温哥华校园规划——第三部分》[①]的设计要求，并在表现自身文化多元化时利用了混凝土可塑性的特性，创造了一个独特、表现力丰富的立面。项目立面的外围护墙板呈现为加工和深化难度较高的复杂曲线，如图 4-12 所示，外表皮由多条丝带状的墙板和玻璃窗组成，每条丝带状的墙板曲线都存在不同之处。由于两栋高层公寓楼四个立面共有 1 205 块不规则形状墙板[②]，若采用装配式的方法，模具制作难度大且造价很高；为降低生产难度和建造成本，建筑师在原方案的基础上进行了曲线优化，以减少曲线的种类从而减少预制混凝土墙板的种类，降低项目成本。

图 4-12　参数化优化前的建筑立面展示

图片来源：UBC BIM TOPiCS Lab 提供

采用传统设计方式进行调整存在很大的困难且效率低下。在手动精简墙板种类后，同一个规格的预制混凝土墙板即便能在立面上重复利用，也无法精确定位。此外，如果建模完成后整体效果不佳，需要进行造型调整，则前面的工作都需要重新再来一遍，反复的调整对于设计效率有着极大的影响。所以建筑师采用了参数化设计的方法对建筑的表皮进行拆分设计。

参数化是将设计条件转化为设计变量的过程，参数化设计的要点在于：① 将建筑

① University of British Columbia，2020．*PLAN_UBC_VCP-Part*3-2020*Update*．https：//www．ubc．ca/

② Shahrokhi H，2016．*Understanding how advanced parametric design can improve the constructability of building designs*（T），p．17-18．University of British Columbia．https：//open．library．ubc．ca/collections/ubctheses/24/items/1．0308669

方案的抽象概念转化为计算机可运算和存储的具体参数；② 建立参数之间的逻辑数学关系；③ 结合特定软件工具或编写适合的程序来读取参数，按照参数间的逻辑关系建立这些工具或载体间的数据连接；④ 处理这些数据，生成某种结果并将之展示出来[①]。如图 4-13 所示，建筑师将建筑立面设计中书法和海藻元素转译为参数，并应用参数化软件 Grasshopper 搭建优化过程。基于 Grasshopper 的墙板优化主要分为四个步骤：参数定义、书法表达、墙板模块化、墙板分类。

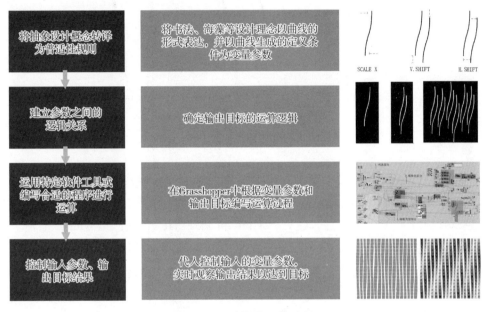

图 4-13　参数化运算过程

图片来源：作者自绘

具体过程如下：

第一步，参数定义。初始建筑立面设计以非线性的丝带状墙板表现代表自然环境的海藻元素和代表多元文化的书法元素，但该立面方案在拆分后墙板类型过多，导致成本超预算。而墙板类型可以通过减少丝带状墙板的曲线变化得到控制，所以建筑师根据曲线设置了曲率参数约束曲线在形式上的变化，并设置水平移动量和垂直移动量限定曲线变化的方式。

在 Grasshopper 中，设置曲率为 SCALE X，控制曲线的形式，用于表现海藻元素的外形样式；设置水平移动量和垂直移动量为 H. SHIFT、V. SHIFT，控制曲线的变化方式，用于表现书法错落有致、行云流水的韵味（如图 4-14 所示）。

---

① 骆耀辉. 基于优化算法的参数化建筑设计探究［D］. 成都：西南交通大学，2015.

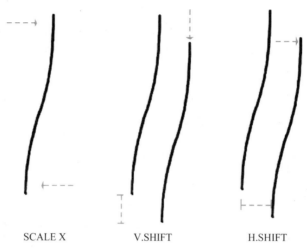

SCALE X   V.SHIFT   H.SHIFT

图 4-14　控制参数定义

图片来源:作者自绘

  建筑师在完成控制参数的定义后,以此为根据编辑了运算逻辑(如图 4-15 所示)。可以看出,确定曲线影响因素参数的逻辑运算分为两部分:第一部分是多组参数的整合,建筑师设计了多组 SCALE X、V. SHIFT 和 H. SHIFT 组合,以 Merge 电池为核心,输入多组控制参数,经过 Merge 电池的运算,合并成一个整体对应第二部分的输入端接口。第二部分是对整合后参数的筛选,第一部分中输出的相关参数会接入 Cluster 电池输入端的 VARIABLES(变量)、QTY(数量)和 OPTION(选项)接口,Cluster 电池中打包了一段以 Branch 电池为核心的逻辑运算,其逻辑是通过 Branch 电池的参数筛选输出最终的 SCALE X、H. SHIFT 和 V. SHIFT。

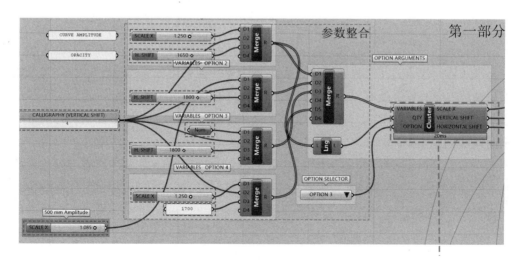

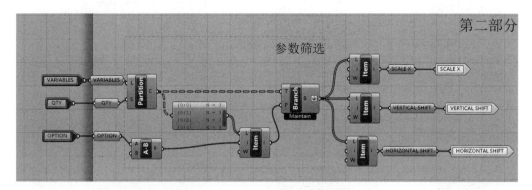

图 4-15 Grasshopper 变量部分参数化设计截屏

图片来源：作者自绘

第二步，书法表达。该步骤主要通过输入参数生成所需的曲线，也就是非线性设计墙板的两条边线。如图 4-16 所示，在 Grasshopper 搭建的过程中主要分为 A、B、C 三个部分。

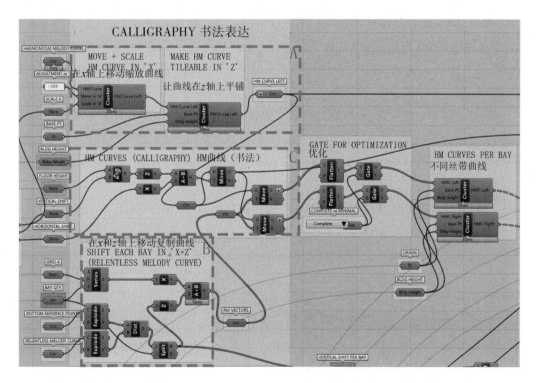

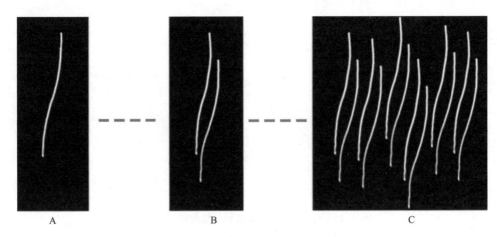

图 4-16　Grasshopper 书法部分参数化设计截屏

图片来源：基于 Shahrokhi H, 2016. *Understanding how advanced parametric design can improve the constructability of building designs*（T），p. 60，Figure 3-8. University of British Columbia. https：//open. library. ubc. ca/collections/ubctheses/24/items/1. 0308669. 作者编辑

其中，A 部分将一条手动绘制的曲线以 SCALE X 参数进行调整，并在 Z 轴上复制，增加曲线长度。Grasshopper 中主要由两块 Cluster 电池组成，第一个 Cluster 电池内，以 HM Curve（曲线）、Move in "X"和 Scale X 作为控制参数输入，Scale NU 根据 Scale X 对 HM Curve 进行调整并输出 HM Curve Left，即墙板的左边线；第二个电池 Cluster 内，以 HM Curve Left、Base Pt、Bldg Height（建筑高度）为控制参数输入，HM Curve Left 在 Control Point 电池分解成点位组合之后会根据 Bldg Height 调整成合适的长度，在经过 Reverse 电池生成五条曲率相同但形式不同的曲线并通过 Move 电池在 Z 轴上排列后，Interpolate 电池会将这五条曲线由 Divide Curve 电池转化来的对应点位生成曲线，再次输出 HM Curve Left，经过二次运算的 HM Curve Left 包含了 18 段以 Scale X 控制的曲率和长度等于建筑高度且形式不同的曲线。

如图 4-18 所示，B 部分主要是从一条无序折线上获取需要的点位坐标，作为曲线复制的基础。Grasshopper 中以 Grid X（参考线）和 BAY QTY（丝带状墙板条数）为输入参数，经过 Series 电池运算确定的参数作为 X 轴上的一点，以 BOTTOM REFERNCE POINTS 和 RELENTLESS MELODY CURVE 经过 Explode、Distance 和 Split 电池运算得来的参数作为 Z 轴上的一点，并将二者结合起来生成 18 个由 X 轴、Z 轴组成的坐标。曲线根据该坐标位移后，由于垂直方向上的位置改变，每条曲线会在保持曲率相同情况下，又在视觉上的变化。

C 部分负责整合处理上述两部分输出的内容，将 HM Curve Left 根据 18 个由 X 轴、Z 轴组成的坐标复制。如图 4-19 所示，Grasshopper 中该段电池组输出了两种结果：一种是曲线根据坐标直接复制而来；另外一种曲线先根据 H. SHIFT 和 V. SHIFT 进行位移，再根据 B 部分输出的点位复制，由此生成两组曲率相同但形式变

化的曲线：HM CURVE LEFT 和 HM CURVE RIGHT，即丝带状墙板的左边线和右
边线。

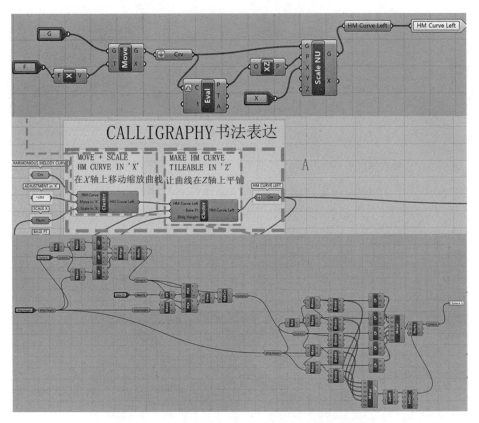

图 4-17　Grasshopper 书法 A 部分参数化设计截屏

图片来源：作者自绘

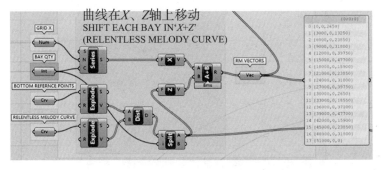

图 4-18　Grasshopper 书法 B 部分参数化设计截屏

图片来源：作者自绘

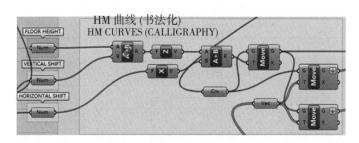

图 4-19　Grasshopper 书法 C 部分参数化设计截屏

图片来源：作者自绘

第三步，墙板模块化。该步骤以建筑的层高为约束条件，分割 HM CURVE LEFT 和 HM CURVE RIGHT 两组曲线，因为两组曲线代表着墙板的两条边线，所以产生的分割点均为墙板四个角所在的点。然后根据曲线的形式将四个角连起来生成墙板轮廓。

如图 4-20 所示，Grasshopper 中该过程可以分为两部分，第一部分将 ORIGIN 原点、GRID X、LEVEL QTY（楼层层数）、FLOOR HEIGHT（楼层高度）作为控制参数输

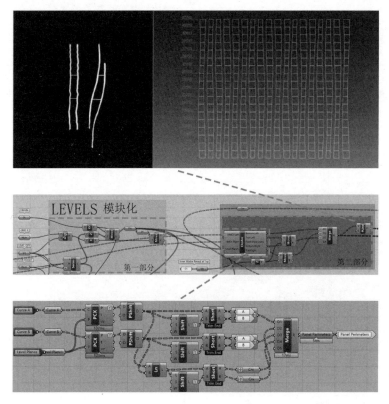

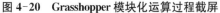
彩图链接

图 4-20　Grasshopper 模块化运算过程截屏

图片来源：基于 https://www.buildingtransformations.org/，作者编辑

入,输出每块墙板的水平落点位置,即未结合方案设计的曲线、在垂直方向上排布的落点位置。在第二部分中,将落点位置输入 Level Planes,该电池另外连接 CALLIGRA-PHY(书法化)过程输出的 HMCs Left 和 HMCs Right 曲线,Cluster 电池内落点位置会根据 HMCs Left 和 HMCs Right 曲线进行排布,在经过 P Shift 电池复制后由 Merge 电池将根据不同曲线排布和复制的落点位置整合后输出,输出立面每块墙板上各个角的落点坐标以及墙板周长,由 PolyLine 电池将各点连接形成墙板的轮廓。

第四步,墙板分类。该步骤主要是以不同的数字和颜色标记不同类型的墙板。如图 4-21 所示。在该部分的运算中,以 BAY QTY(丝带状墙板数量)、LEVEL QTY(楼层层数)、VERTICAL SHIFT PER BAY(每条丝带状墙板的垂直位移量)和 FLOOR HEIGHT(楼层高度)为控制参数输入,经过以 Duplicate Date 电池和 Gradient 电池,为上述生成的墙板轮廓根据不同类型做上颜色和数字标记。

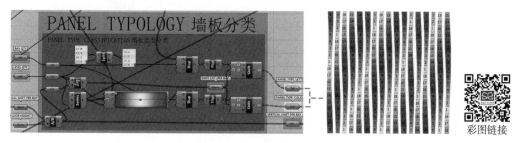

图 4-21　Grasshopper 墙板类型部分参数化设计截屏

图片来源:基于 Shahrokhi H,2016. *Understanding how advanced parametric design can improve the constructability of building designs*（T）,p. 60,Figure3-9,University of British Columbia. https://open. library. ubc. ca/collections/ubctheses/24/items/1.0308669. 作者编辑

到此,曲线以层高为单位划分为 18 份并以点的形式重新连接成墙板轮廓,即经过优化后建筑立面上墙板类型被减少至 18 种。经过标记后,每块墙板的位置也可以清晰地看见,预制墙板已初步完成了标准化。

4.1.4　基于 Dynamo 的建筑立面墙板深化设计优化

在 3.2.3 中讲到为应对真实建造过程中连接错位的问题,项目团队研究采用参数化的方法作为建筑立面墙板的深化设计优化方案。下面将描述他们如何利用参数化软件 Autodesk Revit 和 Dynamo 处理问题。

首先,他们创建了一个常规墙板作为族类型,并将墙板尺寸设置在族类型中。此外,他们还加入两个新的变量,分别用于代表左、右连接点与基准线之间水平距离,即连接组件在墙板上的位置,标记为 dim_LC 和 dim_RC(如图 4-22 所示)。

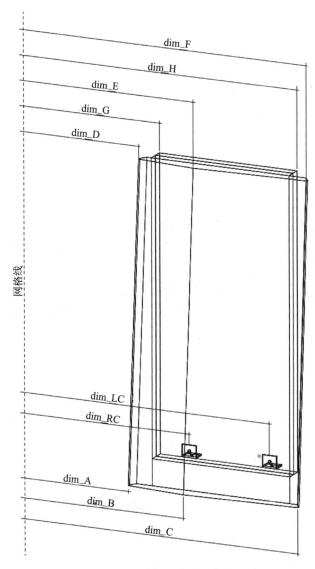

图 4-22　墙板尺寸定义变量

图片来源：Shahrokhi H，2016. *Understanding how advanced parametric design can improve the constructability of building designs*（T），p. 82，Figure3-16，University of British Columbia. https：//open. library. ubc. ca/collec-tions/ubctheses/24/items/1. 0308669.

如图 4-23 所示，在 Dynamo 参数化设计软件中，建筑师建筑结构模型链接了进来，他们需要参考其中的结构信息来放置墙板族类型，并相应地调整连接组件位置。图 4-23 展示了 Dynamo 中定义的算法过程。建筑结构模型信息获取相关的参数模块以橙色分组，它们从建筑结构模型中获取必要的信息并将信息传递给墙板族模块以放置墙板族类型。绿色组的参数模块将前面的信息与之前 IFC 图纸中获得的墙板尺寸信息（dim_A～dim_H）结合起来，并通过粉色组的电子表格参数模块导入，以操作通用墙板系列类型的尺寸变量所需数值。

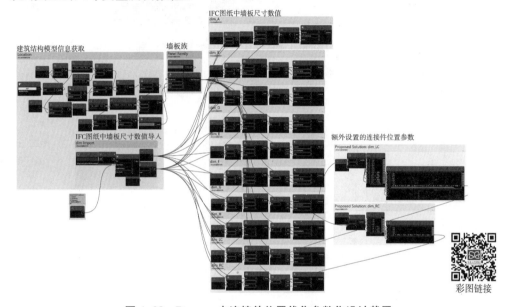

图 4-23　Dynamo 中连接件位置优化参数化设计截屏

图片来源：基于 Shahrokhi H，2016. *Understanding how advanced parametric design can improve the constructability of building designs*（T），p. 83，Figure3-17，University of British Columbia. https://open. library. ubc. ca/collections/ubctheses/24/items/1. 0308669，作者编辑

除了绿色组中 dim_A～dim_H 的尺寸外，两个蓝色组是本研究为确定连接点位置而设置的约束条件（图 4-24），这些参数模块从前面的模块中获取必要的间隙范围信息即 dim_G、dim_H 以及参考线到柱子之间的距离，并根据设置的约束条件，确定每个面板连接的位置。

到此，经过在 Dynamo 中搭建的优化过程，原先 34 个随机连接组件位置精简到了 7 个确定位置。图 4-25 所示为建筑物向外看的剖面图，展示了当墙板连接的位置在参数化优化后与建筑结构保持适当的距离，不会再与结构发生冲突。

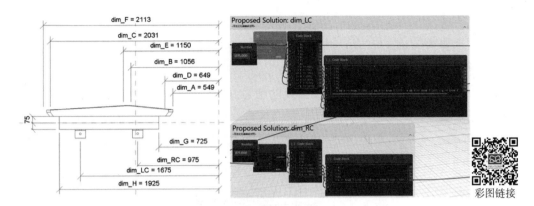

图 4-24 Dynamo 墙板连接节点参数化设计截屏

图片来源：基于 Shahrokhi H，2016. *Understanding how advanced parametric design can improve the constructability of building designs*（T），p. 84，Figure3-18，University of British Columbia. https：//open. library. ubc. ca/collections/ubctheses/24/items/1. 0308669，作者编辑

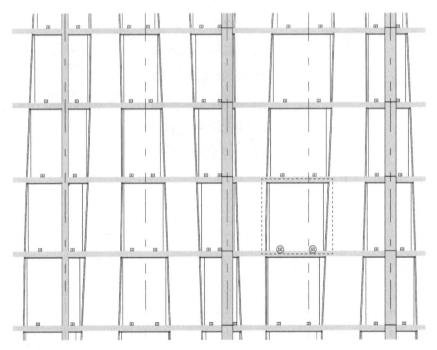

图 4-25 优化后墙板与结构位置关系

图片来源：Shahrokhi H，2016. *Understanding how advanced parametric design can improve the constructability of building designs*（T），p. 85，Figure3-19，University of British Columbia. https：//open. library. ubc. ca/collections/ubctheses/24/items/1. 0308669

　　连接错位问题出现的原因在于连接点位置过多，导致 L 形连接组件在放置在楼板上时容易出现定位错误。基于 Dynamo 的优化过程中包括了这一设计规则，该设计规则测量每个墙板连接位置的允许范围，并基于一组定义的选项来确定精确的放置位置，

以最小化连接组件位置的数量。图4-26展示了这一规则的结果,并与原先标准墙板的连接组件设计进行了比较。经过优化的L形连接支架在与建筑结构连接时出错的概率已降至最低。墙板安装的工作人员也对该结果进行了检查,他们确定了建筑师的假设,即考虑到Orchard Commons项目中安装的大量连接组件(4 344个)[①],将连接组件位置精简到7种而不是34种可以大幅度减低出错的可能性。

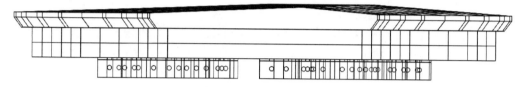

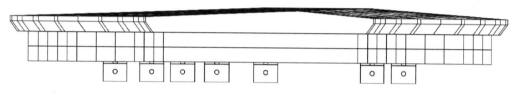

图4-26　新旧墙板连接件位置对比

图片来源:Shahrokhi H,2016. *Understanding how advanced parametric design can improve the constructability of building designs*(T),p.86,Figure3-20,University of British Columbia. https://open. library. ubc. ca/collections/ubctheses/24/items/1.0308669.

4.1.5　参数化设计在设计与建造优化中的应用总结

大量非线性建筑的出现,赋予了建筑新的美学意义,但同时也给设计施工带来了相当大的难题。借助参数化设计平台,可以实现对复杂曲线有理化分析。通过参数化设计在项目关键参数之间建立联动关系,设计师可快速构建高精度的复杂形体,参数化控制曲线形式、大小和逻辑,参数化控制曲线数据输出。正如上面Orchard Commons项目所示,通过参数化技术对立面墙板的曲线造型进行优化,在参数化软件内设计优化算法对大量的复杂曲线进行拟合和归并,减少曲线的种类,进而减少预制混凝土墙板的种类。在完成参数化设计后,建筑师可以通过参数化软件以表格、图纸等形式输出预制构件的加工数据,提高不规则墙板在现场安装的定位精度和生产端的加工精度。模具的减少和反复使用节约加工特定模具的成本,精准的预制构件数据加快加工制造的速度。

通过该研究案例,我们重点阐述了利用参数化技术对装配式预制构件实施参数化设计、统一装配式构件拆分设计标准的实施方案,能大大提高装配式预制构件加工和真实建

① Shahrokhi H,2016. *Understanding how advanced parametric design can improve the constructability of building designs*(T). University of British Columbia. https://open. library. ubc. ca/collections/ubctheses/24/items/1.0308669

造的工作效率,在较大程度上减少真实建造中遇到的问题,同时在施工阶段通过节点的准确定位加快施工进度。应用实践效果表明,参数化技术与装配式建筑相结合能深度展现参数化技术在装配式建筑中的应用价值,推动装配式建筑向更高效、更高质量方向发展。

4.2 Brock Commons 学生公寓的设计与建造优化

作为一项建筑工程项目,Brock Commons 学生公寓从设计到建造完成涉及各类不同专业和人员的协作,图 4-27 展示了完整的项目团队,包括所有的业主、设计团队、施

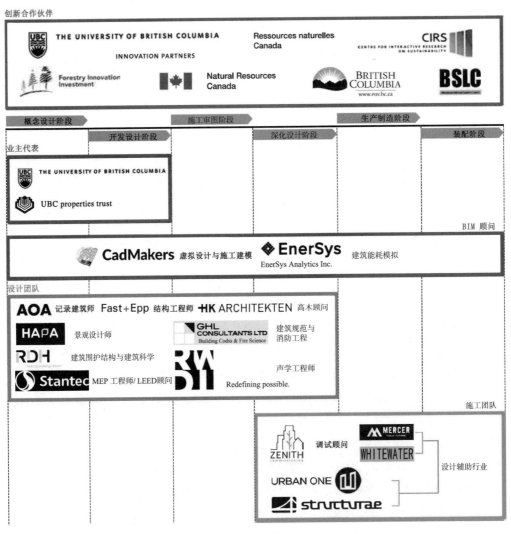

图 4-27 Brock Commons 学生公寓项目团队

图片来源:作者自绘

工团队、BIM 团队，其中直接参与设计与建造优化过程的主要人员为：Acton Ostry Architects Inc.（建筑公司）、Fast＋EPP（结构工程师）、Stantec Ltd.［（Mechanical、Electrical、Plumbing，简称 MEP）MEP 工程师］、CadMaker Inc.（VDC 建模师）、Urban One Builders（建造经理）以及重型木结构制造商和安装人员。

正如图 4-27 所示，Brock Commons 学生公寓项目涉及的专业很多，如果按照传统的工作模式和流程，整个项目过程中需要多次且反复的修改，每次的修改牵扯面也非常广，几乎每个专业都要花费大量的时间与精力。这种工作方式的效率低，无法满足设计周期紧张的现实，并且容易出现误差。那么 Brock Commons 学生公寓项目是以一种怎样的方式实现设计和建造的呢？接下来将具体展开探讨 Brock Commons 学生公寓的设计与建造优化的全过程。

4.2.1　基于 BIM 的虚拟建造

在建筑工程中，将 2D 图纸信息转变为项目成员可以利用的成本、进度等信息的过程非常复杂和困难，通常承包商不得不花费大量时间去理解和翻译 CAD 图纸上的信息，并承担工程变更的风险。为了解决这一问题，最有效的办法就是通过应用参数化的、计算机可识别的数字信息模型，优化改进项目的规划、设计、施工、运营（或使用）、维护等一系列的工作流程。这个数字信息模型以三维几何信息为基础，聚合了工程项目产生的数字信息，主要包括施工进度信息和成本信息，这些信息相互协作，从而支持和项目相关的多种应用[①]。其中，虚拟建造是通过对多学科多专业知识的综合运用来预测、分析和控制项目的实际进展情况，通过全面系统的准确数据对建设项目的各种方案以及相关的未来影响进行准确预测和分析，从而帮助项目各参与单位进行决策，避免项目建设的失误，使项目的建设目标尽可能更好地实现[②]。

Brock Commons 项目的设计和建造流程的一个独特之处是广泛应用了虚拟设计和建造（Virtual Design and Construction，VDC）工具和方法。虚拟模型建模通过建筑信息建模（BIM）提供支持，这是一个基于数据的项目交付过程，以建筑及其构件和系统的集成数字模型的协作、多学科建模为中心。该模型可作为支持设计决策、协调和施工规划的工具，随后可用于管理建筑物的运营和维护，以及翻新和报废。本章节将通过介绍 BIM 虚拟模型的类型、BIM 平台和软件展示基于 BIM 的虚拟设计和建造在建筑工程项目的实际应用。

---

　　① 刘琰，李世蓉.虚拟建造在工程项目施工阶段中的应用及其 4D/5D LoD 研究［J］.施工技术，2014，43（3）：62-66.

　　② 王广斌，张洋，杨学英，等.工程项目建设信息化发展方向——虚拟设计与施工［J］.武汉大学学报（工学版），2008（2）：90-93.

1. BIM 虚拟模型的类型

BIM 虚拟模型通常在使用协同的多学科模型结构的项目上实施，而不是统一或集成，因此，不同的项目参与者创建不同类型的 BIM 以支持整个项目生命周期中的不同用途。表 4-1 展示了 Brock Commons 学生公寓基于 BIM 生成的不同类型的模型，包括四种不同类型的模型。通过虚拟模型的使用，在 Brock Commons 学生公寓从设计到建造过程中实现了可视化、数量计算、碰撞检查、多专业设计协同、施工图审查、数字化建造、四维规划和排序等效益。

表 4-1　Brock Commons 项目虚拟模型类型及作用

阶段	设计阶段		建造阶段	
模型类型	设计模型	协调模型	制造模型	装配模型
图例				
参与人员及公司	Acton Ostry Architects Inc.（建筑师）Fast+EPP(结构工程师) Stantec Ltd.（MEP 工程师）CadMaker Inc.（VDC 建模师）	Acton Ostry Architects Inc.（建筑师）CadMaker Inc.（VDC 建模师）	制造商 安装人员 CadMaker Inc.（VDC 建模师）	Urban One Builders(建造经理) CadMaker Inc.（VDC 建模师）
目的	用于各专业设计阶段的模型	集建筑、结构、MEP 于一体，用于协同的模型	为实现数字化制造而创建的模型	为模拟真实建造过程而创建的模型
应用	可视化分析 数量计算	碰撞检查 多专业设计协同	施工图审查 数字化制造	四维规划和排序

图片来源(从左至右)：

1　University of British Columbia，2016. *Brock Commons Design+Preconstruction Overview Case Study*，p. 11. https://www. naturallywood. com/wp-content/uploads/brock-commons-design-preconstruction-overview _ case-study_naturallywood. pdf

2　University of British Columbia，2016 . *Brock Commons Tallwood House ：Design Modelling*，p. 7. www. naturallywood. com/wp-content/uploads/brock-commons-design-modelling_case-study_naturallywood. pdf

3+4　University of British Columbia，2017. *Brock Commons Tallwood House：Construction Modelling Case Study*，p. 1. https://www. naturallywood. com/wp-content/uploads/brock-commons-construction-modelling_case-study_naturallywood. pdf

2. BIM 平台和软件介绍

为了实现各专业每一位成员都能够在一个集中的模型中工作，Brock Commons 项目在设计建模过程中采用了多种工具，如图 4-29 所示。3DEXPERIENCE 是用于创建由体系结构、结构和机电系统组成的集成模型（使用的文件格式：STL、IGS、Model、STP、3DXML、CGR），使项目团队的所有成员都可以为共享模型作出贡献。CATIA 作为项目主要建模软件（使用的文件格式：STL、IGS、Model、STP、3DXML、CGR），在CATIA 建模完成后，连接到 3DEXPERIENCE 平台进行专业协调。Navisworks 是一个用于协调、分析和交流设计的综合项目审查解决方案软件。Navisworks 用于 3D 碰撞检测（使用的文件格式：NWF、NWD、IFC）。

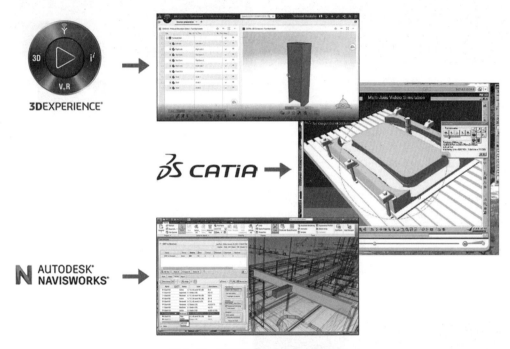

图 4-28　BIM 流程采用的主要工具

图片来源：作者自绘

3. BIM 虚拟模型的创建

为了验证 Brock Commons 学生公寓项目的可行性，从初步设计阶段便开始使用虚拟模型。通过 CATIA 进行参数化建模，不仅能够进行数量计算，创建成本估算，同时使得建筑师、结构工程师、MEP 工程师、施工经理和业主之间的协调沟通高效。接下来将以虚拟模型为线索，从初步设计阶段、深化设计阶段、生产制造阶段、现场施工阶段阐述 Brock Commons 学生公寓从设计到建造过程中如何进行基于 BIM 虚拟模型的优化。

（1）初步设计阶段

在初步设计阶段，首先提出了初步建筑设计方案，由于 UBC 设计团队发现简单的立面形式能够产生更多预制构件，因此本次方案采用了楼层布局，即 Ponderosa 二期项目布局的变体。接着，结构工程师设计结构方案，提出了三种选择，其中一种没有梁，该阶段通过虚拟模型展示结构最后的两个选项，如图 4-29 所示。

（a）结构选项 1a：梁选项　　　　　　（b）结构选项 3a：双向板选项

图 4-29　虚拟横型展示结构

图片来源：Fallahi A，2017. *Innovation in hybrid mass timber high-rise construction：a case study of UBC's Brock Commons project*（T），p. 78，Figure 6-2，University of British Columbia，https://open. library. ubc. ca/collections/ubctheses/24/items/1. 0345634

初步方案设计完成之后，初步建筑设计方案和三个结构选项被带到了一个为期 3 天的设计协调会议上。通过虚拟建模三维地、全面地展示了本次初步设计的结果，以便各专业专家高效、准确地对初步方案进行判断和决策，估计建筑成本。在此阶段，初步虚拟模型显示了所选的设计方案，以及有关建筑构件的体积和数字信息，如图 4-30 所示。

	A	B
1	option 1a	VOLUME (M3)
2	C1-LVL 1_6	92.913m3
3	C1-LVL7_12	68.136m3
4	C1-LVL13_18	40.334m3
5	PRECAST TOPPING	967.448m3
6	CLT_PANEL-SECONDARY STRUCTURE	1362.476m3
7	ELEVATOR CORE(NO OPENING)	699.42m3
8	B1-OUTSIDE BEAMS	75.798m3
9	B2-INTERIOR BEAMS	67.117m3

图 4-30　初步设计阶段的 VDC 产品

图片来源：Fallahi A，2017. *Innovation in hybrid mass timber high-rise construction：a case study of UBC's Brock Commons project*（T），p. 81，Figure 6-6，University of British Columbia. https://open. library. ubc. ca/collections/ubctheses/24/items/1. 0345634

在创建虚拟模型并完成基本数量计算后，输出的是 Excel 电子表格，该电子表格的内容包括数量计算、行业的劳动力和材料单价以及其知识和 Ponderosa 二期项目的成本明细,该项目已成为 Brock Commons 项目的先例。此外,还制作了类似施工图的 2D 文档,以帮助投标人了解项目,最大限度地减少对投标成本增加的不确定性,从而增加投标建议书的成本。图 4-31 显示了设计协调会议期间建模的电子表格和文档示意图。

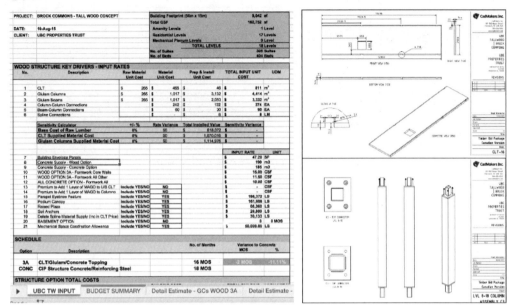

图 4-31　施工经理在设计协调会议期间进行的成本估算

图片来源:Fallahi A,2017. *Innovation in hybrid mass timber high-rise construction:a case study of UBC's Brock Commons project* (T),p. 82,Figure 6-7,University of British Columbia. https://open. library. ubc. ca/collections/ubctheses/24/items/1. 0345634

（2）深化设计阶段

接下来,建筑师开始进行深化设计并确定最终设计方案。在此阶段,团队的正式项目交付成果以 2D 图纸的形式呈现。然而,在此过程中,虚拟模型正在同步进一步的建模和更新,并且当建筑师在绘制图纸时,VDC 建模师也将其绘制的图纸纳入主模型,使得 VDC 建模师能够及早识别任何潜在的冲突或跨学科协调问题,并在问题导致下游产生其他问题之前要求澄清或更改[①],如图 4-32 和图 4-33 所示。

最后,VDC 建模师与专业人员一起坐在办公室里,共同完成 MEP 配置的详细布局。由于在项目协调过程中,MEP 工程师需要在图纸中提供一个 MEP 总体布局,突出显示重要的工程考虑因素,而具体的最终布局确定责任属于在现场的施工方。通过

---

① 　Fallahi A,2017. *Innovation in hybrid mass timber high-rise construction:A case study of UBC's Brock Commons project* (T). University of British Columbia. Retrieved from https://open. library. ubc. ca/collections/ubctheses/24/items/1. 0345634

提前进行沟通协调,VDC 建模师能够在设计阶段结束之前识别出潜在的可施工性问题,以对总体布局进行调整。

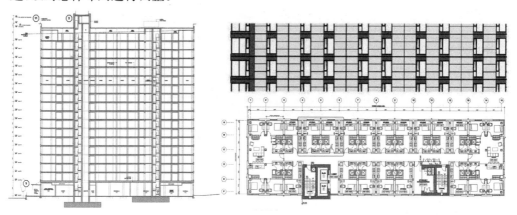

图 4-32 用于 VDC 建模的建筑设计图纸

图片来源:Fallahi A,2017. *Innovation in hybrid mass timber high-rise construction*:*a case study of UBC's Brock Commons project*(T),p. 83,Figure 6-9,University of British Columbia. https://open. library. ubc. ca/collections/ubctheses/24/items/1. 0345634

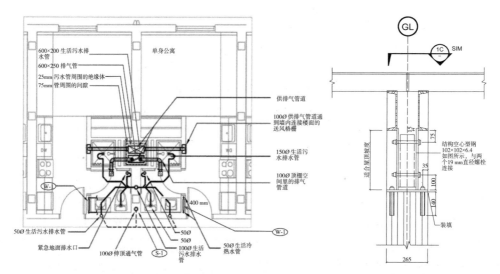

图 4-33 左 用于 VDC 建模的设备设计图纸;右 用于 VDC 建模的结构设计图纸

图片来源:Fallahi A,2017. *Innovation in hybrid mass timber high-rise construction*:*A case study of UBC's Brock Commons project*(T),p. 84,Figure 6-10,University of British Columbia. https://open. library. ubc. ca/collections/ubctheses/24/items/1. 0345634

（3）生产制造阶段

在生产制造阶段,虚拟模型是一个详细的三维协调模型,所有 MEP、CLT 楼板开口、钢筋和加固件、内部装修和围护板的确切位置如图 4-34 和图 4-35 所示:

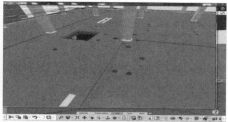

图 4-34　在生产制造阶段协调模型的 CLT 楼板尺寸

图片来源:左图　Fallahi A，2017. *Innovation in hybrid mass timber high-rise construction：a case study of UBC's Commons project*（T），p. 87，Figure 6-14，University of British Columbia. https://open. library. ubc. ca/collections/ubctheses/24/items/1. 0345634
右图　https://www. cad makers · coml

图 4-35　生产制造集成模型

图片来源:Fallahi A，2017. *Innovation in hybrid mass timber high-rise construction：a case study of UBC's Brock Commons project*（T），p. 87，Figure 6-14，University of British Columbia. https://open. library. ubc. ca/collections/ubctheses/24/items/1. 0345634

（4）现场施工阶段

Brock Commons 学生公寓在主体部分建造之前先建造一个全尺寸试验模型,其目的是实践施工方法,并在现场检验连接方式和施工顺序。通过全尺寸模型的建造,能够结合施工进度安排和顺序,帮助项目团队制定施工战略文件,包括安全计划、运输和装载时间表以及安装顺序。这些文件用于向团队传递信息,分析安装方法并提高安装效率,同时确保现场材料的快速和简化运输(考虑到现场存储空间有限的情况)。由于木材在这个项目中扮演着重要的角色,其快速安装的特点是其主要优势之一。考虑到木材不宜长时间暴露在恶劣天气中,因此通过试验建造对项目进行详尽的分析对于项目的成功至关重要。

在试验模型和建筑建造过程中,各专业之间通过现场协调会议进行沟通,如图 4-36 所示,VDC 建模师通过与项目经理的沟通,利用他们的专业知识与经验丰富的行业人员沟通,以保持各专业之间的密切合作。

图 4-36 现场协调会议

图片来源:Azab Mohamed. *BrockCommons Tallwood House:The advant of tall wood structures in Canada*. p. 54. https://www. scribd. com/document/522797634/CS-BrockCommon-study-23#

在此阶段,虚拟模型用于模拟施工,并以文档的形式通知团队。例如,图 4-37 显示了在安装到 CLT 楼板上之前柱的临时位置,然后将这些序列和四维视频转换为施工图上的数字和代码,以指示其各自的安装序列,如图 4-38、图 4-39 所示。

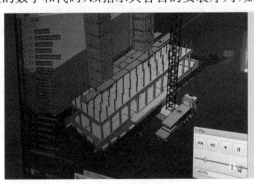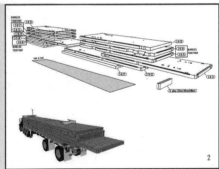

图 4-37 虚拟建造和 CLT 楼板的装载运输

图片来源:左图 https://www. cadmakers. com/
右图 University of British Columbia,2016. *Brock Commons Performance Overview Case Study*,p. 7. https://www. naturallywood. com/wp-content/uploads/brock-commons-tallwood-house-performance-overview_case-study_naturallywood-1. pdf

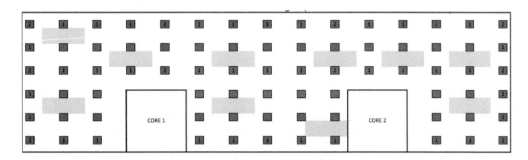

图 4-38　胶合木柱的装配顺序

图片来源：Calderon F，2018. *Quality control and quality assurance in hybrid mass timber high-rise construction：a case study of the Brock Commons*（T），p. 57，Figure4. 11，University of British Columbia. https：//open. library. ubc. ca/collections/ubctheses/24/items/1. 0365783

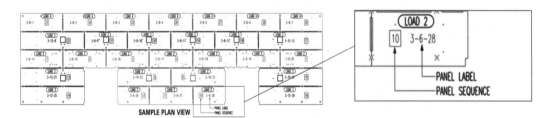

图 4-39　CLT 楼板的装配顺序

图片来源：Fallahi A，2017. *Innovation in hybrid mass timber high-rise construction：a case study of UBC's Brock Commons project*（T），p. 94，Figure 6-28，University of British Columbia. https：//open. library. ubc. ca/collections/ubctheses/24/items/1. 0345634

4.2.2　基于 BIM 的协同设计

协同设计的概念不是针对单个人，而是通过一定协调机制和标准，为整个设计团队提供一种集成设计的方法，使不同团队的设计人员共同完成设计任务[1]。随着移动互联网技术的普及和发展，BIM 模型是建筑各专业设计人员协同的产物[2]。通过在统一平台上采用统一标准进行各自部分设计，不同团队的设计人员获得的信息是相同的，互相可以共享设计成果，在有机结合的过程中进行协调，消解设计冲突，保证信息传递的及时性和准确性，提高设计的效率，实现不同学科、不同专业、不同团队在项目设计中的协作配合[3]。本节以 Brock Commons 学生公寓为例，研究 Brock Commons 学生公寓建模中不同学科、不同专业、不同团队成员如何在设计过程进行协作配合，如何优化设

　　① 渠立朋. BIM 技术在装配式建筑设计及施工管理中的应用探索［D］.北京：中国矿业大学，2019.
　　② 王巧雯.基于 BIM 技术的装配式建筑协同化设计研究［J］.建筑学报，2017(S1)：18-21.
　　③ 章敏，龙虹池，俞小胖，等.基于 BIM 的碰撞检查在市政水务项目协同设计中的应用［J］.科技与创新，2022(18)：50-53,59.

计流程,如何消解设计冲突、提高设计效率。

1. 职责与分工

由于 Brock Commons 学生公寓作为预制重型木结构项目,涉及各类不同的学科,并且需要确保所有组件无缝地协同工作,因此设计期间不同团队之间的高效协作具有挑战性。所涉及的组织的多样性在很大程度上取决于项目环境和项目背景的复杂性,即项目交付类型、合同条件、预制水平和模块化组件的复杂性。由于在这项研究中观察到的重型木结构项目遵循"整合设计流程(IDP)",我们假设不同的项目阶段包含不同专业领域之间的同时协作,这些学科被看作是相互独立的组织。由上述可知,本项目中涉及的主要专业包括建筑师、结构工程师、MEP 工程师、重型木结构制造商、建造经理、重型木结构安装人员,这些专业在 Brock Commons 项目设计建模过程中的主要职责如表 4-2 所示。

表 4-2 **Brock Commons 项目典型专业人员职责**

	建筑师	结构工程师	MEP 工程师	制造商	建造经理	安装人员
职责	建筑概念模型建模	结构审查	MEP 审查	协助角色	项目估算	分析制造模型
	建筑深化模型建模	结构初步模型建模	MEP 初步模型建模	协调审查不同模型	协调审查不同模型	—
	协调不同模型	结构深化模型建模	MEP 深化模型建模	—	—	—

数据来源:Staub-French S, Poirier E A, Calderon, F, et al, 2018. *Building information modeling(BIM)and design for manufacturing and assembly(DfMA)for mass timber construction.* BIM TOPiCS Research Lab University of British Columbia: Vancouver, BC, Canada. https://www.naturallywood.com/wp-content/uploads/bim-dfma-for-mass-timber-construction_report_bim-topics-research-lab.pdf

在创建协作 BIM 环境时,对建模的角色和职责进行仔细考虑至关重要,Brock Commons 项目在设计建模过程中涉及各专业的不同软件的使用,如建筑师用 SketchUp 绘制建筑效果图,结构工程师使用 CATIA 表达建筑方案的结构草图,MEP 工程师采用 AutoCAD 表达建筑 M/E/P 系统方案草图,最终各专业的协同模型利用 3DEXPERIENCE 呈现。

图 4-40 展示 Brock Commons 项目在整个设计建模过程中,为实现信息传递共享和多专业协同,各专业之间协作反馈的流程。

虽然 BIM 可以提供一个"集成协作环境"来支持 DfMA(面向制造和装配的设计),但必须结合项目合同模式(促进施工专业人员的协作和早期参与)以及 BIM 计划手册(确保成功实施模型建模及信息共享协议和程序)。

通常情况下,结构工程师会将建模精确到适合制作图纸的程度。然而,在协同过程

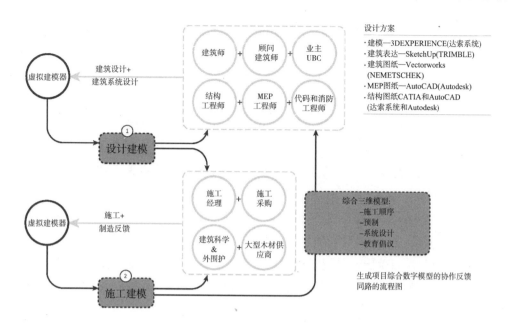

图 4-40　项目期间运行的协作反馈流程图

图片来源：基于 University of British Columbia，2017. *Brock Commons Tallwood House*；*Construction Modelling Case Study*，p. 5. https://www.naturallywood.com/resource/brock-commons-construction-modelling-case-study/，作者编辑

中，工程师需要与下游用户（包括制造商）共享模型，但制造商使用工程师的模型时通常会面临一些挑战。

例如，首先，设计团队各专业人员通常专注于制作图纸，而不是在模型中进行设计，然而，图纸不能准确反映模型中的设计变更和调整，导致图纸与模型之间存在不一致的地方。其次，由各专业人员建立的模型可能无法满足制造商的要求，即没有包含制造所需的详细信息或制造过程中需要满足的特定要求，导致制造商需要重新创建制造模型。此外，在木材行业等特定行业中，各专业工程师和制造商使用不同的软件和数据格式进行设计和制造，这可能导致数据在传递过程中的格式转换和信息丢失，这增加了信息传递的复杂性，导致信息传递的误解。因此，为了创建有效的协作 BIM 环境需要充分考虑各参与成员的需求，并采取相应措施解决信息传递、沟通和协作中的问题，以实现更高效的项目执行。本节接下来将从宏观到微观逐一阐述 Brock Commons 学生公寓是如何实现各个专业的协同的，包括 BIM 协同框架、BIM 协同指南、BIM 协同流程三部分，宏观层面"BIM 协同框架"重在阐述项目团队的协同模式；中观层面"BIM 协同指南"介绍引导团队协同流程的制定指南；微观层面"BIM 协同流程"基于前两部分的阐述展示 Brock Commons 学生公寓各专业协同的具体实施过程。

2. BIM 协同框架：IDP 模式

整合设计流程（Integrate Design Process，IDP）可以定义为一种跨学科的设计方法,它强调跨学科团队协作,其成员基于相同的愿景和对项目整体的理解共同做出决策。它是对项目全生命周期的整体设计,要求项目团队一起考虑项目及其所有系统,强调在项目和整个生命周期中专业人员和利益相关者之间的联系和沟通[①]。它能够打破学科界限,有效避免传统设计中线性流程中的各种问题[②]。为了在建筑项目中更好地实现"整合设计流程",在执行 IDP 过程中应遵循其一般基本原则,其一般基本原则包括以下六个方面[③]:

(1)广泛的合作团队:IDP 最重要的原则与包容性和合作有关。在理想情况下,团队应包括所有相关学科的专家及利益相关者,他们从头到尾都要参与其中,一个具备必要知识和观点的多学科协作团队对整合设计至关重要。此外,团队需要良好的组织能力、凝聚力且能够进行有效的合作。

(2)明确的项目范围、愿景和目标:以结果为导向对项目范围、愿景和目标进行清晰陈述,否则可能会不利于跨学科团队的协同合作。可在项目开始时举办相关研讨会构思与项目相关的基本假设,制定可实现的清晰愿景与明确目标。这些目标可以细化为更多的可衡量目标,由此指导整个整合设计流程,确保团队合作。

(3)有效和开放的沟通:在整个过程中,无论是否在研讨会期间,开放和持续的沟通渠道必不可少。透明的沟通方法将使参与者对彼此建立信任并提高其主人翁意识,减少冲突并使项目从每个人的独特贡献中受益。

(4)创新与综合:培养开放的心态和创造力是满足绿色建筑创新性和复杂要求的关键。综合来说,就是将不同的元素整合成一个有凝聚力的整体,这意味着整体大于各个部分的总和。研讨会可营造有利于建筑师进行头脑风暴、创造和想象的环境。

(5)系统决策:可理解的决策过程需要明确的定义,使每个团队成员都需要了解自己的角色和责任及决策将如何发生。此外,多种工具可以促进有效决策,包括程序建模、绿色建筑认证系统及全生命周期成本计算等。

(6)带有反馈的循环迭代过程:在传统的线性设计中上级做出的决策和假设通常不会被推翻,而整合设计流程包括对所有决策的评估与反馈机制,迭代过程确保决策反映出更广泛的团队集体认知,全面考虑不同要素之间的相互作用。定期的反馈可以让团队保持参与并取得阶段成果,提高流程的有效性。

由此可见,IDP 与传统设计流程的不同之处在于它专注于协作和迭代模式。考虑到建筑的整个生命周期,所有项目利益相关者积极参与的这种方法促使所有人去寻求

① LEED. What is An Integrated Process? [EB/OL]. https://www.usgbc.org/articles/green-building-101-what

② 刘焱,张琦.绿色建筑的"整合设计流程"——以新加坡国立大学 SDE4 教学楼为例[J]. 城市建筑,2022,19(10):120-125.

③ PERKINS B,WILL S C. Roadmap for the Integrated Design Process[J]. BC Green Building Roundtable,2007.

最佳、创新、可持续的解决方案。

在 Brock Commons 学生公寓中，项目团队同样采用了 IDP 方法[①]，让项目设计和建造的主要专业尽早参与进来，包括建筑师、结构工程师、MEP 工程师、建造经理、重型木结构制造商、重型木结构安装员。通过 IDP 模式，让各专业人员在项目的早期阶段就开始共同工作，共同制定项目目标，确定项目要求，并共同决策，以确定设计和建造的可行性、安全性和物流预期，并在图纸和规范中明确列出。

在 IDP 方法下，设计团队强调各专业成员之间的有效沟通和协作。例如，设计团队会定期开展现场协调会议，以确保信息的共享和问题的及时解决。在此过程中，各专业人员应共享他们的专业知识和经验，以促进创新和高质量的决策。在项目初步设计阶段，举办了为期 3 天的现场协调会议，项目团队核心成员参加了该会议，包括建筑师、结构工程师、MEP 工程师、VDC 建模师、建造经理以及制造商和重型木结构安装人员。该团队参观了校园内的先例建筑，包括其他学生宿舍中心，并审查了各种设计组件和建筑系统的选项。此次会议的重点是分析多种结构方法的成本、可建性和对建筑项目的影响，从而就 GLT/PSL 柱和 CLT 楼板解决方案的使用达成共识。

IDP 需要相关技术支持，使协同工作的参与方之间在项目的早期阶段就进行有效的信息交流，BIM 是实现 IDP 方法的关键工具，BIM 可以提供一个共享的数字平台，团队成员可以在其中协同工作和共享信息，为 IDP 提供数据储存交换服务[②]。

3. BIM 协同指南:BIM 计划指南

为了有效地将 BIM 集成到项目协调流程中，团队必须为 BIM 实施制定准确的执行计划。来自世界各地的一些政府和行业领导通过努力已经发布了不同的指南或手册，以促进 BIM 的实施[③]。宾夕法尼亚州立大学的计算机集成建筑研究项目发布了《BIM 项目执行规划指南》(*BIM Project Execution Planning Guide*)，以下简称《BIM 计划指南》。《BIM 计划指南》概述了整个项目期间团队应遵循的总体目标和执行细节。BIM 计划应在项目的早期阶段制定；随着项目参与者的增加而不断发展；并在项目的整个实施阶段根据需要进行监测、更新和修订。该计划应定义项目 BIM 执行的范围，确定 BIM 任务的流程，定义各方之间的信息交换，并描述支持实施所需的项目和公司基础设施。

《BIM 计划指南》可供项目团队用于设计其 BIM 策略和制定详细的 BIM 项目执行计划。《BIM 计划指南》概述了整个项目的总体目标和执行细节，以有效地将 BIM 集成

---

① University of British Columbia, 2016. *Brock Commons:Construction Modelling Case Study*. https://www. naturallywood. com/wp-content/uploads/brock-commons-construction-modelling_case-study_naturallywood. pdf

② 马智亮，马健坤. IPD 与 BIM 技术在其中的应用[J]. 土木建筑工程信息技术，2011,3(4):36-41.

③ BIM Planing,2021. *BIM Project Execution Planning Guide-Version* 3. 0. https://bim. psu. edu/

到项目交付过程中。本指南概述了制定详细 BIM 项目执行计划的四步程序（见图 4-41）。这四个步骤包括确定项目中适当的 BIM 目标和用途、设计 BIM 项目执行流程、建立信息交互以及确定支持 BIM 基础设施的实施。

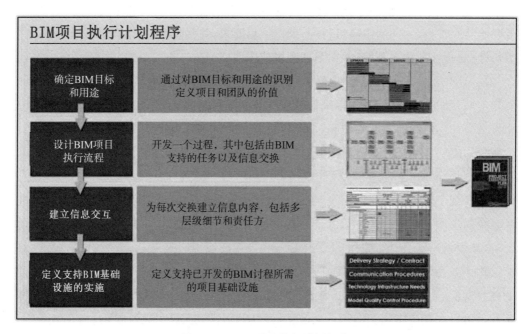

图 4-41 BIM 项目执行计划程序

图片来源：基于 Staub-French S，Poirier E A，Calderon F，et al，2018. *Building information modeling*（*BIM*）*and design for manufacturing and assembly*（*DfMA*）*for mass timber construction*. BIM TOPiCS Research Lab University of British Columbia；Vancouver，BC，Canada. https://www. naturallywood. com/wp-content/uploads/bim-dfma-for-mass-timber-construction_report_bim-topics-research-lab. pdf，作者编辑

通过制定《BIM 计划指南》，可以明确战略目标、项目团队成员的角色责任，设计适用的业务实践和工作流程，提供额外资源和培训，为未来参与者提供标准描述，并提供整体项目进度测量目标。这将为项目实施提供明确的指导和支持，促进团队协作和项目的成功实施。在之后的内容中，将以 Brock Commons 学生公寓为例，展示在《BIM 计划指南》指导下设计团队成员各阶段的职责、目标以及工作流程的制定。

4. BIM 协同流程：基于 BIM 计划指南的具体执行

由上述可知，在 Brock Commons 学生公寓设计和建造过程中，BIM 模型涉及多个不同专业模型的建模（建筑、结构和机电等），然而，每个模型都是由不同的团队建模的，建筑师、结构工程师、MEP 工程师、施工经理、重型木结构制造商、重型木结构安装人员之间需要不断地沟通协调。因此，为了实现不同组织在不同发展阶段之间的典型信息交流，图 4-42 展示了支持 BIM 协作项目中的"理想"工作流程，该流程展示了从概念设计阶段到装配阶段不同专业之间的工作和信息交流，接下来将阐述为了实现更好的协同,Brock Commons 学生公寓设计团队和典型专业分别在概念设计、开发设计、施工审图、深化设计、生产制造、装配六个阶段实施 BIM 的典型工作流程。

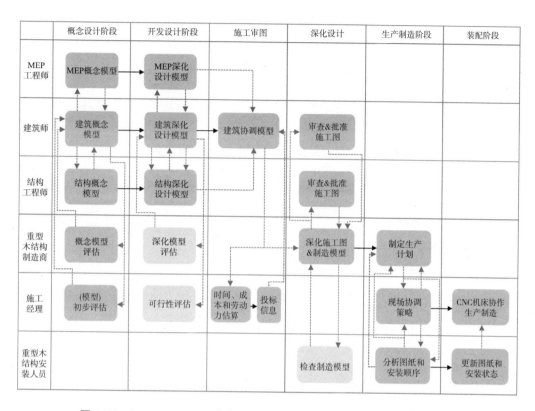

图 4-42　Brock Commons 学生公寓基于 BIM 协作项目中的"理想"工作流程

图片来源：基于 Staub-French S，Poirier E A，Calderon F，et al，2018. *Building information modeling* (*BIM*) *and design for manufacturing and assembly*（*DfMA*）*for mass timber construction*. BIM TOPiCS Research Lab University of British Columbia：Vancouver，BC，Canada. https://www. naturallywood. com/wp-content/uploads/bim-dfma-for-mass-timber-construction_report_bim-topics-research-lab. pdf，作者编辑

（1）概念设计阶段

在概念设计阶段,首先由建筑师负责建立建筑概念模型,并与结构工程师和 MEP 工程师共享模型。接着,结构工程师对建筑概念模型进行审查,包括估算初步的荷载、研究建筑物承受垂直和横向荷载的不同结构体系,然后确定建筑物最适合的结构体系,并与制造商协商,完成结构初步模型的建模。同时,MEP 工程师也应该根据建筑模型建立初步 MEP 设计模型。

结构、MEP 概念模型完成后发送回建筑师,此过程的信息交流应在建筑师、结构工程师、MEP 工程师和制造商之间反复进行,直到他们提出一个可接受的解决方案,并且制造商和施工经理应协助参与设计,使得项目具有更高的集成水平。当初步设计协调完成后,建筑师应将设计模型发送至施工经理处进行项目初步估算,然后施工经理将初步估算报告发送回建筑师。

（2）开发设计阶段

在开发设计阶段特定学科的模型已经准备好接受进一步细化，与前一阶段类似，该过程也是迭代的。首先，建筑师应将建筑设计模型建立到一定发展精细度等级（level of development），然后建筑师将详细的建筑设计模型发送给结构工程师和 MEP 工程师，结构工程师和 MEP 工程师深化专业模型。

在此阶段，建筑师根据结构工程师和 MEP 工程师的反馈，反复修改建筑设计模型。

一旦所有相关专业完成开发设计的专业模型，通常由建筑师负责（取决于项目环境和合同条件）在不同模型之间的协调。在此过程中，将所有专业设计模型合并到 BIM 协调工具（如 Autodesk Navisworks）中，以确定潜在的设计问题，并通过各类"协调会议"讨论进一步的解决方案选项。

（3）施工审图阶段

开发化设计的专业模型完成之后，结构工程师和 MEP 工程师将其专业合同模型和设计文件一起发送给建筑师，然后建筑师将协调模型发送给施工经理，以便其进行时间、成本和劳动力估算，并制定详细的施工时间表和制造、安装工作的投标，然后将投标信息发送给设计团队。

（4）深化设计阶段

深化设计阶段的主要参与人员为制造商。制造商从建筑师和结构工程师处接收协调模型之后，开始进一步深化模型所需要的施工图。并且制造商还为预制木结构构件编写 CNC 机床命令以制造木结构组件，并且从制造模型中直接生成施工图。

虽然这种方法效率更高、更可靠、更准确，但需要大量的协调和合作，在制造商绘制完施工图纸后，需将其发送给设计团队，以审查并确认施工图与设计模型之间的一致性。在制造设计的审查过程中，建筑师和结构工程师需对制造设计的图纸或模型进行评价，同时，安装人员也应参与到此过程中，以检查是否存在可施工性问题。

（5）生产制造阶段

当施工图经建筑师和结构工程师审查和批准之后，接下来将进入生产制造阶段，该阶段主要参与人员为重型木材制造商、重型木结构安装人员、施工经理，整个过程协同和信息交流的过程如下：安装人员接收到审批后的图纸后，开始根据安装图纸和文件分析不同的安装顺序，生成优化的安装顺序，并且与施工经理进行反复的沟通协调，以制定最优选的安装顺序。同时，安装人员应与制造商共享优化的安装顺序，以便制造商制定预制构件的生产计划，制造商将该计划与施工经理和安装人员共享，进行审查和必要的更新。

此外，在此阶段施工经理应制定装配过程的现场协调策略，并识别和解决在预制构件装配期间同时作业的不同行业之间的潜在现场冲突。这些信息可用于四维规划模拟，显示建筑过程的虚拟施工，有助于提高现场工作人员的生产效率。

（6）装配阶段

现场施工阶段每周或者每两周都会开展协调会议，在会议过程中通过设计模型和二维平面图使得不同专业之间进行有效的沟通。装配阶段设计模型和二维平面图是由重型木结构安装人员负责更新。

在此阶段，重型木结构安装人员不断向施工经理发送安装状态的更新，以更新模型并就现场其他正在进行的工作进行协调。根据更新后的模型，施工经理对安装过程进行质量控制和缺陷识别，并利用虚拟模型 4D 模拟及时跟踪现场施工活动，将其与计划进度进行比较。

作为建筑师，在概念设计阶段，负责建立建筑概念模型，模型内容包括建筑形状、布局、高度、层数，场地设计，功能布置。建筑概念模型完成后与结构工程师和 MEP 工程师共享，他们根据建筑概念模型完成结构、MEP 概念模型的建立，完成后再将结构、MEP 概念模型发送回建筑师。这一过程是反复、多次的，直至各专业之间协调得到一个可接受的解决方案。在协调完成后，建筑师将概念模型发送给施工经理。开发设计阶段，此阶段与概念设计阶段流程差不多，各专业对概念模型进行进一步细化，在此阶段建筑师根据结构工程师和 MEP 工程师的反馈反复修改建筑设计模型，同时，在此阶段建筑师负责不同模型之间的协调。施工审图阶段，建筑师将协调模型发送给施工经理，以进行时间、成本和劳动力估算等。而在生产制造阶段和装配阶段，建筑师在这两个阶段并不承担主要工作，主要参与协调会议，就设计模型和二维平面图的问题进行沟通。

4.2.3　基于 BIM 的碰撞检测

传统二维图纸设计中，在建筑、结构、水暖电力等各专业设计图纸汇总后，由总工程师人工发现和解决不协调问题，这将耗费建筑结构设计师和安装工程设计师大量的时间和精力，影响工程进度和质量。由于采用二维设计图来进行会审，人为的失误在所难免，使施工出现返工现象，造成建设资源巨大浪费，并且还会影响施工进度。应用 BIM 可视化技术，设计团队在建造之前就可以对建筑、结构、水暖电力等专业进行碰撞检查，消除建筑工程项目中的各类碰撞冲突，优化工程设计，减少在建筑施工阶段可能存在的错误损失和返工的可能性。最后，项目团队可以利用碰撞优化后的设计方案，进行施工交底、施工模拟，提高施工质量，同时也提高了与业主沟通的能力。

Brock Commons 学生公寓设计和建造涉及建筑、结构、机电和水暖等多个专业，因此在实际工程施工过程中要多专业间协调，做到合理的专业间避让，从而尽量降低建筑工程变更率。利用 BIM 技术对所建立的真实三维模型进行多专业间检测，从而将问题前置，避免专业间的冲突是针对该项目进行 BIM 虚拟建造的最大意义①。Brock Commons 项目在设计建模过程中，通过 CATIA 对 Brock Commons 项目进行虚拟建模，导入 Navisworks 对项目虚拟模型进行碰撞检测，并据此形成了各专业间碰撞报告及优化建议，图 4-43 为项目团队进行碰撞检测的两份碰撞报告，通过这两份碰撞报告的结果发现此模型存在多处碰撞点，共检测出 113 处碰撞点，碰撞问题类型分为专业内问题和专业间问题，据统计专业内的碰撞共有 81 处，专业间的碰撞共有 32 处，模型碰撞点统计如表 4-3 所示。

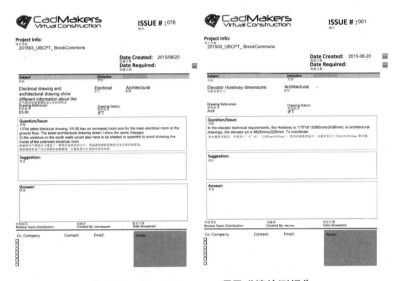

图 4-43　Brock Commons 项目碰撞检测报告

图片来源：UBC BIM TOPiCS Lab 提供

表 4-3　Brock Commons 项目模型碰撞检测报告问题统计

碰撞问题类型	隶属学科/专业	数量
专业内	机械(Mechanical)	49
	结构(Structural)	18
	建筑(Architecutral)	8
	电气(Electrical)	5
	岩土工程(Grotechnical)	1
专业间	建筑与结构	6
	建筑与机械	13

① 李富强.基于 BIM 的地铁场站综合办公楼虚拟建造与数值模拟研究[J].智能建筑与智慧城市,2021(4)：20-22.

碰撞问题类型	隶属学科/专业	数量
专业间	机械与结构	9
	建筑与电气	1
	建筑和准则	1
	结构和电气	1
	机械与土木工程	1

数据来源：UBC BIM TOPiCS Lab 提供

　　本书聚焦第三章内容，针对建筑师所关注、能解决的建筑结构系统、外围护系统的碰撞问题来展开讨论。专业内的碰撞包括结构系统碰撞问题和外围护系统碰撞问题，本次通过表4-4展示结构系统、外围护系统典型碰撞。

表 4-4　结构系统与外围护系统的典型碰撞问题

结构系统典型碰撞问题	外围护系统典型碰撞问题
编号：69	编号：103
连接 CLT 楼板的拉条的碰撞问题	胶合木柱和建筑外围护墙板的碰撞
问题： 　　胶合木柱和 L 型连续角钢边缘与"禁穿区"的拉条发生冲突。 　　"禁穿区"拉条两边是否需要保持一样的距离？目前拉条到 L 型连续角钢边缘和胶合木柱的总距离为 56 mm	问题： 　　LVL18 轴网 2 - B 和 E 缺少胶合木柱。 　　外围护墙板的连接应如细节 3 所示，然而，由于 LVL18 轴网 2 - B 和 E 处缺少胶合木柱无法实现该连接。 　　那么，C 型槽钢是否能在没有胶合木柱支撑的情况下，跨越并支撑 8 m 以上的横向荷载？

建筑图纸：

TYPE 1

连续100mm宽×6.4mm厚钢片
C/W 2排6.4mm×89mm长
SIMPSON SDS螺钉@50
拉条总长度=1m

TYPE 2

连续100mm宽×12.5mm厚钢片
C/W 2排6.4mm×89mm长
SIMPSON SDS螺钉@50
拉条总长度=2m

⑬ DS-3 拉条　1:10

建筑图纸：

与外围护墙板的连接仅适用于水平荷载，重力荷载由外围护系统承担。

胶合木柱
200×200×8 钢板 C/W

C 型槽钢

外围护系统

（1）细节 3

S204

3 375　4 000

CLT-F

CLT-8

轴网2-B和E处缺少胶合木柱(共6处)。

（2）平面碰撞位置

续表

结构系统典型碰撞问题	外围护系统典型碰撞问题
虚拟模型：	虚拟模型：

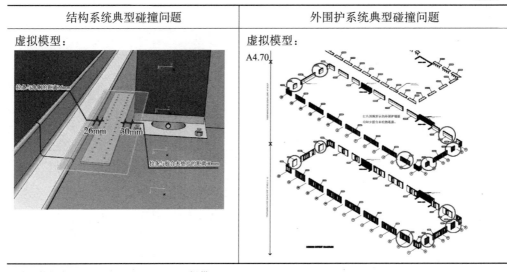

图片和数据来源：UBC BIM TOPiCS Lab 提供

在整个设计阶段，VDC 建模师发现的问题都被记录下来，并作为碰撞报告发送给设计团队，这使得团队提前识别和协调冲突与可施工性问题，从而避免在实际工程中可能遇到的各种问题，如管线碰撞、构建安装等。不仅实现高度的设计协调，还能够指导施工和指定最佳施工方案，从整体上提高建筑施工效率，确保建筑质量水平，消除安全隐患，并有助于降低施工成本与时间。

4.2.4　虚拟建造在设计与建造优化中的应用总结

本节是一个深入的案例研究，以 Brock Commons 学生公寓为例，介绍了虚拟模型的类型以及相关软件，并重点阐述了 Brock Commons 项目借助虚拟建造技术对设计和建造过程的优化。一方面，借助虚拟模型优化装配式建筑项目设计和建造过程，例如，项目团队在设计阶段通过集成模型对建筑、结构、机电等专业进行碰撞检查，使得项目团队提前识别和协调冲突以及可建性问题。并且，虚拟模型的可视化技术不仅有助于团队快速评估设计方案、制定决策，还能及时地、准确地反映各专业信息数据，从而更好地进行设计可行性验证。同时，通过四维模拟建筑安装顺序，如对胶合木柱、CLT 楼板、外围护墙板进行安装顺序规划，能够提前了解建造流程并解决可能拖延项目的问题，使得在施工之前解决所有涉及问题。通过虚拟建造技术的使用，尽最大可能在真实建造开始之前实现"零碰撞、零冲突、零返工"，从而大大降低返工成本，减少资源浪费与冲突及安全问题发生的可能性。

另一方面，虚拟模型作为一种协同平台，集各专业信息数据于一体，互相可以共享设计成果，在有机结合的过程中进行协调，消解设计冲突，保证信息传递的及时性和准确性。在协同的过程中，通过 IDP 方法，使建筑师、结构工程师、MEP 工程师、施工经理、重型木结构制造商、重型木结构安装人员尽早介入项目，尽早地定义项目的目标，并通过定期举办现场协调会议，以确保信息传递的及时性和各类问题的及时解决。同时，为了实现更高效的 IDP，设计团队结合《BIM 计划手册》，通过《BIM 计划手册》不仅明确了建筑师、结构工程师、MEP 工程师、施工经理、重型木结构制造商、重型木结构安装人员各阶段的职责、目标，还将项目划分为概念设计、开发设计、施工审图、深化设计、生产制造、装配六个阶段，并制定了每个阶段的工作流程。总而言之，IDP 方法和《BIM 计划手册》以项目整体利益最大化为目标，通过充分交流，密切协作，大大减少各类风险出现的可能性，有力地保证了项目目标的实现。

在协同过程中，解决各专业的碰撞问题是协同设计的重大意义之一，Brock Commons 项目团队通过 CATIA 建立的虚拟模型，并将其导入至 Navisworks 进行碰撞检测，共检测出碰撞 113 处。之后，将所有碰撞整理成碰撞检测报告发送给项目团队，使得项目团队及时对碰撞问题进行优化、解决，从而在真实建造开始前实现"零碰撞、零冲突、零返工"。

Brock Commons 学生公寓实践效果表明，装配式建筑通过虚拟建造技术提前预测真实建造中可能遇到的问题并优化，减少施工时间和资源浪费，并借助虚拟模型实现高效的协同模式，提高整体效率，推动装配式建筑向更高效、更高质量方向发展。

第五章

总结与展望

5.1　研究总结

　　装配式建筑是新型建筑工业化的重要组成部分,近年来随着信息化、智能化和智慧化等数字化技术的引入,装配式建筑的设计与建造正在进行新一轮的转型与升级,数字化技术的引入能够进一步缩短工期,减少浪费,提高建筑的质量、性能与建造效率,推动建筑业"双碳"目标的实现。建筑设计作为"龙头",在其中起到至关重要的作用。然而建筑业普遍存在碎片化和不连续的现象,而建筑的复杂性和多元性无疑加剧了这些问题。与传统建筑设计相比,装配式建筑对于前端设计结果的广度、深度和精度要求更高,而目前装配式建筑设计结果与真实建造要求仍具有一定差距,建筑师在建筑设计以及与相关专业协同的过程中也面临挑战,如何在前端设计中融合数字化技术,提前、准确和高效地满足装配式建筑设计要求,从而减少设计冲突、降低设计返工、优化设计结果? 本书通过对北美(加拿大)地区的两个已建成装配式建筑 Orchard Commons 学生公寓和 Brock Commons 学生公寓的案例研究,从面向真实建造的建筑设计优化视角重新审视了数字化技术在从装配式建筑设计到建造整个流程中的融合应用,以期为我国新型建筑工业化与数字化技术融合应用的研究与实践提供借鉴,从而推动我国以新一代信息技术为驱动的新型建筑工业化转型升级,从而实现高效益、高质量、低消耗、低排放的目标。

　　第一章通过总结我国建筑工业化发展历程,介绍数字化建筑设计与建造技术以及典型的软硬件平台,阐释了工业化和数字化相互融合对新型建筑工业化的重要意义。1.1 节通过概述建筑工业化概念的不断更新,引出新型建筑工业化的重要特征——信息和数字技术融合。1.2 节中详细介绍了 BIM、参数化设计、生成设计、虚拟建造、智慧工地等建筑数字化设计与建造技术。1.3 节介绍了建筑数字化典型的软硬件平台,比如建模软件、深化设计软件、分析软件、项目管理软件和其他相关软件以及 VR/AR 技术、3D 激光扫描、3D 打印技术、物联网和大数据等。最后 1.4 节从建筑设计、生产制造、建造施工三个方面阐述了建筑工业化和数字化技术的融合所产生的深刻影响。

第二章从典型数字化技术应用的角度阐述了 BIM 在装配式建筑设计和建造中的应用及重要作用。在 2.1 节中,阐述了装配式建筑与新型建筑工业化的关联性。随后在 2.2 节中,重点介绍了建筑标准化理念、建筑系统集成、建筑协同设计和面向制造与装配的设计(DfMA)四个典型的装配式建筑设计方法。2.3 节则阐述了 BIM 在装配式建筑数字化设计与建造中的具体应用,其中包括 BIM 建模的基本概念和应用价值、基于 BIM 的方案设计、深化设计和协同设计等,基于 BIM 的虚拟建造、智慧工地等。

第三章对 Orchard Commons 学生公寓和 Brock Commons 学生公寓从设计到建造的全过程进行了系统、全面和深入的案例研究,分别从两个项目的项目概况、方案设计、深化设计、真实建造过程、数字化技术的应用对两个项目进行了案例分析。3.1 节对两个案例研究做了概述。3.2.1 节和 3.3.1 节对两个案例从项目背景、基本信息、设计情况、建造概况四个方面系统介绍了项目概况。3.2.2 节和 3.3.2 节从设计理念、场地规划、平面设计、立面设计四个方面详细介绍了两个案例的建筑设计的具体内容。深化设计部分对两个案例按照具体情况进行分析。其中,Orchard Commons 学生公寓的建筑立面采用装配式建造技术,参数化设计聚焦建筑外立面的可建性(Constructability)优化。3.2.3 节从立面设计概念、立面生成逻辑、立面构造设计、参数化优化设计层层递进地展开说明。3.2.4 节记录了 Orchard Commons 学生公寓的真实建造过程。而 Brock Commons 学生公寓则聚焦基于 BIM 的虚拟建造技术在装配式木结构建筑外围护结构和主体结构中的应用。3.3.3 节和 3.3.4 节重点阐述了建筑的外围护结构系统和以 CLT 楼板、胶合木柱为主的主体结构系统的构造,如连接设计。3.3.4 节和 3.3.5 节通过基于 BIM 的虚拟建造和真实建造过程的对比展示了虚拟建造技术应用对于装配式建筑设计和建造的优化作用。具体来说,本章从可视化、多学科协调、碰撞检测、供料估算等方面展示了虚拟建造对于设计优化的价值。此外,两个案例分别在 3.2.4 节和 3.3.5 节中分析了真实建造过程,其中 Brock Commons 学生公寓还包含对全尺寸两层模型实验建造的总结和分析,其中包括对连接方式、预制外墙板的选择,对墙板和楼板的性能进行测试。

第四章针对 Orchard Commons 学生公寓的参数化设计和 Brock Commons 学生公寓的虚拟建造进行了面向真实建造的装配式建筑设计优化分析。4.1 节系统深入地阐述了 Orchard Commons 学生公寓的设计与建造优化。4.1.1 节和 4.1.2 节分别对比了传统以建筑表皮形式设计为主的建筑方案(立面)的参数化设计和以真实建造为导向的建筑方案(立面)参数化设计。4.1.3 节深入分析了 Orchard Commons 学生公寓应用 Grasshopper 软件对外立面进行建筑立面方案设计优化、减少墙板类型数量的过程。4.1.4 节详细论述了 Orchard Commons 学生公寓应用 Dynamo 软件对建筑立面墙板进行优化、减少立面墙板与主体结构(楼板)连接点位置类型的过程。4.2节系统深入地阐述了 Brock Commons 学生公寓的设计与建造优化。4.2.1节从基于 BIM 虚拟模型建立的角度对虚拟模型的类型、软件平台、阶段建模三个方面进行了系统总结。4.2.2节从基于 BIM 的模型优化角度,对职责与分工、BIM 协同框架、BIM 协同指南、BIM 协同流程四个方面分析基于 BIM 的设计协同在 Brock Commons 学生公寓中的具体应用。最后4.2.3节分析了基于 BIM 的碰撞检测对各专业协同设计的优化,尤其是装配式建筑设计优化的重要作用,例如对 CLT 楼板与木柱、外围护墙板与木柱的碰撞和冲突报告进行了研究与分析。

5.2 关键技术

5.2.1 真实建造导向的参数化设计

随着建造技术的提高以及建筑师对复杂造型建筑设计的创新追求,建筑工程项目日益复杂。随之而来的问题不仅有建造成本的增加,还有建筑施工效率的降低。设计上的创新与建筑可建性之间存在着不可忽视的矛盾,两者之间缺乏一种有效的平衡方式使得在保持原有设计的基础上提高建筑的可建性。在 Orchard Commons 项目中,由于建筑立面初始设计过于复杂,后续面对生产阶段预制混凝土墙板类型过多,从而导致了模具制作需求大、难度大和成本过高的问题,初始的设计方案并没有被采纳。

因此,项目设计团队从墙板类型过多的问题出发,在设计阶段采用了参数化设计的方法对建筑立面的设计进行优化,在保留原有设计意图的基础上利用参数化工具将预制混凝土墙板类型简化,以达到减少生产成本的目的,该解决方案也在经过项目各参与方的商讨后被采纳。真实建造阶段在面对安装效率不理想问题时,同样运用参数化设计的方法简化并精确了连接组件位置的设计,提高了安装效率,得到了施工方的认可。基于4.1节的研究,在 Orchard Commons 学生公寓项目设计与建造的优化工程中,参数化技术的应用价值总结为以下两点:

1. 建筑立面的"丝带"造型生成(初步设计阶段)

Orchard Commons 学生公寓项目中,项目团队采用参数化设计方法,将设计概念制定为相关的特征或是具有普适性的规则,即将建筑立面设计的概念特征参数化,再利用参数化软件 Grasshopper 可视化编程建立起输入参数与输出结果之间的逻辑关系,最后通过控制参数生成曲线造型,来实现书法、海藻等创意设计的抽象概念在建筑外立面造型中的具体表现。

2. 建筑立面的墙板类型优化(深化设计阶段)

Orchard Commons 项目以参数化工具为平台,设计为统领,将制造和建造环节围绕经济性和高效率作为目标,对参数化工具的应用范围进行了拓展。本项目通过各参数化工具的应用实现了提高建筑立面设计的可施工性,其中在 Revit 软件中建立的含有高质量信息数据的 BIM 模型为后续深化设计和加工生产提供了可延续性的便利条件。立面系统中外围护预制装配式墙板构件通过 Rhino 和 Grasshopper 软件的设计优化,将总计 1200 多块预制混凝土墙板的类型从 90 种减少至 18 种,成功将建造成本降低至初始设计的一半,且可以自动完成信息数据的提取,实现了从设计到生产制造的高精度传输;墙板连接组件的位置通过 Revit 软件中 Dynamo 插件的优化,将原先因墙板安装位置的不同而存在的 34 种不同的连接组件安装位置精简到 7 种,消除了复杂性,实现更加高效的安装,预制混凝土墙板的装配速度可以达到现浇混凝土板的两倍。

伴随着建筑领域技术的不断进步,建筑设计愈发追求复杂形体上的设计创新,建造的成本控制也成为了项目建成的一个重要问题[1]。成本控制作为建筑项目中的一环核心任务,其成效直接关系到工程项目建设的实质性经济收益[2]。通过 Orchard Commons 建筑立面参数化设计的实际项目,展示了参数化设计在平衡复杂建筑设计和工程项目预算之间的矛盾以及提高真实建造效率、解决可建性问题的应用价值。这些来源于实践、关于以设计为指导影响制造和施工环节的技术策略,对于未来追求高完成度、高精度的复杂建筑项目均有参考价值。

5.2.2 基于 BIM 的虚拟建造与协同

随着计算机技术的快速发展以及人们生活质量的提高,建筑工程项目日益复杂化、工期时间紧张、所涉及专业众多,使得建筑设计和施工的问题也不断出现,随之而来的设计和施工返工率越来越高,这不仅大大提高了返工成本,还影响建筑施工进度[3]。同时,由于建筑各专业存在信息的割裂和孤立的问题,缺乏一个有效的协同工作及检测平台,难以提高建筑项目整体的效率。

Brock Commons 学生公寓也面临着同样的问题。由于 Brock Commons 学生公寓作为首座 18 层高层木结构建筑,这在当时是一项前所未有、极具有技术性的挑战,在进行建筑和结构设计时,不仅需要满足规范审批要求,还需考虑建造可行性以及建筑性能的要求[4]。因此,将项目视为一个综合的设计过程,需加强各部门和专业间的强力协作。其中,项目设计和建造过程涉及多个团队和专业,包括建筑师、结构工程师、MEP(Mechanical、Electrical、Plumbing)工程师、施工经理、重型木结构制造商、重型木结构

① 刘训梅. 基于 BIM 技术的项目成本控制应用研究[D].沈阳:沈阳大学,2022.
② 李卉.建设工程项目成本控制分析与设计[J].工程建设与设计,2023(6):231-233.
③ 李恒,郭红领,黄霆,等.建筑业发展的强大动力:虚拟施工技术[J].中国建设信息,2010(2):46-51.
④ 范云翠,汤晓琪,夏苗.加拿大装配式木结构项目发展经验与启示研究[J].智能建筑与智慧城市,2021(3):24-25+28.

安装人员等,协调和整合各个专业的设计和建造信息是一个复杂的任务。在建造过程中,这些专业的设计将转变为集成在一起的建筑构件。结果碰撞或冲突时常出现,如建筑设备与结构之间的冲突等,这不仅会增加设计、施工返工成本,浪费资源,还会影响施工的进度。因此,各专业间需要高效的协作和沟通。为了有效解决这些问题,利用BIM技术通过在虚拟环境中模拟现实真实物体,将传统的二维图纸转化成三维的形式呈现,即基于BIM的虚拟模型。在Brock Commons学生公寓项目中,项目团队将虚拟模型应用在多学科协调、碰撞检测、供料估算、可建性审查、四维规划和排序,以及数字化制造等多个方面,以提高项目的设计准确性、建造效率和质量控制水平,同时还实现项目团队之间的高效沟通和协调,从而减少错误,确保建造计划的高效和安全。

在4.2节中,具体研究了通过虚拟模型如何实现Brock Commons学生公寓设计和建造的优化过程。一方面通过虚拟模拟和可视化技术,不仅可以在设计阶段对方案进行可行性验证,在真实建造之前解决所有设计问题,进而消除返工成本、减少施工时间。另一方面,还有效解决了信息传递的障碍,让项目各方参与到建设全过程,实现各专业、各环节、各参与方的信息集成。基于4.2的研究,在Brock Commons学生公寓设计和建造的优化过程中,虚拟建造技术的应用价值总结为以下两点:

1. 建立虚拟模型

在Brock Commons学生公寓中,通过建立虚拟模型来模仿现实中的建筑,不仅形成清晰和全面的不同方案的可视化材料,有助于设计团队设计和决策的制定。还通过虚拟模型和试验建造验证设计和建造方法的可行性。例如,项目团队按照虚拟模型搭建了建筑部分结构的全尺寸两层模型,以测试、验证混合结构系统与预制外围护墙板设计方案的可行性和可建性。全尺寸两层模型不仅能够帮助进一步优化建筑组装和安装流程,还提供了在实际条件下测试不同材料和外饰的机会[①]。

项目团队借助虚拟模型还建立了包括建造次序的四维建筑模拟。通过施工模拟可以预先看到项目的建造过程,可以预先对建造过程中存在的问题和不足进行改进,能有效地减少建造过程中的隐患发生,以便在真实建造过程中进行有效规避。同时,虚拟模型能够对整个建造现场场景和建造过程进行四维展现,一方面能使人了解建造设备和人在建造过程中的工序执行瓶颈,另一方面也可方便地观察建造过程中的空间利用情况,检查在建造过程中是否会发生物体间的相互碰撞,为建造过程的可建性提供支持。此外,虚拟模型中的相关数据还可以直接导入CLT楼板、胶合木柱以及钢连接组件的生产设备中,方便构件进行自动化加工。不仅如此,应用BIM技术进行管理,还可以优化施工组织。针对本项目包括:①项目地点在大学校园,现场缺少堆放构件的空间,通过BIM模拟技术可以实现现场材料的零堆放;②使用虚拟模型可以辅助施工组织和

---

① 苏钰.现代木结构在建筑工业化上的创新发展[J].建设科技,2020(24):62-66.

规划,从而提高施工的熟练度以及施工效率。

2. 优化协同设计

Brock Commons 学生公寓项目,由于所建立的虚拟模型中包含了建筑、结构、机电及建筑设备等专业信息,各专业的数据信息可视化集成在同一个模型上,通过对其进行碰撞检测,分析设计评估结果,从而验证设计方案的可行性和科学性。检测到设计问题后,各专业人员基于此虚拟平台和虚拟模型可及时进行分析与沟通,从而及时、有效地解决问题。在此过程中,虚拟模型可以实时更新,在更新设计和变更模型的过程中,记录所有存在的问题,然后反馈给设计团队,以便团队从中协调。由此可见,虚拟建造使得建筑设计变成一个"设计—检测—设计"的循环过程,并且在真实建造之前解决所有设计问题,进而消除返工成本,减少施工时间[①]。

在此过程中,用虚拟模型进行多专业间检测,从而将问题前置,避免专业间的冲突是针对该项目进行优化协同的最大意义。项目团队通过 CATIA 建立的虚拟模型,并将其导入至 Navisworks 进行碰撞检测,共检测出碰撞 113 处。之后,将所有碰撞整理成碰撞检测报告发送给项目团队,使得项目团队及时对碰撞问题进行优化、解决。不仅实现了高度的设计协调,还避免了真实建造中可能遇到的各种问题,从整体上提高建筑施工效率,确保建筑质量水平,消除安全隐患,并有助于降低施工成本与时间耗费。

同时,协同过程在 IDP 和 BIM 计划手册指导下,有助于最大限度地减少各专业人员之间协调的相关问题。IDP 的使用,使设计团队主要专业(建筑师、结构工程师、MEP 工程师、施工经理、重型木结构制造商)能够尽早介入项目,尽早地定义项目目标以及尽早地参与项目设计优化。同时,在 BIM 手册的加持下,制定了合理、高效的协同工作流程,各专业人员能够更清楚自己的定位和职责以及各阶段的工作流程和目标,如建筑师在整个过程中负责概念设计模型的建立以及协调各专业模型的集成,以及了解从设计到建造过程中的各种角色的职责,使得施工经理能够专注于其他事项,如制定装配过程的现场协调策略,并识别和解决在预制构件装配期间同时作业的不同行业之间的潜在现场冲突。

总的来说,随着建筑工程项目日益复杂化、工期时间紧张、所涉及专业众多,传统设计与建造过程的各专业间存在信息的割裂和孤立、设计和施工返工率高等问题日益明显。以 Brock Commons 学生公寓实际项目为例,基于 BIM 虚拟模型,项目团队能够提高设计准确性、建造效率和质量控制水平,并且有助于各专业人员之间更高效地沟通和协调,从而减少错误,尽最大可能在真实建造开始之前实现"零碰撞、零冲突、零返工"的目标,并最终实现项目的成功建成。通过该项目的研究对建筑设计准确率、缩短建造工期以及建筑项目多专业协同均有参考价值。

---

① 李恒,郭红领,黄霆,等. 建筑业发展的强大动力:虚拟施工技术[J]. 中国建设信息,2010(2):46-51.

因此,Brock Commons 学生公寓一开始便将 VDC 建模师拉入了设计团队,这使得各专业人员之间产生了新的沟通和协调要求。在设计过程中,模型与设计同时进行,VDC 建模师在做出设计决策时添加更多信息,但由于信息传递过程中固有的延迟,偶尔会发生滞留。例如,每当模型中出现问题或冲突时,都需将其传达给专业人员,将更改纳入设计中,然后将修订内容反馈给建模人员。在此过程中,由于沟通和协调的滞后,导致建模人员可能已经做出了其他设计决策,使冲突过时。或者,有时建模人员提前工作,由于存在尚未确定的信息,建模人员后来不得不在实际设计偏离假设时修改模型。因此,在协同的过程中,虚拟模型只能作为协同平台和信息传递的工具,还必须通过合同明确规定整个项目团队成员的职责和赔偿责任。

5.2.3 数字化技术与新型建筑工业化

新型建筑工业化的重要特点是以信息化技术为驱动,主要依托 BIM 技术搭建信息共享的基础平台,将建筑工程物理特征和功能特性等信息集成。这样的信息化是数字化技术产生和发展的前提,使我们能够以一种更智能的方式对建筑信息进行控制和管理,保证各设计专业以及各流程阶段之间能够进行协同设计。

1. Orchard Commons 学生公寓

数字化技术的发展为装配式建筑的拆分设计提供了一个更便捷的工作平台,通过参数化设计工具建立三维模型,拆分设计能够以此模型为基础获取到每一个建筑构件的精确尺寸信息。建筑师们也越来越多地应用数字化技术去实现复杂造型建筑设计,这样的设计方式既降低了设计工作的难度,又提升了工作效率。但传统设计模式下建筑设计缺乏建筑构件标准化的原则,复杂造型在缺乏标准化设计的模式中意味着工程项目建造施工的高难度、高成本和长工期,由此可以看出数字化技术的运用在传统设计模式下是存在一定局限性的。而在参数化设计的模式下,通过深入研究 Orchard Commons 学生公寓项目案例中数字化技术在装配式建筑设计、生产、施工全过程的应用,验证了数字化技术是有助于推动新型工业化进程和促进建筑业高质量发展的。

数字化技术为装配式建筑的设计提供了标准化设计的便利条件。在设计阶段,Orchard Commons 项目在 Revit 软件中建立了包含高质量信息数据的 BIM 模型,预制混凝土墙板的类型在此参数化三维模型的基础上,经过 Grasshopper 工具的优化将1 200 多块的墙板简化为 18 种,连接组件位置通过 Dynamo 工具从 34 种精简到 7 种。数字化技术为装配式建筑的生产提供更加精确的生产数据依据,更有利于推动工厂化生产。在制造阶段,Orchard Commons 项目在设计阶段建立的参数化三维模型为工厂的预制构件生产提供精确的尺寸信息,且针对墙板类型利用参数化设计工具 Grasshopper 将原先 1 200 多块墙板精简为 18 种墙板类型的标准化设计,不仅降低墙板制造的成本还能进一步提高工厂生产的效率。

数字化技术为装配式建筑的预制构件提供更加准确且精简的安装位置优化,更有利于装配化施工。在施工阶段,Orchard Commons 项目团队通过参数化设计方式将连接组件位置从原先的 34 种精简到 7 种,解决了连接组件位置多变导致的连接错位的施工延迟问题,提高真实建造中的施工效率。

在参数化设计模式下,可以依托数字化技术,运用参数化建模的手段建立全数字化的设计逻辑,后续的设计和处理都可以通过控制程序完成,降低了复杂造型的设计难度。由于设计阶段采用可调的参数化设计,在深化设计阶段参数化模型可以根据期望目标对设计程序和参数进行调控与大量的修改。以参数化模型为基础的初始设计与深化设计之间的信息交互更加准确,更有利于协同工作,届时将构件拆分进行标准化设计会更加容易实现。在加工建造阶段,由于参数化模型中建筑的每一个构件都有着精确的尺寸信息,保证了预制构件在工厂中生产的精度。目前 Orchard Commons 项目通过制作模具的方式来生产预制装配式墙板,制造商还可以应用数控技术完成建筑构件在工厂的生产,预制出来的建筑构件具备更高的精度和生产效率,例如在 4.1.2 节提到的波士顿 BanQ 餐厅中的顶棚就是依据参数化三维模型以数控技术生产出来的,在保证构件精度的同时提高了加工效率。在施工阶段,在工厂加工生产的预制构件可以直接在工地现场安装,装配式的安装方式较于现浇提高了施工效率,缩短了工期。

2. Brock Commons 学生公寓

数字化技术的发展对建筑行业产生了巨大的冲击和影响,针对各专业存在信息的割裂和孤立、设计和施工返工率高等问题已经有了更好的解决方案。由于 BIM 技术通过在虚拟环境中模拟现实真实物体,将传统的二维图纸转化为三维的形式呈现。虚拟模型,通过数字化建模、模拟和协同工作,实现了信息的共享、优化和精确控制,实现了信息化和数字技术的进一步融合,并借助虚拟模型实现数字化生产、建造。因此,在 Brock Commons 学生公寓中应用虚拟建造开展设计优化、生产制造、装配建造以及协同工作。

虚拟模型有助于装配式建筑的设计优化和设计团队高效协同。在设计阶段,Brock Commons 项目团队利用数字化建模技术,其所建立的数字化信息模型包含了建筑、结构及建筑设备等专业信息,各专业的数据信息可视化集成在同一个模型上,帮助设计团队和建造人员更好地理解以验证设计方案的可行性和科学性,例如建筑结构、连接方式的选择。同时,BIM 虚拟模型提供了一个协同平台,有助于各专业信息共享和传递,并及时进行分析与沟通,例如,项目团队借助虚拟模型进行各专业间碰撞检测,共检测出113 处问题,将可能发生的问题前置,及时、有效地解决问题,从而在真实建造之前解决所有设计问题,进而消除返工成本,减少施工时间[①]。

虚拟模型集成了更加精确的预制构件生产加工数据,实现装配式建筑的数字化生

---

① 李恒,郭红领,黄霆,等.建筑业发展的强大动力:虚拟施工技术[J].中国建设信息,2010(2):46-51.

产。在制造阶段,通过在虚拟模型中提前定位并协调构件中所有的穿透件和连接组件,用于部分建筑构件的制造,包括 CLT 楼板、胶合木柱以及钢结构连接组件,并结合 CNC 数控加工技术,实现构件数字化、标准化加工,并达到加工程序要求的精准位置和高速度,从而保证构件的质量和提高构件生产效率。

虚拟模型对建筑构件进行实时跟踪、管理以及建造规划,实现装配式建筑的智慧建造。在运输以及装配过程,每个木结构构件都有一个唯一的标识符,用于质量保证和质量控制跟踪以及结构系统和外围护系统组装高度的现场测量。同时,借助虚拟建造的四维规划模拟,提前制定预制木结构构件的安装顺序、卡车装载和现场交付时间表,以确保顺序的重复性和可预测性,可提前发现不合理的施工程序、冲突、资源的不合理利用、安全隐患等问题,提高施工效率和质量,减少错误和风险。同时,结合实时监控和预测,提高工业化生产和施工过程的效率和质量控制水平。

综上所述,通过虚拟建造的应用,能够推动建筑行业的数字转型和创新发展。借助虚拟模型在真实建造之前解决所有设计问题,找到最佳的建造方案,尽最大可能实现"零碰撞、零冲突、零返工",并提供了一个沟通与协作平台,帮助各方及时解决各类问题,降低成本,减少资源浪费和冲突问题。同时,通过对建筑构件的物流跟踪、材料定位、信息管理以及安装顺序规划和实时监控,实现建造阶段的智能化建造,实现装配式建筑全过程全专业的信息传递和共享,向装配式建筑智慧建造迈进,真正提高整个建筑业的生产力水平,节约了大量建造时间,实现信息技术驱动下的新型建筑工业化。

然而,尽管虚拟模型在协同过程中起到重要作用,但其实虚拟模型只能作为协同平台和信息传递的工具。还必须通过合同明确规定整个项目团队成员的职责和赔偿责任。这些合同文件涵盖了项目的 2D 图纸、规范和其他相关文件,旨在确保项目按照约定的方式进行,并明确了各方的责任和赔偿责任。如,综合项目交付(Integrated Project Delivery,IPD),由美国建筑师协会(Ameican Institute of Architects,AIA)率先推出,并将其定义为一种项目交付方法,即将人员、系统、业务结构和实践整合到一个流程中,该流程协同利用所有参与者的才能和洞察力,以优化项目结果,增加业主的价值,减少浪费,并在设计、制造和施工的所有阶段实现效率最大化[1+2],并发布了 IPD 系列合同。建筑项目采用 IPD 模式需遵循三点关键原则:一是签订多方合同;二是所有参与方尽早参与,在合作基础上使项目团队的目标一致,优化项目成果;三是利益共享、风险共担[3]。IPD 通过与各专业人员签订合同,可以确保每个团队成员理解其在项目中的

---

[1]　The American Institute of Architects. Integrated project delivery:A guide [EB / OL]. [2010-10-30]. http://www.betterbricks.com/graphics/assets/ documents/AIA-_IPD_Guide_2007.pdf.

[2]　滕佳颖,吴贤国,翟海周,等. 基于 BIM 和多方合同的 IPD 协同管理框架[J]. 土木工程与管理学报,2013,30(2):81.

[3]　Lean Construction Institute,https://leanconstruction. org/lean-topics/integrated-project-delivery-ipd/

角色和职责,并对其工作承担相应的责任。

在未来,基于 BIM 的虚拟模型和 IPD 协同管理相结合,可实现多参与方在设计前期就介入,并为了共同的利益在项目全寿命周期过程中协同合作、共同决策、知识共享和信息共享,同时为各参与方提供一种法律框架来解决潜在的争议或责任问题,达到提高项目效率和成功实现项目目标的目的[①]。

5.3　未来展望

Brock Commons 学生公寓和 Orchard Commons 学生公寓的案例研究展示了参数化设计与基于 BIM 的虚拟建造与协同两个典型数字化设计技术在项目从设计到建造全过程中的应用。在 Orchard Commons 学生公寓案例中,参数化设计在减少外墙板轮廓尺寸类型、(与主体结构)连接组件位置类型方面发挥了设计深化作用。而在 Brock Commons 学生公寓案例中,基于 BIM 的虚拟建造与协同在检测设计冲突、减少设计反馈方面则起到了设计协同作用。建筑师在装配式建筑的设计阶段有效应用数字化技术将有助于让设计结果的广度、深度和精度更加接近真实建造的要求,从而减少设计冲突,降低设计返工,优化设计结果,进而缩小设计结果与真实建造的差距。然而,这两个案例所展示的数字化技术和具体应用成效仍存在一定局限和提升空间。例如,参数化设计能否解决更多的可建性相关工程问题? 基于 BIM 的虚拟建造与协同技术能否准确预见所有的建造问题? 此外,哪些相关的数字化技术能够与参数化设计和虚拟建造结合使用? 这些问题在未来的案例实践和研究中仍然有待进一步探索。但可以预见,未来数字化技术对于建筑设计的优化将不再局限于某个技术或设计与建造的某个阶段,而是涵盖建筑的全生命周期。同时,基于数字化技术的建筑设计也有助于推动建筑工程全寿命周期系统化集成设计、精益化生产施工,整合工程全产业链、价值链和创新链,实现工程建设高效益、高质量、低消耗、低排放的建筑工业化目标。建筑师在当下和未来的新型建筑工业化浪潮中仍将大有可为。

---

① 滕佳颖,吴贤国,翟海周,等. 基于 BIM 和多方合同的 IPD 协同管理框架[J]. 土木工程与管理学报,2013,30(2):80-84.

参考文献

［1］纪颖波. 建筑工业化发展研究［M］. 北京:中国建筑工业出版社,2011.

［2］张培刚. 新发展经济学(修订版)［M］. 郑州:河南人民出版社,1999.

［3］李忠富. 建筑工业化概论［M］. 北京:机械工业出版社,2020.

［4］国务院办公厅. 国务院关于加强和发展建筑工业的决定［J］. 中华人民共和国国务院公报,1956(25):582-590.

［5］建筑工业化发展纲要［J］. 施工技术,1995(8):1-3.

［6］罗佳宁. 建筑工业化视野下的建筑构成秩序的产品化研究［D］. 南京:东南大学,2018.

［7］李水生,周泉,何君,等. 智能化技术在建筑工业化中的应用进展［J］. 科技导报,2022,40(11):67-75.

［8］曾大林,李圣飞,李奇会,等. 新型建筑工业化全产业链的构成研究［J］. 建筑经济,2023,44(2):5-13.

［9］住房和城乡建设部等部门关于加快新型建筑工业化发展的若干意见［J］. 建筑监督检测与造价,2020,13(6):1-4.

［10］李登龙,彭明先,冯贵情,等. 建筑工业化的发展历程及趋势［J］. 四川建筑,2014,34(4):215-217,220.

［11］刘东卫,周静敏. 建筑产业转型进程中新型生产建造方式发展之路［J］. 建筑学报,2020(5):1-5.

［12］中华人民共和国住房和城乡建设部. 建筑信息模型应用统一标准:GB/T 51212-2016［S］. 北京:中国建筑工业出版社,2017.

［13］NBIMS. National Institute of Building Science, United States National Building Information Modeling Standard, part 1［S］. BuildingSmart,2017.

［14］江苏省住房和城乡建设厅,江苏省住房和城乡建设厅科技发展中心. 装配式建筑技术手册 混凝土结构分册 BIM 篇［M］. 北京:中国建筑工业出版社,2021.

［15］覃秋丽. 浅谈建筑工业化中的建筑设计标准化［J］. 建材与装饰,2017(50):104-105.

［16］叶浩文,樊则森,周冲,等. 装配式建筑标准化设计方法工程应用研究［J］. 山东建筑大学学报,2018,33(6):69-74,84.

［17］蔡玉鹏,李红玉,马超. BIM 技术在装配式建筑标准化设计中的应用研究[J]. 建筑技艺,2018
(S1):486-488.

［18］林良帆,邓雪原. 建筑协同设计的 CAD 专业标准应用研究[J]. 图学学报,2013,34(2):101-107.

［19］黄轩安. EPC 模式下 BIM 技术在装配式建筑中的设计应用分析[J]. 工程建设与设计,2020
(12):241-242.

［20］龙玉峰,焦杨,杨胜乾,等. 装配式建筑协同设计方法:以华阳国际东莞建筑科技产业园研发楼
Dream Office 项目为例[J]. 新建筑,2022(4):20-25.

［21］叶浩文,周冲,王兵. 以 EPC 模式推进装配式建筑发展的思考[J]. 工程管理学报,2017,31(2):
17-22.

［22］张健,陶丰烨,苏涛永. 基于 BIM 技术的装配式建筑集成体系研究[J]. 建筑科学,2018,34(1):
97-102,129.

［23］国萃,张浩,徐文,等. 广州腾讯大厦项目 BIM 技术创新应用[J]. 中国勘察设计,2022(S1):
30-33.

［24］徐卫国,徐丰,《城市建筑》编辑部. 参数化设计在中国的建筑创作与思考——清华大学建筑学
院徐卫国教授、徐丰先生访谈[J]. 城市建筑,2010(6):108-113.

［25］游亚鹏,杨剑雷. "参数化实现"设计的一个建筑实例杭州奥体中心体育游泳馆[J]. 城市环境设
计,2012(4):240-251.

［26］夏军,彭武. 上海中心大厦造型与外立面参数化设计[C]//世界高层都市建筑学会. 崛起中的亚
洲:可持续性摩天大楼城市的时代:多学科背景下的高层建筑与可持续城市发展最新成果汇
总——世界高层都市建筑学会第九届全球会议论文集. [出版者不详],2012:8.

［27］周文琪,邓佛丹,王洁. 参数化建筑设计技术路径探讨[J]. 建筑技艺,2020(5):119-121.

［28］巩玉发,姜雨佳. 基于参数化设计的建筑实例研究[J]. 建筑与文化,2016(11):158-159.

［29］吴水根,文彬多,谢铮. 参数化设计在复杂多变曲面幕墙设计与施工中的应用研究[J]. 建筑施
工,2018,40(5):796-799.

［30］李飚,韩冬青. 建筑生成设计的技术理解及其前景[J]. 建筑学报,2011(6):91-100.

［31］张柏洲,李飚. 基于多智能体与最短路径算法的建筑空间布局初探——以住区生成设计为例
[J]. 城市建筑,2020,17(27):7-10,20.

［32］李飚,郭梓峰,季云竹. 生成设计思维模型与实现——以"赋值际村"为例[J]. 建筑学报,
2015(5):94-98.

［33］张利,张希黔,陶全军,等. 虚拟建造技术及其应用展望[J]. 建筑技术,2003(5):334-337.

［34］廖浩,龙洪,杨春,等. 大型综合医院虚拟建造技术研究与应用[J]. 中国建筑金属结构,2022
(8):34-36.

［35］陈洪晨. 智慧工地在工程建设中的应用[J]. 城市建设理论研究(电版),2023(8):10-12.

［36］陶飞,刘蔚然,刘检华,等. 数字孪生及其应用探索[J]. 计算机集成制造系统,2018,24(1):1-18.

［37］邬樱,李爱群. "城市-建筑-人"耦合视角下数字孪生技术应用与分圈层场景构建[J]. 工业建筑,
2023,53(4):180-185.

［38］刘占省,邢泽众,黄春,等. 装配式建筑施工过程数字孪生建模方法[J]. 建筑结构学报,2021,

42(7):213-222.

[39] 尚辰超. BIMSpace 在机电工程中的应用体会[J]. 安装,2015(7):20-21.

[40] 李红军. 基于 BIM 技术的装配式结构设计方法探析[J]. 冶金丛刊,2017(3):219,244.

[41] 杨君华. 基于 BIM 技术的装配式结构设计方法探析[J]. 绿色环保建材,2017(9):82.

[42] 红瓦科技. BIM 深化设计整体解决方案[EB/OL]. http://www.hwbim.com/Deepen/index.html.

[43] 黄治. 基于大数据云平台的 BIM 实训中心构建——以湖南交通职业技术学院为例[J]. 四川水泥,2018(2):289.

[44] 许鲁江. 基于清单计量规范的 BIM 算量模型标准与应用研究[D]. 南昌:南昌大学,2016.

[45] 吴生海,刘陕南,刘永晓,等. 基于 Dynamo 可视化编程建模的 BIM 技术应用与分析[J]. 工业建筑,2018,48(2):35-38,15.

[46] 蒋帅. 基于 Dynamo 可视化编程建模的 BIM 应用[J]. 科学技术创新,2020(29):75-77.

[47] 马奔. 基于 Bentley 软件的 BIM 技术在水利工程数字化的应用研究[J]. 水利科技与经济,2022,28(7):130-134.

[48] 古世洪. ARCHICAD 基于 BIM 技术在工业建筑与民用建筑的应用[J]. 石油化工设计,2022,39(2):18-23,4-5.

[49] 曹鹏,卞锦卫,陈观伟,等. 数码项目(Digital Project)软件辅助现场施工技术[J]. 建筑施工,2011,33(10):949-950.

[50] 沈梅,何小朝,张铁昌. CATIA 环境下尺寸驱动的标准件建库[J]. 机械科学与技术,1998(2):166-168.

[51] 李兴钢. 第一见证:"鸟巢"的诞生、理念、技术和时代决定性[D]. 天津:天津大学,2012.

[52] 祝兵,张云鹤,赵雨佳,等. 基于 BIM 技术的桥梁工程参数化智能建模技术[J]. 桥梁建设,2022,52(2):18-23.

[53] 张慎,杨浩,杜新喜. 基于 CATIA 钢结构节点设计软件开发与应用[J]. 建筑结构,2020,50(7):93-98,106.

[54] 嗡嗡科技. BeePC 软件介绍[EB/OL]. [2022-03-24]. http://wengwengkeji.com/wengweng/list/news/wengNewsPages/18052803.html

[55] 袁媛,周雪峰. ETABS 在结构模态计算中的应用与实例分析[J]. 四川建材,2018,44(11):60-61.

[56] 刘丙宇. 施工总承包企业实现智能建造的探讨[C]//中国土木工程学会总工程师工作委员会. 中国土木工程学会总工程师工作委员会 2021 年度学术年会暨首届总工论坛会议论文集.《施工技术(中英文)》编辑部,2021.

[57] 张宏,宗德新,黑赏罡,等. 装配式建筑设计与建造技术发展概述[J]. 新建筑,2022(4):4-8.

[58] 徐宗武. 基于 BIM 技术的数字化建筑设计到数字建造[J]. 当代建筑,2020(2):33-36.

[59] 刘云佳. 标准化设计是建筑工业化的前提——以北京郭公庄公租房为例[J]. 城市住宅,2015(5):12-14.

[60] 徐照,占鑫奎,张星. BIM 技术在装配式建筑预制构件生产阶段的应用[J]. 图学学报,2018(6):1148-1155.

［61］叶浩文，周冲，樊则森，等. 装配式建筑一体化数字化建造的思考与应用［J］. 工程管理学报，2017，31(5)：85-89.

［62］VALERO E，ADÁN A，CERRADA C. Evolution of RFID applications in construction：A literature review［J］. Sensors，2014，15(7)：15988-16008.

［63］ALTAF M S，LIU H X，Al-HUSSEIN M，et al. Online simulation modeling of prefabricated wall panel production using RFID system［C］//Winter Simulation Conference. New York：IEEE Press，2016：3379-3390.

［64］苏杨月，赵锦锴，徐友全，等. 装配式建筑生产施工质量问题与改进研究［J］. 建筑经济，2016，37(11)：43-48.

［65］周建晶. 基于 BIM 的装配式建筑精益建造研究［J］. 建筑经济，2021，42(3)：41-46.

［66］徐宗武. 基于 BIM 技术的数字化建筑设计到数字建造［J］. 当代建筑，2020(2)：33-36.

［67］张润东，孙晓阳，颜卫东，等. 江苏园博园（一期）项目 BIM＋CIM 全生命期智建慧管关键技术［J］. 中国勘察设计，2022(S1)：58-61.

［68］国务院办公厅. 国务院办公厅关于大力发展装配式建筑的指导意见［J］. 中华人民共和国国务院公报，2016(29)：24-26.

［69］文林峰. 加快推进新型建筑工业化　推动城乡建设绿色高质量发展——《关于加快新型建筑工业化发展的若干意见》解读［J］. 工程建设标准化，2020(9)：22-24.

［70］黄轩安，史月霞，陈可楠，等. 基于 BIM 技术的装配式建筑全过程信息化管理与数字化建造方法研究［J］. 土木建筑工程信息技术，2022，14(1)：45-60.

［71］王庆伟. 装配式建筑标准化设计方法工程应用研究［J］. 住宅与房地产，2019(6)：35.

［72］建筑模数协调标准：GB/T 50002-2013［S］. 北京：中国建筑工业出版社，2013.

［73］潘娟，朱望伟. 标准化、模块化的装配式建筑设计方法实践——闵行浦江镇基地召楼路以东 S8-01 市属保障房项目［J］. 建筑技艺，2018(6)：106-108.

［74］张敏. 基于 BIM 的装配式建筑构件标准化定量方法与设计应用研究［D］. 南京：东南大学，2020.

［75］刘长春，张宏，淳庆，等. 新型工业化建筑模数协调体系的探讨［J］. 建筑技术，2015，46(3)：252-256.

［76］姜涌，朱宁，王强，等. 模式—模块—模数：住宅更新的工业化实践［J］. 新建筑，2018(5)：84-87.

［77］李桦. 住宅产业化的模块化设计原理及方法研究［J］. 建筑技艺，2014(6)：82-87.

［78］李桦，宋兵. 装配式建筑住宅全装修模块化设计方法与案例解析［J］. 住宅产业，2016(7)：16-25.

［79］伍止超，秦姗，刘赫，等. 建筑工业化产品的系统论与装配式住宅设计［J］. 建筑技艺，2021，27(2)：64-67.

［80］武琳，白悦，陶星吉. 装配式建筑标准化设计实现路径研究［J］. 四川建材，2021，47(9)：45-46.

［81］王子. 装配式建筑标准化设计方法工程应用分析［J］. 居舍，2020(7)：102，104.

［82］杨楠. 装配式建筑标准化设计分析［J］. 建材与装饰，2017(20)：87-88.

［83］张丛. 从集成化产品思维解读装配式建筑［J］. 工程建设与设计，2021(6)：12-14.

［84］樊则森. 装配式建筑一体化设计理论与实践探索［J］. 建设科技，2017(19)：47-50.

［85］刘东卫. 装配式建筑系统集成与设计建造方法［M］. 北京：中国建筑工业出版社，2020.

［86］樊则森，张玥. 装配式建筑的物质性特征及其系统集成设计方法［J］. 新建筑，2022(4)：15-19.

［87］洪兆丰. 基于协同设计平台的医疗建筑 BIM 应用研究［D］. 南京：南京工业大学，2018.

［88］李建成. 数字化建筑设计概论［M］. 北京：中国建筑工业出版社，2012.

［89］姚远. BIM 协同设计的现状［J］. 四川建材，2011,37(1)：193-194.

［90］高兴华，张洪伟，杨鹏飞. 基于 BIM 的协同化设计研究［J］. 中国勘察设计，2015(1)：77-82.

［91］陈宇军，刘玉龙. BIM 协同设计的现状及未来［J］. 中国建设信息，2010(4)：26-29.

［92］宗德新，康梦祥，高珩哲，等. 面向制造与装配的钢结构建筑设计影响因素及对策研究［J］. 新建筑，2022(4)：36-41.

［93］张旭. DfMA 技术在航空工业中的应用［J］. 航空制造技术，2012(6)：26-29.

［94］RIBA(2021). DfMA Overlay to the RIBA Plan of Work［EB/OL］. https://www. architecture. com/

［95］韩冬辰，王思宁，罗辉，等. 快速建造导向下的箱式房住宅 DfMA 深化设计策略研究——以 SDC2021 作品 Aurora 为例［J］. 建筑科学，2023,39(4)：44-50,56.

［96］李建波，韩萌萌，杨晓凡. 基于生态城市发展下的木结构建筑 DfMA 设计［J］. 建设科技，2020(21)：100-103.

［97］GAO S, JIN R, LU W. Design for manufacture and assembly in construction：A review［J］. Building Research & Information，2019(48)：538-550.

［98］YUAN Z, SUN C, WANG Y. Design for manufacture and assembly-oriented parametric design of prefabricated buildings［J］. Automation in Construction，2018(88)：13-22.

［99］OGUNBIYI O, GOULDING J S, OLADAPO A. An empirical study of the impact of lean construction techniques on sustainable construction in the UK［J］. Construction Innovation，2014，14(1)：88-107.

［100］LEE J, LLOLLAWAY L, THOME A, et al. The Structural Characteriaticof a Polymer Composile Cellular Box Beam in Bending［J］. Construction and Building Materials，1996,9(6)：333-340

［101］薛刚，冯涛，王晓飞. 建筑信息建模构件模型应用技术标准分析［J］. 工业建筑，2017,47(2)：184-188.

［102］赵全泽. 从"BIM 乌托邦"看 LoD(模型精度)对 BIM 应用的影响［J］. 建设监理，2016(7)：40-43.

［103］吴润榕，张翼. 精细度管控——美标 LoD 系统与国内建筑信息模型精细度标准的对比研究［J］. 建筑技艺，2020(6)：114-120.

［104］BIM Forum(2023). Level of Development(LoD) Specification 2022 Supplement［EB/OL］. https://bimforum. org/resource/lod_level-of-development-lodspecification-2022-supplement/

［105］任琦鹏，郭红领. 面向虚拟施工的 BIM 模型组织与优化［J］. 图学学报，2015,36(2)：289-297.

［106］李文娟. 国家标准《建筑工程设计信息模型交付标准》通过审查［J］. 工程建设标准化，2017(4)：34.

［107］GANAH A, ANUMBA C J, BOUCHLAGHEM N M. Computer visualisation as a communication tool in the construction industry[J]. Proceedings of Fifth International Conference on Information Visualisation, London, UK, 2001:679-683.

[108] 刘琰,李世蓉. 虚拟建造在工程项目施工阶段中的应用及其 4D/5D LoD 研究[J]. 施工技术, 2014,43(3):62-66.

[109] "虚拟实现创想、革新引领建造"——BIM 实现的建筑梦想[J]. 建筑师,2009(6):129-134.

[110] 王茹,宋楠楠,蔺向明,等. 基于中国建筑信息建模标准框架的建筑信息建模构件标准化研究 [J]. 工业建筑,2016,46(3):179-184.

[111] 王万平. BIM 模型的 LoD 以及在工程项目中的合理应用[J]. 四川建材,2019,45(6):214-217.

[112] VOLK R, STENGEL J, SCHULTMANN F. Building Information Modeling (BIM) for existing buildings — Literature review and future needs[J]. Automation in Construction, 2014(38): 109-127.

[113] 樊则森,李新伟. 装配式建筑设计的 BIM 方法[J]. 建筑技艺,2014(6):68-76.

[114] 叶浩文,周冲,韩超. 基于 BIM 的装配式建筑信息化应用[J]. 建设科技,2017(15):21-23.

[115] 张邻. 基于 BIM 与 GIS 技术在场地分析上的应用研究[J]. 四川建筑科学研究,2014,40(5): 327-328.

[116] 翟建宇. BIM 在建筑方案设计过程中的应用研究[D]. 天津:天津大学,2014.

[117] 王树臣,刘文锋. BIM+GIS 的集成应用与发展[J]. 工程建设,2017,49(10):16-21.

[118] 过俊. BIM 在国内建筑全生命周期的典型应用[J]. 建筑技艺,2011(1):95-99.

[119] 杨远丰,莫颖媚. 多种 BIM 软件在建筑设计中的综合应用[J]. 南方建筑,2014(4):26-33.

[120] 浅谈"概念体量"设计[J]. 中国建设信息,2010(14):36-39.

[121] 曹璐琳,李希胜,沈琳. 应用 Revit 体量模型进行房地产项目经济评价[J]. 土木建筑工程信息技术,2014,6(2):39-40.

[122] 李科. 基于 BIM 技术的装配式结构设计方法研究[J]. 四川建材,2019,45(10):89-90.

[123] 张学斌. BIM 技术在杭州奥体中心主体育场项目设计中的应用[J]. 土木建筑工程信息技术, 2010,2(4):50-54.

[124] 舒欣,张奕. 基于 BIM 技术的装配式建筑设计与建造研究[J]. 建筑结构,2018,48(23):123-126,91.

[125] 魏辰,王春光,徐阳,等. BIM 技术在装配式建筑设计中的研究与实践[J]. 中国勘察设计, 2016(11):28-32.

[126] 郭卡涛,张瀑,卫江华,等. 装配式建筑标准化设计思考[J]. 建筑结构,2021,51(S1):1088-1091.

[127] 包胜,邱颖亮,金鹏飞,等. BIM 在建筑工业化中的应用研究[J]. 建筑经济,2017,38(12):13-16.

[128] 王建午. 浅析 BIM 在建筑设计中的应用[J]. 建设科技,2017(13):71.

[129] 吴宗强,韦武昌,洪思源. 基于 BIM 技术的装配式结构设计方法研究[J]. 安徽建筑,2018,24 (1):253-255.

[130] 柳娟花. 基于 BIM 的虚拟施工技术应用研究[D]. 西安:西安建筑科技大学,2012.

[131] 秦军. 建筑设计阶段的 BIM 应用[J]. 建筑技艺,2011(1):160-163.

[132] 王巧雯. 基于 BIM 技术的装配式建筑协同化设计研究[J]. 建筑学报,2017(S1):18-21.

［133］EASTMAN C，PAUL P，SACKS R．BIM Handbook：A guide to Builting Information Modeling for Owners，Managers，Designers，Engineers and Contractors［M］．New York：John Wiley and Sons，2008．

［134］引领 BIM 发展新方向［J］．中国勘察设计，2015(10)：27-45．

［135］刘占省，赵明，徐瑞龙．BIM 技术在建筑设计、项目施工及管理中的应用［J］．建筑技术开发，2013,40(3)：65-71．

［136］王胜军．BIM 4D 虚拟建造在施工进度管理中的应用［J］．人民黄河，2019,41(3)：145-149．

［137］苗倩．BIM 技术在水利水电工程可视化仿真中的应用［J］．水电能源科学，2012,30(10)：139-142．

［138］易兵，田北平，钟华．基于 BIM-4D 技术的项目进度管理研究［J］．价值工程，2015,34(21)：12-13．

［139］李恒，郭红领，黄霆，等．建筑业发展的强大动力：虚拟施工技术［J］．中国建设信息，2010(2)：46-51．

［140］朱鹏程，吴媛民．虚拟施工技术在工程建设项目中的应用——以 Navisworks 为例［J］．中华建设，2012(7)：230-232．

［141］张琪，江青文，张瑞奇，等．基于 BIM 的智慧工地建设应用研究［J］．建筑节能，2020,48(1)：142-146．

［142］马凯，王子豪．基于"BIM＋信息集成"的智慧工地平台探索［J］．建设科技，2018(22)：26-30,41．

［143］工业和信息化部电信研究院．物联网白皮书［Z］．2011．

［144］王保云．物联网技术研究综述［J］．电子测量与仪器学报，2009,23(12)：1-7．

［145］万晓曦．"互联网＋"提速智慧工地［J］．中国建设信息化，2015(20)：25-27．

［146］郭朝君，陶雨航．RFID(射频识别)技术在智慧工地中的创新运用［J］．无线互联科技，2021,18(23)：96-97．

［147］托马斯·埃尔，扎哈姆·马哈茂德，里卡多·帕蒂尼．云计算：概念技术与架构［M］．北京：机械工业出版社，2014．

［148］University of British Columbia．Orchard-Commons-Design-Case-Study［EB/OL］．2019．https://vancouver.housing.ubc.ca/wp-content/uploads/2019/02/Orchard-Commons-Design-Case-Study.pdf

［149］SHAHROKHI H．Understanding how advanced parametric design can improve the constructability of building designs［D］．Vancouver，BC：University of British Columbia，2016．

［150］University of British Columbia［EB/OL］．(2019-12-13)．https://planning.ubc.ca/orchard-commons-vantage-college

［151］University of British Columbia．The University of British Columbia Vancouver Campus Plan part 3 design guidelines［EB/OL］．2020．https://www.ubc.cal

［152］University of British Columbia．Landscape Plans［EB/OL］．2013．https://planning.ubc.ca-sites/default/files/2019-12/DP13034-Landscape_0.pdf

［153］University of British Columbia．Project Description ＋ Design Policy Compliance Statement［EB/OL］．2013．https://planning.ubc.ca/sites/default/files/2019-12/DP13034-Landscape_0.pdf

［154］左学兵，雷翔栋．山东海阳核电站大型结构模块吊装重心计算及配平［J］．施工技术，2012,41

(15):29-31,73.

[155] 赵方舟,罗大兵,陈达,等. 基于 SolidWorks 的计算机辅助公差优化设计研究[J]. 机械设计与制造,2019(10):15-19.

[156] University of British Columbia. Brock Commons Tallwood House：Design and Preconstruction Overview[EB/OL]. 2016. https://www. naturallywood. com/wp - content/uploads/brock - commons-design-preconstruction-overview_case-study_naturallywood. pdf

[157] 全球最高全木结构大楼：Brock Commons 项目[J]. 建设科技,2016(5):34-35.

[158] 忻剑春,陶亮,张娟. 从加拿大 18 层木结构公寓项目看装配式建筑创新[J]. 住宅产业,2018 (11):44-49.

[159] University of British Columbia. Brock Commons Tallwood House：Construction Overview[EB/ OL]. 2017. www. naturallywood. com/wp-content/uploads/brock-commons-construction-o-verview_case-study_naturallywood. pdf

[160] 苏钰. 现代木结构在建筑工业化上的创新发展[J]. 建设科技,2020(24):62-66.

[161] University of British Columbia. Brock Commons Tallwood House：Design Modelling[EB/OL]. 2016. www. naturallywood. com/wp-content/uploads/brock-commons-design-modelling_case-study_naturallywood. pdf

[162] University of British Columbia. Brock Commons Storyboards：Design,Compliance and Perform-ance[EB/OL]. 2016. www. naturallywood. com/wp-content/uploads/brock-commons-story-boards_factsheet_naturallywood. pdf

[163] University of British Columbia. Brock Commons Tallwood House：Lessons Learned[EB/OL]. 2017. https://www. naturallywood. com/wp - content/uploads/brock - commons - tallwood - house_presentation_naturallywood. pdf

[164] Brock Commons 高层木结构建筑[J]. 建设科技,2017(5):40-47.

[165] KASBAR M, STAUB-FRENCH S, PILON A, et al. . Construction productivity assessment on Brock Commons Tallwood House[J]. Construction Innovation,2021,21(4):951-968.

[166] University of British Columbia. Brock Commons Tallwood House：Construction Modelling. 2017. https://www. naturallywood. com/wp-content/uploads/brock-commons-construction-modelling_case-study_naturallywood. pdf

[167] 李忠东. 温哥华：建造世界最高的木质大楼[J]. 建筑,2017(6):39-40.

[168] University of British Columbia. Brock Commons Tallwood House：Code Compliance and Case Study[EB/OL]. 2016. https://www. naturallywood. com/wp-content/uploads/brock-com-mons-code-compliance_case-study_naturallywood. pdf

[169] MOUDGIL M. Feasibility study of using Cross-Laminated Timber core for the UBC Tall Wood Building[D]. Vancouver,BC：University of British Columbia, 2017.

[170] STAUB-FRENCH S, POIRIER E A, CALDERON F, et al. Building information modeling (BIM) and design for manufacturing and assembly (DfMA) for mass timber construction[D]. Vancouver,BC：BIM TOPiCS Research Lab University of British Columbia,2018.

[171] 知乎. 一文读懂基于 BIM 的虚拟建造——施工模拟/嘉诚 BIM[EB/OL]. (2021-12-16) [2023-07-06]. https://zhuanlan.zhihu.com/p/446370560

[172] 赵彬,王友群,牛博生. 基于 BIM 的 4D 虚拟建造技术在工程项目进度管理中的应用[J]. 建筑经济,2011(9):93-95.

[173] 黄越. 初探参数化设计在复杂形体建筑工程中的应用[D]. 北京:清华大学,2013.

[174] ArchDaily. 阿塞拜疆共和国阿利耶夫文化中心 / 扎哈哈迪德[EB/OL]. (2014-3-28) [2023-6-20]. https://www.archdaily.cn/cn

[175] ArchDaily. 印度男生宿舍楼,参数化砖砌 / Zero Energy Design Lab[EB/OL]. (2021-1-15) [2023-6-20]. https://www.archdaily.cn/cn

[176] 梅玥. 基于数字技术的装配式建筑建造研究[D]. 北京:清华大学,2015.

[177] 张慎,辜文飞,刘武,等. 复杂曲面参数化设计方法——以月亮湾城市阳台为例[J]. 土木工程与管理学报,2020,37(5):27-32.

[178] 建筑 O-14 大厦:赢得诸多大奖的现代设计建筑[EB/OL]. https://www.visitdubai.com/zh/places-to-visit/O-14.

[179] 张旭颖. 基于参数化技术的博物馆表皮设计研究[D]. 北京:北方工业大学,2022.

[180] 崔丽. 基于 Grasshopper 的参数化表皮的生成研究[D]. 天津:天津大学,2014.

[181] 韩进宇. 装配式结构基于 BIM 的模块化设计方法研究[D]. 沈阳:沈阳建筑大学,2015.

[182] 张健,陶丰烨,苏涛永. 基于 BIM 技术的装配式建筑集成体系研究[J]. 建筑科学,2018,34(1):97-102,129.

[183] 骆耀辉. 基于优化算法的参数化建筑设计探究[D]. 成都:西南交通大学,2015.

[184] 王广斌,张洋,杨学英,等. 工程项目建设信息化发展方向——虚拟设计与施工[J]. 武汉大学学报(工学版),2008(2):90-93.

[185] FALLAHI A. Innovation in hybrid mass timber high-rise construction: a case study of UBC's Brock Commons project[D]. VanCouver:University of British Columbia, 2017.

[186] 渠立朋. BIM 技术在装配式建筑设计及施工管理中的应用探索[D]. 徐州:中国矿业大学,2019.

[187] 章敏,龙虹池,俞小胖,等. 基于 BIM 的碰撞检查在市政水务项目协同设计中的应用[J]. 科技与创新,2022(18):50-53,59.

[188] LEED. What is An Integrated Process? [EB/OL]. https://www.usgbc.org/articles/green-building-101-what

[189] 刘焱,张琦. 绿色建筑的"整合设计流程"——以新加坡国立大学 SDE4 教学楼为例[J]. 城市建筑,2022,19(10):120-125.

[190] PERKIN S B,WILL S C. Roadmap for the Integrated Design Process[J]. BC Green Building Roundtable,2007.

[191] 马智亮,马健坤. IPD 与 BIM 技术在其中的应用[J]. 土木建筑工程信息技术,2011,3(4):36-41.

[192] BIM Planing. BIM Project Execution Planning Guide-Version 3.0[EB/OL]. https://bim.psu.edu/

［193］李富强.基于 BIM 的地铁场站综合办公楼虚拟建造与数值模拟研究［J］.智能建筑与智慧城市,2021(4):20-22.

［194］刘训梅.基于 BIM 技术的项目成本控制应用研究［D］.沈阳:沈阳大学,2022.

［195］李卉.建设工程项目成本控制分析与设计［J］.工程建设与设计,2023(6):231-233.

［196］范云翠,汤晓琪,夏苗.加拿大装配式木结构项目发展经验与启示研究［J］.智能建筑与智慧城市,2021(3):24-25,28.

［197］The American Institute of Architects. Integrated project delivery a guide［EB / OL］.［2022-10-30］. http: // www. betterbricks. com/graphics/assets/ documents/AIA -_ IPD _ Guide _ 2007. pdf.

［198］滕佳颖,吴贤国,翟海周,等.基于 BIM 和多方合同的 IPD 协同管理框架［J］.土木工程与管理学报,2013,30(2):80-84.

［199］Lean ConstructionInstitute. https://leanconstruction. org/lean-topics/integrated-project-delivery-ipd/

后记

　　本书在编写期间，受到了多个团队、企业和个人的无私帮助。感谢我在加拿大不列颠哥伦比亚大学开展博士后研究期间的合作导师 Sheryl Staub-French 院士和 Puyan Zadeh 研究员，提供了工程管理方向的研究指导和研究条件，让我可以从建筑学和工程管理学科交叉的视角系统全面和深入地开展加拿大温哥华地区真实装配式建筑案例的研究工作。感谢加拿大不列颠哥伦比亚大学可持续发展研究中心（UBC Sustainability）对于 Brock Commons 学生公寓案例研究提供的支持，感谢 Sheryl Staub-French 院士 BIM TOP-iCS LAB 研究团队及其成员 Hooman Shahrokhi 对于 Orchard Commons 学生公寓案例研究提供的支持。感谢我在南京工业大学土木工程学院开展博士后研究期间的合作导师陆伟东教授、现代木结构团队对我海外研修计划的支持与帮助。感谢我在澳大利亚纽卡斯尔大学开展博士研究期间的导师 Willy Sher 教授，虽远在澳大利亚，但对案例研究工作提出了许多宝贵建议。感谢我的研究团队成员曾涵旻、颜凌杰、曹许颖、洪颖、吴承灏雨五位硕士研究生参与了案例研究以及本书的撰写。

　　特别感谢我在东南大学建筑学院攻读博士和硕士学位期间的导师张宏教授，引导我进入建筑工业化领域并提供一流的平台供我开展学习和研究，并为我指点方向，让我在毕业后的学术生涯中不忘初心、努力前行。最后感谢东南大学出版社贺玮玮编辑对于本书出版的支持。本书的出版是我作为青年学者的阶段性成果，亦是继续鞭策我继续前行的动力，我们团队将一如既往地深耕数字建筑、新型建筑工业化的研究和实践，装配式建筑的数字化之路任重而道远。